新型城镇化与新型城乡空间研究丛书

主编　王兴平

国家自然科学基金项目，编号 51078071

中国都市区就业空间演化研究：以南京为例

赵　虎　著

东南大学出版社
SOUTHEAST UNIVERSITY PRESS
南京·2014

内容提要

中国的都市区作为承载非农就业功能的主要载体，进入21世纪以来其就业空间的形态和结构也在不断发生着变化。本书从空间研究的经济、社会和环境三方属性出发，梳理出都市区就业空间的概念、形态和结构，并通过构架演化理论和分析实证案例两方面工作，初步实现了对中国都市区就业空间演化空间模式的提炼和演化机制的归纳。

本书作为国家自然科学基金项目的部分研究成果，可供城市及城市规划管理部门的工作者、城市规划设计人员，以及城市规划、城市地理学、城市经济学、城市交通与管理等领域的研究人员和高校师生阅读参考。

图书在版编目(CIP)数据

中国都市区就业空间演化研究：以南京为例 / 赵虎著.
—南京：东南大学出版社，2014.6
(新型城镇化与新型城乡空间研究丛书/王兴平主编)
ISBN 978-7-5641-4893-5

Ⅰ.①中… Ⅱ.①赵… Ⅲ.①城市空间—空间规划—研究—中国 Ⅳ.①TU984.2

中国版本图书馆CIP数据核字(2014)第077955号

书　　名：中国都市区就业空间演化研究：以南京为例
著　　者：赵　虎
责任编辑：孙惠玉　徐步政　　　　编辑邮箱：894456253@qq.com
文字编辑：马黄黄

出版发行：东南大学出版社
社　　址：南京市四牌楼2号　　　　邮　　编：210096
网　　址：http://www.seupress.com
出 版 人：江建中

印　　刷：兴化印刷有限责任公司
排　　版：江苏凤凰制版有限公司
开　　本：787 mm×1092 mm　1/16　　印张：12　字数：298千
版　　次：2014年6月第1版　　2014年6月第1次印刷
书　　号：ISBN 978-7-5641-4893-5
定　　价：39.00元

经　　销：全国各地新华书店
发行热线：025-83790519　83791830

总序

在人类社会漫长而无限的时空演进场景中，城镇的出现虽然历史悠久，但是其主导人类社会的发展进程和城镇化成为人类社会演进的主旋律和主推力却是最近两三百年的事情。然而，在这数百年波澜壮阔的城镇化发展进程中，人类社会发展变化的节奏、速度和程度远远超过了此前数千年。一方面，城镇化的发展推动了人类社会的快速发展；另一方面则是人类社会迭次涌现的新技术、新制度、新观念等，不断改变着城镇化的模式和方向，新型城镇化模式也由此而阶段性地出现，并随之改变着城乡空间的类型、功能、图景和关系。

从全球层面来看当下的世界新型城镇化模式，其中既包括全球新技术革命带来的城镇化方式的创新，也包括由于中国快速崛起、中国城镇化迅猛推进带来的全球城镇化重心的转移，也就是中国特色城镇化模式。从中国城镇化演进历程来看，其正在迈入新型城镇化阶段，我们看到的是中国最近 30 多年快速城镇化所达到的城镇化水平超过 50%的现实基础、所累积的复杂的资源环境与社会问题，以及所面临的老龄化、机动化和国际环境变化带来的挑战。这与 30 多年前中国城镇化水平在 20%以下时的处境大不相同，也与 10 多年前中国城镇化水平跨越 30%门槛时面临的形势有本质区别。如果说，中国在城镇化水平达到 50%以前还可以借鉴，甚至照搬与模仿西方工业化、城市化高峰时期的理论、模式、经验来指导中国城镇化发展的话，现在我们面临的许多问题，是西方既往城镇化"教材"所没有的，我们只能依靠对自身特点、经验、教训的深刻解读和对未来的超前预判和分析，来设计出适合中国发展的新型城镇化路径，这是我们面临的重要理论问题，也是中国学术界的历史责任，需要极大的创新勇气和艰苦的探索才可能找到答案。

和新型城镇化相对应，世界和中国城乡空间的变革也日新月异，这其中既包括新的城乡关系，也包括新的城乡空间类型、功能、景观，以至于新的城乡空间需求和理念，以及新的城乡空间研究视角和规划模式。仅就中国而言，计划经济、传统产业时期的城乡空间规划与建设理念和模式，与改革开放以来的市场经济、外向型产业和观念多元化变革时期的城乡空间规划与建设理念和模式截然不同，以物质空间为本时期与以人为本时代的城乡空间建设与规划模式也不同，加上新技术带来的空间变革，一个新型城乡空间关系、空间类型、空间建设与规划模式涌现的新时代正在来临，需要我们察微知著、详加研判。

城镇化模式与城乡空间类型的创新既有阶段性质变，也有连续性渐变，学术研究要遵循事物发展客观具有的"承前启后"的因果链条。因此，本丛书所指的"新"，其历史起点定格在 20 世纪 70 年代全球化和新技术革命开启的新阶段以后，特别是中国改革开放以来，既包括对已经走过的 30 多年所积累的与传统阶段相比有所不同的"新型"的既往式总结，也包括当下即将进入 21 世纪第二个 10 年、中国城镇化进入加速发展后期以及迈向成熟期之时，对即将面临的"新"时期的预见性展望。希望通过对已经走过的 30 年新实践(诸如开发区建设、新城开发、都市圈与城市群等培育)进行系统总结和提炼，构筑当代"中国特色城镇化模式"的科学起点，通过对正在成为共识的"以人为本"新阶段所蕴含的新型城镇化的新趋势、新型城乡空间的新类型等进行基于国情现实的预判，改变长期的"拿来主义"倾向和重新确立基于发展自信的文化自信，在面向未来、寻求新路的同时更加对准中国历史原点，逐步建立起未来真正意义上“中国特色城镇化模式”的科学内涵与理论构架。

本丛书是一个动态扩展的开放式学术专著集成平台，围绕“新型城镇化和新型城乡空间”这一总的方向，立足时代前沿、扎根中国实践进行理论探索。丛书既包括21世纪以来对中国城镇发展与规划进行探索的中青年学术骨干的著作，也包括不断涌现的“80”后年轻学人的学术专著，预计“90”后新学人的专著也为时不远。欢迎学术同仁、社会各界对丛书进行指导和支持，也欢迎对本丛书有兴趣的高水平学术新作不断充实进来，汇集涓涓细流，形成推动中国城乡空间与规划研究的新力量。

王兴平

东南大学建筑学院教授、博士生导师

东南大学区域与城市发展研究所所长

2013年东南大学建筑学院

序言

接到赵虎博士的电话，希望我为他的第一部专著写一篇序言，我十分愉快地答应了。硕士阶段，赵虎就读于南京大学城市规划专业，博士阶段求学于东南大学建筑学院王兴平教授门下，兴平教授和我是同门师兄弟，专注于城市产业空间领域的研究，平常我俩交流很多，于是我和赵虎也因此更加熟识起来。赵虎博士毕业后，到山东建筑大学建筑城规学院任教，从此走上了独立的教学、科研之路。近年来，在学术会议上常常见到赵虎博士的身影，在学术期刊上也不时看到赵虎博士的文章，从中我看到了一个青年学者孜孜不倦的求知精神和快速成长的过程。

案前摊开赵虎博士送来的书稿并细细阅读。这部《中国都市区就业空间演化研究：以南京为例》是赵虎在其博士学位论文的基础上修改完成的，既是其导师王兴平教授主持的国家自然科学基金课题的部分成果，也是延续了兴平教授长期专注于的产业空间领域研究。我们都知道城市"因城而立，因市而兴"，产业是驱动城市空间演化的内在基本动力，空间是支撑城市产业发展的基本载体，两者关系密切，因而一直是城乡规划、城市地理学的经典研究领域，国内外相关研究成果也非常丰富。但是，其中关于就业空间的研究却是比较薄弱的，我想其中一个很重要的原因可能是，我们以前常常见物不见人，很少考虑城市中个体人的经济活动、生活及相应的空间特征与需求。城市就业空间研究的这种缺位境况，既不符合当前中国经济社会转型发展的总体要求，也有违我们反复强调城市发展、规划建设要"以人为本"的价值取向，这样一种状况显然是不应该的。因此，本书选择都市就业空间演化作为研究主题，自然就具有了重要的理论意义与现实价值。

这部著作选择南京作为典型研究的实证案例，从理论构建与实证分析两个方面展开研究，揭示了中国都市区就业空间演化模式、特征和机制。全书逻辑清晰，方法创新，实证扎实，论述深入，是一部具有较高学术价值的研究成果。就我个人的体会而言，认为其中有三点是颇有创意和值得肯定的：

（1）本书构建了中国都市区就业空间演化研究的总体框架。近年来，都市区就业空间研究日益受到规划、地理、交通等学科的关注，然而因为资料获取的难度或专业自身的局限性，当前既有的很多研究多是片段性的，较少能够建构一个复合、系统的研究体系。本书从城市空间研究的经济、社会和环境三方属性出发，关注了就业者的人性化需求，梳理出都市区就业空间的概念、形态和结构，并提出从分区格局、就业中心、职住关系三个方面着力进行就业空间演化研究的基本框架，这为其他学者继续开展该领域的研究提供了一个很好的平台。

（2）本书对中国都市区就业空间的职住平衡进行了深入的探讨。职住平衡是城市规划中一再强调的一个"准则"，但是不仅在实践中难以实现，在概念认知和理论方面也还存在着很多的模糊性，例如在什么空间尺度上谈职住平衡？如何去度量职住平衡？等等。作者在本书中对职住平衡进行了积极的探索，在对南京都市区整体职住平衡情况进行评价的基础上，进一步基于中心城和郊区两种就业空间内就业者的调查问卷统计，创造性地设定了四种职住平衡度的测度方法，得出郊区就业者职住平衡度要优于中心区等一系列结论。并藉此对影响职住平衡的外部环境因素、个体属性因素进行了进一步的分析，研究了影响职住平衡的深层次动因，从而为规划实践应对提供了有益的参考。

（3）本书在总体上揭示了中国都市区就业空间的演化规律，包括演化模式和演化机制两个方面。在就业空间的演化模式方面，作者提炼出了都市区就业空间演化的四阶段论，并指出分区要素、就业中心、职住关系在四个阶段中均呈现出不同特征。在就业空间的演化机制方面，作者尝试运用耦合理论去分析行政、市场和社会三种机制的相互作用过程及效应，并推导出其在空间上的表征。

上述有关中国都市区就业空间演化规律的总结，不仅是本书的最大学术贡献所在，也实现了从实证研究到普适性规律总结的价值升华，为学界将来进行更多的国内外比较研究提供了很好的基础。

改革开放以来的三十余年，中国经历了快速的经济发展和城镇化进程，城市的经济、社会、空间格局等都发生了巨大的变化。就业空间是中国城市在宏大发展、演化背景中的一种重要空间类型，它与传统的产业空间研究有着密切的联系，但是二者之间也存在着显著的区别。简而言之，就业空间更体现了以人为本的发展理念，更加关注于就业者的社会化需求，毫无疑问，这个领域的研究和实践价值将越来越显现。赵虎博士的专著在此领域迈出了重要而有益的一步，但是未来研究的任务依然十分繁重，我期望他能继续秉承博士阶段的勤奋钻研精神，大力开拓，取得更加丰硕的研究成果。

故此，欣然为之序。

南京大学建筑与城市规划学院教授、博士生导师

南京大学区域规划研究中心主任

目录

1 绪论

1.1 研究背景

"工作"是《雅典宪章》提出的城市四大功能之一，它在维系城市经济发展和社会稳定中发挥着不可或缺的作用。就业空间作为承载城市就业功能的载体，其形态和结构受多种因素的影响也在不断发生着变化。纵观我国经济社会发展状况，21世纪以来，城市就业空间发展受到以下三个环境变化的影响较为显著，它们分别是服务业的转型崛起、都市区的大兴建设和社会氛围的日渐宽容，这也是本书研究的背景所在。

1.1.1 服务业将逐渐引领中国就业格局发生改变

经过改革开放30余年的发展，中国在社会、经济、建设方面均取得了巨大成就。2010年中国的国内生产总值(Gross Domestic Product，简称GDP)总量超过日本，成为仅次于美国的全球第二大经济体。在经济建设取得快速发展的同时，中国非农就业格局正在悄然发生着改变，特别是服务业的地位逐渐凸显出来。图1-1中，第二、第三产业增加值比值的计算结果也能说明服务业经济正在兴起，虽然目前第二产业的增加值仍然高于第三产业，但是在1996年以后二者差值整体减小。如果只计算第二产业中的工业产值，那么进入2000年后，第三产业增加值已经开始超越工业。

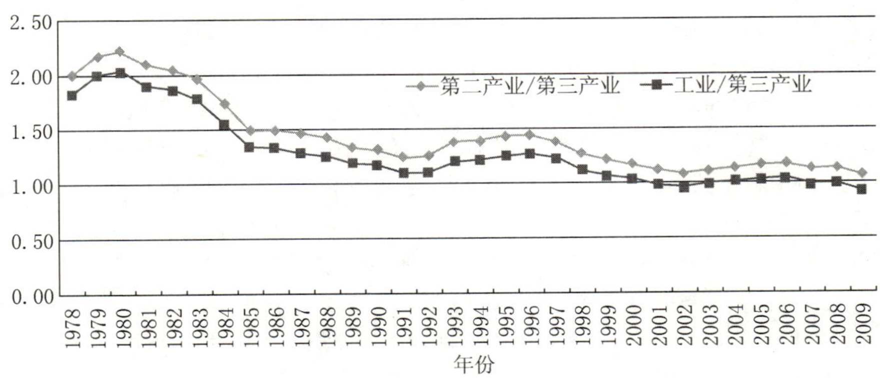

图1-1 1978—2009年中国第二、第三产业增加值比值变化图

哲学的规律告诉我们，在"量"的增加超过到一定的"度"时，其"质"也会发生改变。改革开放以来，中国非农就业人口规模持续、快速地增大必然会带来就业质量的改变。据统计，1978—2009年全国非农产业从业人数从1.18亿人增长至4.83亿人，其占全部从业人数的比重由24.5%上升至61.9%，增长率达到308%。以中国就业数量变化的实情来看，近年来，一个"质"变的体现就是第三产业从业人数再度超过第二产业，服务业取代工业成为首位的非农就业类型。通过1952—2009年的全国第二、第三产业从业人数的统计(图1-2)来看，新中国成立后的一段时间之内，国家大力发展工业，努力变消费性城市为生产性城市。由此，第二产业从业人数快速增长，至1970年终于超过第三产业，在此后的20余年工业从业人数始终占据优势。直至1994年第三产业从业人数才又赶了上来，并且一路领先至今。

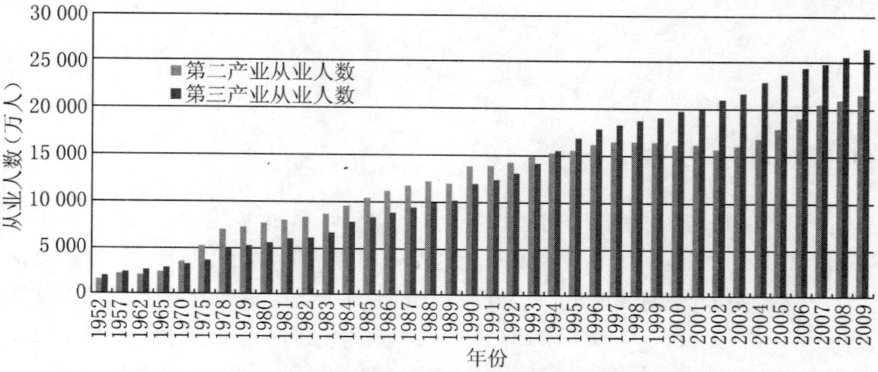

图1-2　1952—2009年中国第二、第三产业从业人数变化图

1990年工业从业人数的下降与国有企业改革造成的大量工人下岗有关，而近年来服务业从业人数的持续上升则与各级政府大力推进"现代服务业发展，加快产业升级，促进城市转型"的思路密切关联。早在党的十七大的报告中就曾指出，"发展现代服务业，提高服务业比重和水平"，要"加快转变经济发展方式，推动产业结构优化升级"。随后，国家更是陆续出台具体政策大力支持信息服务业、软件服务业等现代服务业发展。2011年，国家服务业综合改革试点工作暨《"十二五"现代服务业发展规划》已经进入征求意见阶段，其中继续明确了"十二五"期间大力发展现代服务业的思路，并且选定了北京、上海等一批城市作为服务业综合改革试点，积极推进服务业集聚发展。同时，以上海、北京等城市为代表的东部沿海地区，在进入工业化后期阶段后也率先提出转型发展的战略构思，着力优化产业结构，提升科技含量，意图从传统制造业"一头独大"型向先进制造业和现代服务业"双轮驱动"型转变，从而维持城市在区域中的领先位置，并加快向世界城市的目标迈进。

这些变化和行动都意味着在未来的一段时间内，中国服务业的发展将继续保持较快的增速，这一行业也将会提供越来越多的就业岗位，从而继续强化中国以第三产业为主的就业结构，也将会促使城市就业空间发生相应的变化。首先，就业规模的增加意味着更多的空间被转化为就业及其配套空间，城市建成区及产业园区也将表现为不断向外扩张，以便容纳更多的就业岗位。其次，随着服务业的不断发展，城市中更高密度的就业集聚空间会不断涌现。因为根据以往的经验，同样的空间面积内，服务业承载的就业岗位数量通常会超过制造业。此外，传统的工业就业空间还会面临着重组的问题，甚至是被新生的服务业空间替代，等等。

总之，服务业的转型崛起对城市及都市区就业空间来说是一个巨大的挑战。

1.1.2　都市区正在成为一种城市发展趋势

进入21世纪以来，我国的城市化政策从"限制大城市发展"调整为"大中小城市和小城镇协调发展"，这一调整极大地促进了城市规模的扩张，特别是大城市，其建设用地规模激增（何欣荣等，2011）。由于各级政府都在积极通过土地手段更快地谋求GDP增长，从而使得以往在空间上分割的建成区逐渐连成了一片。为了顺应协调发展的战略意图，同时也为了更多地掌控发展资源，东部沿海的多个城市纷纷提出在市域内构建大都市区的发展思路（表1-1）。

表 1-1　长三角地区各都市区规划范围一览表

都市区名称	划定规划范围	出处
南京都市发展区	都市发展区是城市规划区内以长江为依托，以主城为核心，以主城、新市区和新城为主体，以绿色生态空间相间隔，以便捷的交通相联系的高度城市化地区。都市发展区总面积约为 2 947 km^2，占市域总面积的 45%	《南京市城市总体规划(1991—2010 年)》调整
南京都市区	规划将市域"两带一轴"交汇地区以长江为依托，以现代服务、都市型产业功能为主导，以新街口为中心，将轨道交通 45 分钟出行所覆盖的地区确定为都市区，总面积约为 4 388 km^2	《南京市城市总体规划纲要(2007—2020 年)》
苏州都市区	包括苏州市区与昆山市巴城、张浦、锦溪、周庄四个镇，吴江区松陵、同里、原菀坪三个镇，再加上常熟市辛庄镇，总面积达 2 597 km^2	《苏州市城市总体规划纲要(2004—2020 年)》
宁波北部都市区	都市区是由集中规划建设用地之间的自然环境共同构成的区域，包括宁波江东、江北、海曙、北仑、镇海行政区及鄞州除章水、龙观、鄞江、洞桥等乡镇外的行政区域，慈溪市行政区域，余姚市区、陆埠、丈亭、三七市、河姆渡、大隐，奉化大桥、溪口、江口、西坞，用地面积为4 036.7 km^2	《宁波市城市总体规划(2004—2020 年)》
杭州大都市区	即以杭州中心城区为主体，包括外围六个组团的杭州市区所辖地域范围。与都市区地域相邻近，经济社会联系密切的富阳市、临安市、海宁市、德清县、安吉县、绍兴县构成都市区的外围建设协调区范围	《杭州市城市总体规划(2001—2020 年)》
杭绍大都市区	包括杭州市区、绍兴市区、富阳市、临安市、绍兴县、上虞市和诸暨市，面积约为 1.32 万 km^2	《浙江省城镇体系规划(2007—2020 年)》
甬舟大都市区	包括宁波市区、舟山市区、余姚市、慈溪市、奉化市、宁海县和象山县，面积约为 1.04 万 km^2	《浙江省城镇体系规划(2007—2020 年)》
嘉兴都市区	包括嘉兴市区、平湖市、海宁市、桐乡市、海盐县和嘉善县，面积约为 0.4 万 km^2	《浙江省城镇体系规划(2007—2020 年)》
湖州都市区	包括湖州市区、长兴县、安吉县、德清县，面积约为 0.58 万 km^2	《浙江省城镇体系规划(2007—2020 年)》
台州都市区	包括台州市区、温岭市、临海市、三门县、玉环县，面积约为 0.6 万 km^2	《浙江省城镇体系规划(2007—2020 年)》

注：《浙江省城镇体系规划(2007—2020 年)》中的大都市区概念类似于《江苏省城镇体系规划(2003—2020 年)》中的都市圈概念，这一类大都市区不属于本书关注的重点。

然而真正成熟的大都市区需要假以时日来进行培育，在当前这个时期，虽然多个都市区的建设框架已经拉开，人流、资金流等也在频繁发生流动，但功能配套尚未齐全。在这种情形下，都市区的就业空间面临着众多问题。首先是非农就业岗位不断向郊区扩散，开发区、大学城在城市边缘区的建设也带来相关就业岗位的集聚，从而引发原有城郊地带农业就业格局的改变。然而，由于户籍配套、房价差异等外部复杂因素的影响，大都市区的推进为城市就业空间发展也带来了诸如就业岗位的分散、职住分离加剧等问题。再者，严格功能分区思想主导下的空间规划模式，打破了计划经济时期形成的以“单位制”为特征的城市土地混合使用现状。这虽然体现了城市土地的市场价值，但同时也带来城市的就业空间和生活中心相互分离，增加就业者通勤成本，降低了生活质量。都市区开发建设的阶段性更恶化了开发区、新城等新兴就业空间与作为居住和服务空间的主城之间的大尺度、钟摆式空间联系。以南京市江宁经济开发区为例，据调查，2007 年开发区内有 1/3 的居民在开发区居住却不在开发区工作，有 1/2 的开发区就业者在开发区工作却不在开发区居住（王兴平，2008）。这不仅给居民带来了不便，降低了生活和工作的质量，还给城市公共设施造成了巨大的压力，降低了城市系统运行的整体质量和效益。

由于都市区化对城市框架的拉动作用，城市快速扩张带来就业空间和居住空间、服务空间的功能失配现象加剧，导致就业空间与其他空间之间的通勤距离增加，就业者出行对机动车的依赖性急剧上升，使得城市与开发区之间的交通拥塞现象在上下班高峰时间日益严峻。据《2010 中国新型城市化报告》中的数据显示，2009 年在统计的 50 个城市中，有 17 个城市上班单程花费时间超过 30 分钟，占到总数的 34%（牛文元等，2010），其中北京居首位，时长超过了 52 分钟。同时，由于机动车的过量使用，带来汽油、天然气等化石能源的过度消耗以及相应的噪声和大气污染越来越严重，我国资源短缺和环境危机的压力不断加剧，与当前建设低碳城市的要求背道而驰。

1.1.3 个体的需求越来越受到社会的尊重

随着对外开放的深入和人民生活水平的逐年提高，社会环境对个体行为的宽容度也在不断增加，中央政府提出构建“社会主义和谐社会”的行动也印证了这一趋势。其中，互联网等媒体手段的普及，为个人及少数群体提供了与社会和政府交流的平台，也促进了个体的需求越来越受到社会的尊重。它具体体现在以下两个方面。

第一，政府更加关注民生问题。随着经济的发展，当“民富”的需求上升到与“国强”同等重要的地位时，那些与老百姓生活密切相关的民生问题，也就被政府摆到更加重要的位置上来。近年来，深圳、青岛等多个城市政府提倡打造“幸福城市”的目标，开始探索从 GDP 城市向幸福城市转变的路径，更加关注市民生活和工作的感受。2011 年全国人民代表大会和中国人民政治协商会议（简称“两会”）期间，与会代表的提案关注最多的也是集中在住房、医疗、教育、养老等民生领域。政府关注民生问题是为了能够有效地促进和实现社会公正，同时也是为了推进经济社会持续而健康地发展。因此，政府在实施建设保障房、增加就业岗位等措施改善民生问题的同时，还出台配套的法规，从制度上维护社会个体的权益。其中最具典型意义的法规就是 2008 年《中华人民共和国劳动合同法》的颁布实施，它的出现使劳动者权利得到社会尊重体现得更加明显，这也表明了政府丢掉以往靠低廉劳动力换取经济增长模式的决心。

第二，个体意愿表达的途径更加畅通而有效。在信息化技术日臻完善的今天，互联网等媒体技术得到广泛应用，网民群体已经成为当今社会中一个不可忽视的群体，各级政府对网络表达出的个体及少数群体的话语权也越来越尊重，以“管治”施政的理念更为清晰。这是因为网民的数量已经非常庞大，据统计，2010 年中国网民数量已达到 4.57 亿人，宽带用户达到 4.5 亿户（图 1－3），七年来两个指标的增长率分别达到 28.4% 和 59.2%。并且互联网为人们自由地表达利益诉求提供了新的广阔空间，这是一个民意聚集的场所，来自社会各阶层的网民在这个没有限制的平台上各抒己见，形成强大的舆论压力，因此互联网越来越成为政府决策部门不得不考虑的重要因素，是政府制定决策的民意基础，促进了政府决策方式的科学化、民主化（魏运娟，2010）。

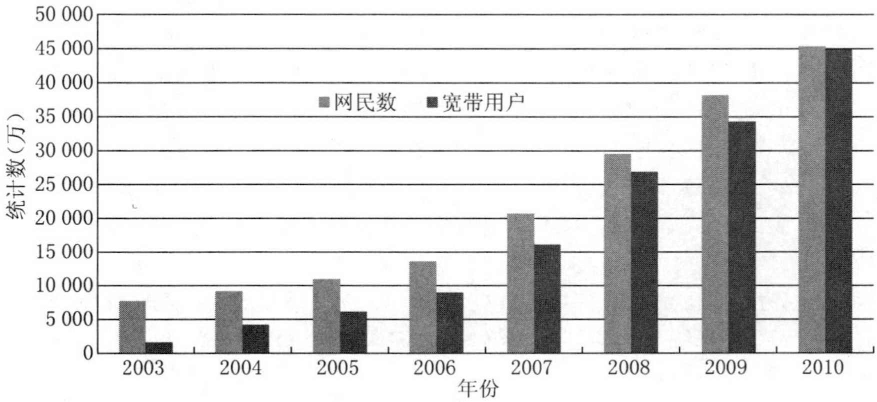

图 1－3　2003—2010 年中国网民及宽带用户数量统计图

这些变化都促使就业者对工作环境的质量要求逐渐提升，而政府及社会对这种需求也无法做到视而不见。众所周知，我国以“世界工厂”而闻名于世，而大城市就是其中的重要载体，传统的开发区等就业空间对生活性配套服务功能过于忽视，这不仅加剧了开发区内就业人员的服务配套问题，而且对就业者工作压力的缓解不利，长此以往将会对就业者的身心造成巨大的伤害。2010 年的富士康“九连跳”事件对大都市区内以制造业为主的就业空间组织模式发出了预警（胡谋，2010）。并且，以制造业为主的就业空间内提供的就业岗位主体是一线操作工，面向的多是低技能的工人群体。他们由于报酬较低无法承受大都市的高昂生活成本，因此选择居住在开发区周边乡村出租屋以及部分企业或开发区管理机构提供的集体宿舍内，而在开发区商住小区居住的人群则主要是不在开发区就业但是能够承担其高昂成本、享受城市边缘区良好环境的较富裕阶层，这种就业人群和居住人群在社会阶层上的错位，潜藏着城市区域整体社会空间分异和对抗加大的风险。此外，都市区战略驱动下城市就业空间的调整还可能带来中心城区制造业岗位的不断流失，导致居住在旧城区、以制造业为就业选择的城市中低收入群体的就业困境更加窘迫等，这些问题都需要系统和深入地研究并加以解决。

由此来看，在服务业转型崛起、都市区大兴建设和社会氛围日渐宽容的今天，以往简单而缺少人性化的就业空间正在逐渐丧失时代的青睐，更加体现人性化需求的就业空间才是未来的大势所趋。“以人为本”一直是我国政府施政的重要原则，特别是在努力构建和谐社会的今天，以单纯产业组织为主线的传统就业空间，其配套不适性会越来越突出。而随着人们对就业空间人性化需求的日益重视，加之低碳城市、节约型城市理念的兴起，就业空间的研究将成为政府及研究者关注的热点，而就业空间的演化研究正是这一热点课题的重要组成部分。

1.2　研究的目的及意义

1.2.1　研究目的

本书通过对中国都市区就业空间的研究主要达到两个目的。

第一个目的是提炼出近年来中国都市区就业空间的演化模式和特征。在以往的研究中，城市就业空间容易与产业空间混为一谈，这与我国城市目前的发展阶段有一定的对应性。跟随东部沿海大城市率先进入都市区发展阶段，对就业空间的研究也开始提上日程。本书从理论推导和案例归纳两个方面对都市区就业空间的演化模式进行构架，进而推导出近年来中国都市区的就业空间演化特征。

第二个目的是归纳出中国都市区就业空间的演化机制。城市空间的形成与发展受到多方面因素的综合作用。城市就业空间在经历了10年的都市区化推动之后发生了巨大变化，在这里有必要对就业空间演化产生影响的作用机制进行探究。空间集聚与扩散的表象后面到底还隐藏了什么样的推动力，是政府、市场还是社会机制在主导着它们，这些作用的具体表现形式和过程又是什么？对这些机制的研究归纳就是本书要达到的第二个研究目的。

此外，本书还意图尝试通过转换研究视角，以尊重就业者的生理和服务配套需求为出发点，通过运用公开统计数据及问卷调查数据来综合构架一个适合中国都市区的就业空间研究的体系，从而为后续研究提供参考。

1.2.2 研究意义

本书的研究意义可以从理论意义和实践意义两个方面进行阐述。

理论意义：本书研究的内容主体属于都市区空间结构研究的范畴，因此本书研究的理论意义主要是对已有都市区空间结构理论进行补充和完善。在较长一段时间内，我国的城市空间结构与区域空间结构研究是各自分开的，这主要是因为我国城市与区域虽有联系但是是以两种截然不同的状态存在，随着城市和区域的不断融合，“城市区域”的概念也被提了出来，传统将二者空间结构截然分开的研究已经难以适应当前的需要，因此本书会对以往城市空间结构和区域空间结构研究的理论成果进行融合。此外，以往国内学者在都市区空间研究中对通勤因素过于忽视，本书在对大都市区就业空间结构的研究中，充分关注了通勤因素的作用，这对全面认识中国都市区的空间结构有着积极意义。

实践意义：在实践方面，本书运用多种量化方法，从分区就业空间格局、就业中心体系和职住平衡变化情况三个方面对南京都市区的就业空间演化进程进行了系统地分析，与西方特别是美国都市区的就业空间演化特征进行了比较。同时，本书还对长三角区域各城市的就业水平进行了系统地评价，提出了更切合现实的以就业特征为线索的城市分类体系。这一研究将会对今后南京都市区空间发展政策的制定起到支撑作用，并为其空间结构的优化和规划、管理提供依据。另外，本书研究还可以为中国其他都市区就业空间的发展提供比较及借鉴的资料。

1.3 相关概念辨析

1.3.1 城市就业空间的概念和内涵

“空间”是一个十分宽泛的概念，哲学、地理学、社会学和建筑学等诸多学科都曾经给出不同的解释，城市空间也是诸多学科竞相研究的热点之一，到目前为止该研究已经具有了较扎实的成果基础，而就业空间与城市空间之间既有联系又有区别。按照城市规划对空间解读的出发点，本书还是从城市空间的特性出发，在功能、形态和结构三个方面对城市就业空间进行了初步归纳和认识。

1）基本概念

对城市空间可以按照不同的视角进行认识。如从地理学的角度可将城市空间简要分为环境空间、经济空间和社会空间三大系列去研究，还可以从密度、区位、形态等多方面描述和解释城市空间结构。冯健(2005)利用人口普查的数据从人口空间、经济空间和社会空间三个角度出发对城市内部空间进行研究。

就目前认识而言，就业空间应该是就业人员从事劳动就业活动在空间上的反映。这一空间首要体现的是其承载就业的功能，即使有时会出现居住、生态等多功能混合的现象，但是其主导功能也应为就业功能。本书借鉴以往的研究成果，着重将就业空间分为环境、经济和社会三个属性进行研究。其中环境属性侧重于就业者对物质环境的需求，比如，从事工业生产时所需的厂房、办公服务时所需的办公楼，及这些物质环境所呈现出的景观特征等外部环境表现；经济属性主要是从企业、劳动力、资金等生产元素分布的角度去体现就业空间的特征，这一属性也是就业空间研究的传统视角；社会属性侧重于突出就业者的视角，更多地关注"人"的需求，比如不同性别、阶层对就业空间的需求，等等。根据城市规划多种规范的内容来看，城市空间规划的出发点多是居民及产业两个角度，以居住区和产业区两种功能空间类型去落实，而过于忽视就业者作为一种"人"的空间需求。

就业空间内部的不同属性系列之间的研究又具有一定交叉性，如就业岗位空间分布既属于经济空间的内容又属于社会空间的内容，就业用地空间类型的研究可以列入经济空间的内容也可以列入环境空间的研究(图 1－4)。此外，就业空间的社会空间属性研究也与城市空间研究具有一定的区别。根据已有研究，社会空间分异是城市社会空间结构研究的主要内容之一，因为不同阶层的人在居住空间上呈现出一定的差异性，这在就业空间研究上就会表现出不适性。这是因为我国就业者所从事的行业并不具有阶层性对应关系，无论是制造业还是服务业，其内部都会存在一定的收入和地位等级性，不同行业的从业者，其居住地点的规律性就难以追寻。由此，本书未对就业者社会空间分异进行深入研究，而选择了职住关系的空间特征进行替代。

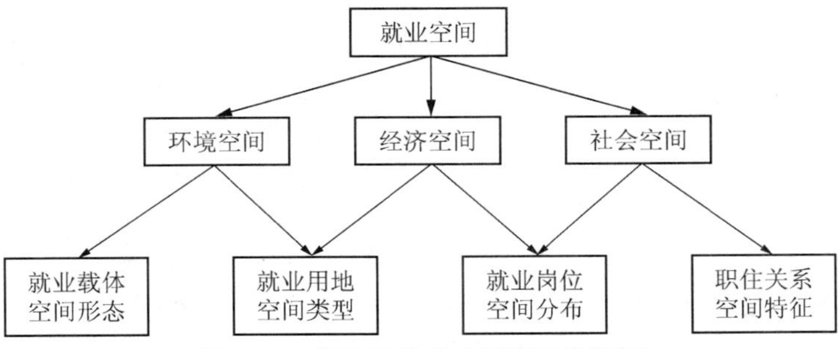

图 1－4　都市区就业空间研究构架图

虽然本书对就业空间的研究涉及三个空间系列的内容，但是考虑到本书数据的支撑是经济普查就业人口数据，主要以都市区中第二、第三产业就业岗位数据为基础，所以本书侧重经济属性中的非农行业就业岗位空间分布的内容。同时，本书关注了经济空间研究中就业用地空间分布，而对就业空间环境系列的就业载体空间形态研究涉及不深。

2）就业空间的形态

从较大空间尺度上讲，就业空间应该表现为城镇和乡村两种类型形态。在历史的长河中，乡村就业人数在大部分时间均占有优势。城乡就业格局发生转变的转折点是第一次工业革命，资产阶级通过“圈地运动”等强制性活动使得大量的失地农民转化为初期的产业工人，由此引发了农业从业人员向非农从业人员的加速转变。就我国国情而言，这一转变发生在改革开放以后，城镇型就业空间容纳从业人数的比重不断上升，而农业从业人数比重不断下降，第二、第三产业从业人数迅速上升。在经过 1996—2003 年的相持阶段之后，城镇就业空间逐渐占据了主导(图1-5)，成为区域内的就业吸纳中心，乡村劳动力被其逐步地吸纳进来，从而为其产生集聚经济的效益奠定了良好基础。

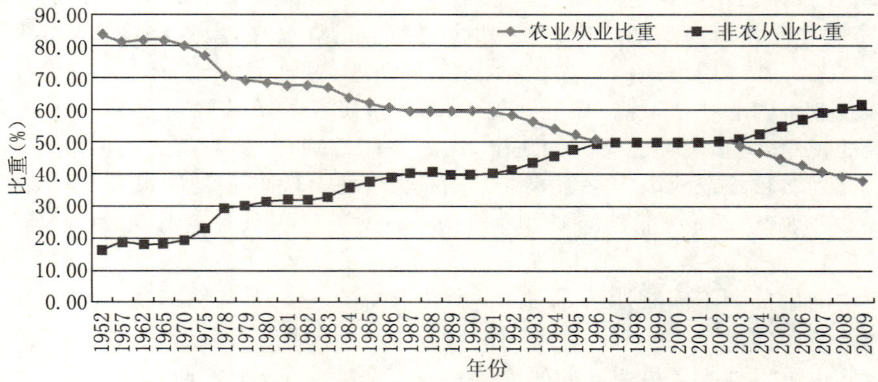

图 1-5　1952—2009 年中国农业、非农从业人数比重变化图

在都市区空间层面内，就业空间可以表现为三个层次的空间形态。

第一个层次是宏观空间，在实体上表现为就业“中心”或“次中心”。首先这种空间占有一定的空间面积，并且规模较大，拥有企业等就业单位数量较多，是城市经济集聚活动的外在表现，相关就业行业的企业在此聚集。其次开发区和就业中心也存在一定的差别，开发区作为工业企业集聚的产业载体，其内的就业行业呈现出以制造业为主的特征，单个企业的占地面积较大，并且制造业工人占到从业人员的多数。而就业中心在西方多与城市中央商务区(Central Business District，简称 CBD)重合，其就业类型以服务业为主，虽然单个企业平均规模多小于开发区，但是凭借企业的数量优势和一定数量的个体经营从业人数，其等同面积空间内的就业人数(就业密度)超过开发区这一类型就业空间。在正常情况下，开发区集聚到一定的规模时可以成为就业次中心。

第二个层次是中观空间，在实体上表现为就业单位集中的就业街区，包括城市内部的各种专业化街区或者城镇的综合服务街区，规模小于就业中心或者次中心。这种就业空间在空间形态上表现为条带状，各种就业单位沿城市的道路分布。其就业类型多为服务业或都市型工业，具有一定的综合性。就业街区为就业中心的组成单元之一，现实中的就业中心是由若干就业街区组成，其间会夹杂着一些非就业型空间，如居住、生态等空间类型。

第三个层次是微观空间，在空间上表现为承载就业活动的单体建筑环境空间，这个空间是组成就业街区、就业中心和次中心的基本单元。其主要是满足某一类型就业者完成其生产环节或服务环节而进行设置的基本空间，多数时候表现为厂房或者是办公楼，或者是更加简单的沿街门面房，其功能是满足从业者对工作场所的基本需要。

考虑到研究目的及数据基础限制，本书选择了以宏观就业空间形态作为重点研究的层次。

3）都市区就业空间的结构

城市空间结构包括土地利用结构、人口空间分布结构、就业空间结构、交通流动结构、社会空间结构等（柴彦威，2000），因此就业空间结构属于城市空间结构诸多类型中的一种。同理，按照城市空间结构的概念推导，城市就业空间结构则是城市内的就业者在工作时间内所从事就业活动在空间上表现出的格局和差异。

前文将就业空间的形态分为几个层次，每个层次的就业空间均存在不同的空间结构特征。作为都市区整体就业空间结构而言，其研究着力于都市区非农产业人口从业时在空间上的分布情况，可对不同类型的从业岗位在不同空间层次上的格局和差异进行分析。根据本书所获取的就业人口数据基础，可以分别从分区和街道两个层面入手，从而达到对都市区整体就业空间演化分析的目的。

从空间结构的角度来说，本书认为在当前都市区就业空间的分析应侧重于以下三个方面：分区就业要素情况、就业中心体系和通勤情况。

分区就业要素情况：分区是指按照地理要素、经济和社会发展基础等状况对都市区进行的空间区划，如今常用的分区方式是圈层划分，即把都市区划分为中心区、近郊区、远郊区等不同类型的圈层。分区就业情况主要是指就业要素在各不同分区上的发展状态，包括对增长或减少、集聚或扩散等状态的描述。

就业中心体系：是指都市区内由就业中心及次中心共同组成的中心体系，在空间结构分析中应该体现各中心区位、数量和构成的变化。

通勤情况：主要是指围绕就业中心进行的通勤状况，在就业空间结构分析中应该关注其主要通勤流向和流量的变化情况。

1.3.2 产业空间与就业空间辨析

产业空间研究一直是经济地理学研究的热点问题之一，国外学者通过对农业、工业和商业等不同产业在城市空间分布规律的研究构筑了经典“区位论”的根基。有关产业空间的概念大致有新、旧之分。旧的产业空间主要指的是工业革命后形成的工业集聚现象，即受到市场、原料地和交通等因素影响而形成的工业区。二战之后，受到技术革命的影响，新的产业要素与新的产业空间诞生了。新的生产方式和新的产业组织模式成为其区别于传统产业空间的基本特征（王兴平，2005），例如高新区、开发区等空间实体。由此来看，产业空间的运营主体是企业，其空间的组织多是依靠产品的生产—销售环节或者上下游关系进行企业的组织形成集聚，政府会对其提供金融、运输等配套服务，以保障产业空间的正常运行。一般而言，可以将产业空间划分为制造业产业空间、服务业产业空间等类型。

随着科学技术的发展引起的产业革命的推动，发达国家及地区产业结构中的主力已经由第二产业向第三产业转变，第二产业从业人数的比重将会下降。以日本为例，20 世纪以来，日本的第二产业和第三产业从业人数同步上升，从 1970 年开始，第二产业从业人数比重稳定在 34.0％左右，到 1992 年达到 34.6％，此后比重开始逐年下降，至 2008 年为27.4％。而第三产业从业人数比重持续上升，至 2008 年达到 68.4％。就业结构的变化及从业人数的增多使得从业人员的集聚规模发生变化，引发了与产业空间内涵不同的就业空间研究（图 1－6）。

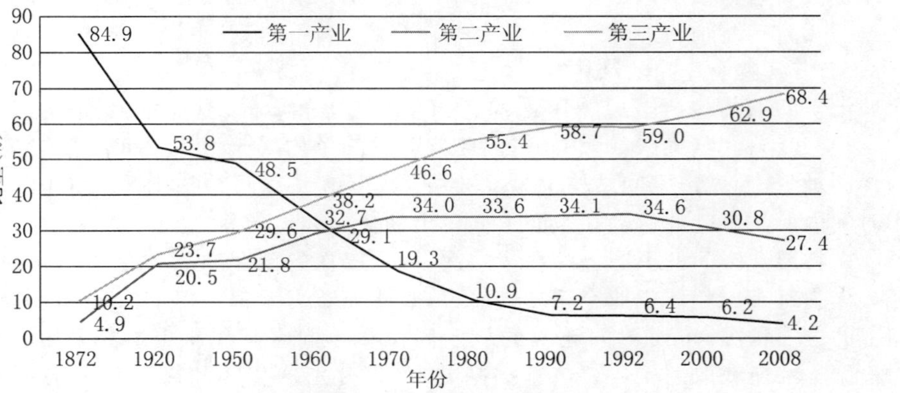

图 1－6　日本三次产业从业人员结构变化图

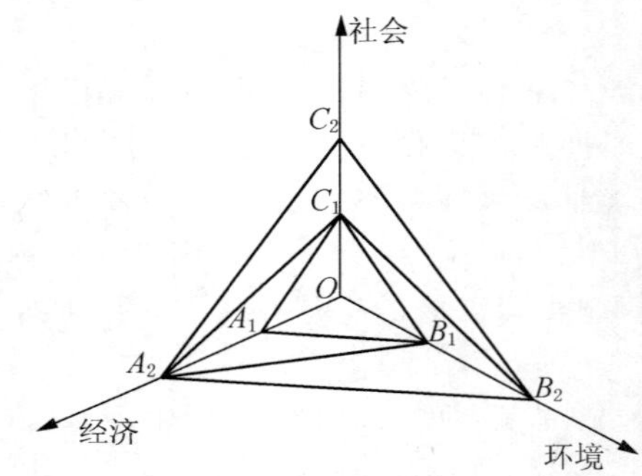

图 1－7　生产空间"四面体"演化发展图示

换个角度，从更长的发展历史来看，就业空间与产业空间均源于生产空间的范畴，而生产空间的内容和形式随着经济和社会的发展在不停地发生着变化。按照演化顺序而言，二者存在着相互衔接和相互转化的关系。在这里，本书借助"四面体"这一几何学方式对二者的关系进行解释。前文提及就业空间具有经济、社会和环境的三元属性，这三个属性分别在图 1－7 中体现为三维坐标轴，其中 OA 代表经济轴，OB 代表环境轴，OC 代表社会轴。在第一个阶段，即工业化的前期发展阶段，生产空间规模较小，对经济、社会和环境三个方面产生的负面影响不大，传统的家庭作坊是这一阶段生产空间的代表，这一种空间形式较好地协调了生产和生活的关系，在图 1－7 中可用四面体 $A_1B_1C_1O$ 来表示。在第二个阶段，随着工业化时代的到来，经济属性开始占据主导，环境和社会两方面的属性发展相对滞后，此时的生产空间几乎等同于经济空间，这也加剧了环境的污染和社会的阶级对抗。此时，对产业空间，特别是对规模工业空间的研究开始兴盛起来，这个阶段，四面体的经济轴从 A_1 移动至 A_2，可以用四面体 $A_2B_1C_1O$ 来表示。在第三个阶段，随着工业财富的积累越来越多、清洁技术的发明和应用，人类在经济与环境的可持续发展上具有了更多的调控能力，集约发展、产业集群的理念得到广泛认同，于是工业园区、高新技术开发区等成为了新型生产空间研究的热点。此时，四面体的环境轴从 B_1 移动至 B_2，新产业空间的概念可用 $A_2B_2C_1O$ 来表示。在第四个阶段，随着社会经济积累的进一步增加和社会民主氛围的逐渐开放，特别是生产技术的改进和升级，极大地削弱了工业对环境的不良干扰，产业空间的社会属性得到极大认可，就业者的社会属性诉求得到尊重。此时，对就业空间的研究成为生产空间研究的重点，四面体的社会轴从 C_1 移动至 C_2，生产空间可用 $A_2B_2C_2O$ 来表示，在这个阶段，生产空间的社会、经济和环境属性重新得到均衡发展。

因此，就业空间研究的出发点是突出生产空间的社会属性，侧重以就业者为本，而不是企业，它的组织以就业者的择业、就业和通勤等就业相关行为为主线，在空间上表现为就业中心、次中心等功能实体形式，政府通过工会、劳动保障、职业介绍等服务机构为其服务。就业空间的类型除可以根据从业者从事的行业类型进行划分外，也可以根据从业者的其他社会属性进行划分，如阶层、性别和种族等。

综上，与产业空间相比较，就业空间更加关注的是就业者的人性需求，对其的研究更要突出“以人为本”的原则，而不是产业空间组织中关注的利润等效率原则。产生这一差别的关联原因还在于城市就业人员结构和数量的变化。正是由于从业人数的增多，人口规模的集聚在实现了产业集聚带来利好经济外部性的同时，也会产生负面的经济外部性，比如对服务设施的成本需求增加等，并且由于产业空间尺度的增大或者远离原有城市中心，造成了既有就业人口集聚对日常生活型服务设施的需求难以得到满足。此外，有别于产业空间内的大型工业企业，就业中心内的企业还有大量中小型企业，其在提供生活服务方面存在一定的成本制约，所以就业空间的组成不仅仅是提供工作岗位的产业空间，还有与之匹配的服务空间，它是一个多元复合性的空间概念。

1.3.3 研究范围和时间段

本书研究范围可以分为三个层次，分别是南京都市区、长三角地区和其他大都市区。

南京都市区是以《南京市城市总体规划纲要（2007—2020 年）》提出的都市区空间范围为基础，同时考虑到了统计数据获取的便利性，在这一基础上，北部和南部分别调整为以六合区和江宁区行政界线为界。这样南京都市区就包括了玄武区、白下区、秦淮区、建邺区、鼓楼区、下关区、栖霞区、雨花台区、江宁区、浦口区和六合区，共计 11 个区（图 1－8）。

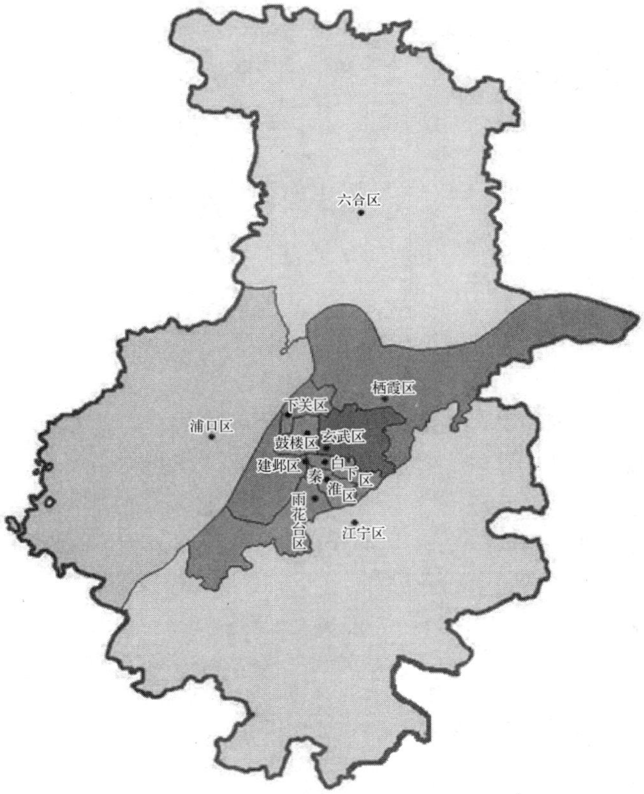

图 1－8　南京都市区空间示意图

同时，为了获取比较性数据而增加南京都市区作为实证区域的分量，同时对长三角地区也进行了适度研究。长三角地区包括上海市，江苏省的南京、苏州、无锡、常州、镇江、扬州、泰州和南通，以及浙江省的杭州、嘉兴、湖州、宁波、绍兴、舟山和台州，具体空间示意如图 1 - 9 所示。

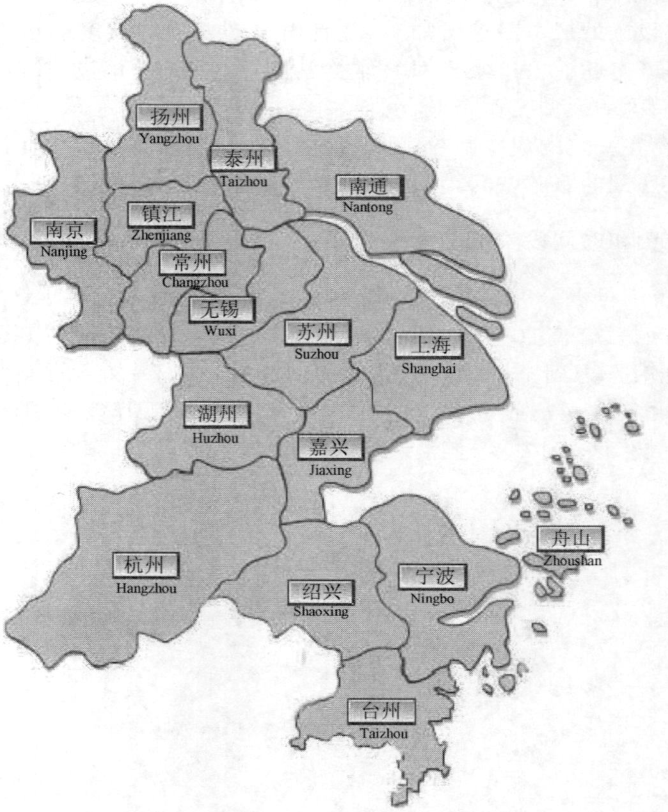

图 1 - 9　长三角区域示意图

此外，本书还借助已有研究成果和相关报告，对国内的北京、上海和广州及美国的芝加哥等大都市区的就业空间演化情况进行分析和归纳。

对于实证研究时间段的选取，考虑到多个城市都市区化发展战略提出的时间集中在 2000 年以后，同时鉴于相关权威就业人口数据的公开年份（表 1 - 2），本书的研究年限主要集中在 2000—2010 年。对于国外的大都市区，其研究年限则相对较长。

表 1 - 2　本书涉及的部分大型普查活动情况列表

普查活动	统计年限	资料名称	公布年限
全国第五次人口普查	2000	《跨世纪的南京人口》	2002
江苏省 1% 人口抽样调查	2005	《2005 年江苏省 1% 人口抽样调查资料》	2007
全国第六次人口普查	2010	《2010 年第六次全国人口普查主要数据公报》	2011
江苏省第二次基本单位普查	2001	《江苏省第二次基本单位普查资料汇编》	2003
江苏省第一次全国经济普查	2004	《江苏经济普查年鉴 2004》	2006
江苏省第二次全国经济普查	2008	《江苏经济普查年鉴 2008》	2010
南京市城镇居民住房状况调查	2007	《南京市城镇居民住房状况调查资料汇编》	2008

1.4 国内外相关研究综述

国内外对城市就业空间的研究成果差别较大。国外在该领域的研究相对较早，从早期区位论到后来空间错位理论，形成了较为系统的理论成果，近年来一批海外华人学者也对中国大陆城市的就业空间变化进行过初步探讨。国内理论界由于深受功能分区理论和国家有关用地分类标准的影响，对就业空间的研究起步较晚，目前还缺乏理论化、系统化的研究成果（图 1-10）。

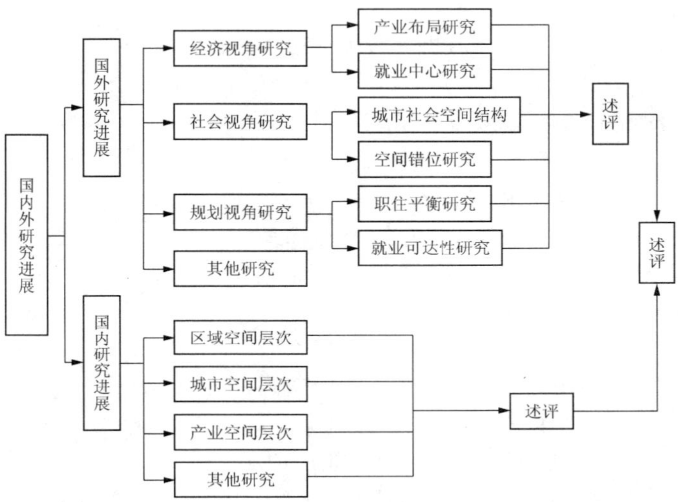

图 1-10 文献综述框架图

1.4.1 国外研究进展

国外对都市区的研究较早开始于美国，其发展是伴随着郊区化的发展而进行的，加拿大、德国、日本等发达国家都有相应的统计概念存在。美国的都市区化分为两个阶段。20 世纪前期开始，美国在高速公路和私人小汽车普及的推动下，城市化进入“都市区化”的第一个阶段后，就业空间经历了一次重组。20 世纪 90 年代以来，针对城市无序蔓延问题，开始倡导“新城市主义”的紧凑开发模式，提倡就业、居住的适度混合开发，传统的就业—生活组织模式又开始受到推崇，从而进入“都市区化”的第二个阶段。

国外对就业空间的研究早期多集中在城市就业人口空间分布的变动方面，但是在郊区化进程加速之后有关就业空间与其他空间关系的研究逐渐兴盛起来，这也与“都市区化”阶段和“新城市主义（New Urbanism）”运动具有一定关联性。其主要的研究视角有以下几个方面。

1）侧重经济属性的就业空间研究

从就业空间的经济属性来看，其多从经济地理学的角度出发，对就业岗位在空间上的分布特征进行研究。

早期的就业空间结构研究与产业空间的分布关系密切。德国人杜能（Thünen）于 1826 年首先对城市产业布局及从业劳动力空间分布进行了研究，韦伯（Weber）于 1909 年提出“工业区位论”，完善了古典区位理论。其后的学者们开展了对城市经济活动空间结构模型的研究，其中涉及了就业空间的模式，如威廉·阿隆索（William Alonso）于 1964

年提出的单中心城市模型，米尔斯、穆斯和阿纳斯等人(Mills，1967；Muth，1969；Anas et al，1998)的多中心模型，增加了生产、交通、住宅等要素，逐步建立了城市经济的一般均衡模型。藤田昌久等(1988)则从一般性的角度研究企业及居住区位，对企业和家庭空间集聚现象的经济学原因提出了统一的解释。

20 世纪 90 年代以后，随着新郊区化的进展(Stanback，1991)，都市区就业的离心化在继续发展，同时一定数量的中心则在集聚着就业人口，从而形成一种多核心结构的特征，这不同于广泛存在的扩散形态(Coffey et al，2001；2002)。这时就业空间的研究开始关注城市就业中心及次中心的分析，就业密度成为重要的衡量因子之一，这主要包括以下两个方面的内容。

第一方面是就业中心及次中心的识别研究。戈登等人(Gordon et al，1986)提出两个阶段的方法，即在找出区域内就业密度的高值点的基础上，进一步检验候选就业中心对城市总体就业密度的影响能力。朱利亚诺和斯墨(Giuliano et al，1991)通过计量就业密度均大于 10 人/英亩且总就业岗位数大于 1 万人的相邻地块的标准，在洛杉矶识别出 32 个候选的就业中心。斯墨和宋等人(Small et al，1994；Cervero et al，1997；1998；McMillen et al，1998；Bogart et al，1999)的分析都采用了类似的方法。戈登等人(Gordon et al，1986)提及图形分析的方法来识别可能的就业中心。麦当劳和麦克迈林(McDonald，1987；McDonald et al，1990；McMillen，2001)采用回归分析的方法识别就业中心。克雷格等人(Craig et al，2001)基于分位数回归的方法研究了休斯敦就业中心的分布情况。丹尼尔等人(Daniel et al，2003)应用普通最小二乘法(Ordinary Least Square，简称 OLS)和半参数法评估芝加哥地区就业次中心的变化趋势。克里斯琴(Christian，2007)采用了非参数的方法识别都市区的就业次中心。

第二方面是就业中心的形成及影响因素分析。藤田昌久等人(Masahisa 1997)认为多中心城市就业次中心的形成取决于劳动力、土地市场和附近城市中心外部性之间的互动。吉纳维夫等人(Genevieve et al，1999)认为工业引导了就业次中心的蔓延和增长。伯特兰等人(Bertrand et al，2000)分析了法语地区乡村人口和就业中心之间的关系。阿里(Ali，2003)发现洛杉矶就业中心之间的联系存在不足。克里斯琴(Christian，2009)证明了企业集聚、价格调整等因素在洛杉矶地区就业空间分布方面有显著的持续性。约翰等人(John et al，2000)研究了芝加哥郊区的就业次中心和房地产发展之间的关联。佩林等人(Pelin et al，2008)通过伊斯坦布尔市就业次中心的识别对通勤模式的影响进行了分析。安妮等人(Anne et al，2009)分析了巴黎地区就业郊区化对通勤行为的影响。

此外，还有涉及某种类型就业空间结构的研究，有的涉及一般的高等服务业(Rena，1999)，有的则专门研究一种服务业，如计算机服务业(Nunn et al，2000)，等等。

另外，有部分外国学者从城市就业人口密度的角度，探讨了中国广州、台北、北京、上海等大城市就业空间及中心的变动(Wu，1998；Chen，1997；Robert et al，2008)。

2) 侧重社会属性的就业空间研究

这一方面的就业空间研究较多关注就业人口的阶层、家庭和种族等社会因素给空间格局带来的影响。

较早的研究可以追溯到经典的城市土地利用三模式，即伯吉斯(Burgess)的同心环模式，霍伊特(Hoyt)的扇形模式和哈里斯(Harries)、乌尔曼(Ullman)的多核心模式。后来的曼(Mann)、迈克(Mc)等人以此为基础结合不同的条件对空间模式不断地进行修正。这些模式虽并未明确对就业空间的结构进行阐述，但它们隐含了城市中就业空间的格局及其与居住空间之间的关系(图 1-11)。

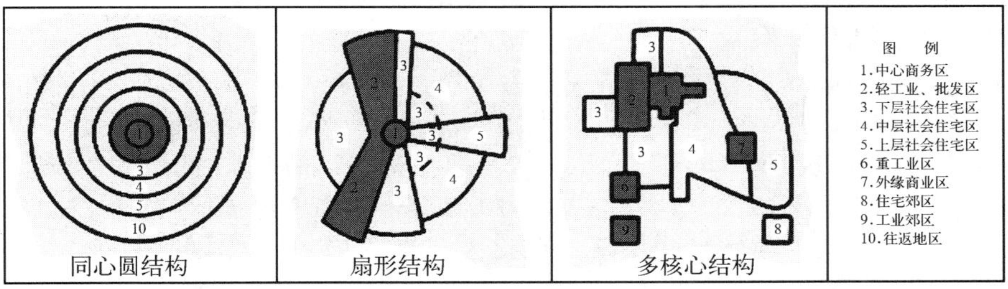

图 1－11 三种经典城市空间模式表现出的就业空间区位示意图

20 世纪 60 年代以后，西方城市中心的衰退使得就业空间与其他空间错位引发的社会问题引起人们关注。在提出空间错位假设的基础上，约翰・凯恩（Kain，1968）及其追随者梅耶（Mayer）卡拉契克（Kalachek）进行了系列的研究，最终形成了空间错位理论。韦希特尔和金（Wachter et al，1982）从“年龄段过度拥挤”角度考察了空间对就业的影响；卡萨拉（Kasarda，1985）评述了少数民族阶层在城市劳动力市场中的“退化”而导致失业率上升问题并进行了研究。其后的霍尔泽（Holzer）于 1991 年研究了空间错位假设的重要性问题，简和里查德（Jan et al，1997）分析了城市在空间错位上的均衡性。哈里森（Harrison，1972）从计量经济学的角度建立了几乎囊括了美国所有的空间和批评模型（图 1－12）。其后，丹齐格等人（Danziger et al，1976）进一步模拟了空间错位现象，麦考密克（Mccormick，1986）、尤尔斯（Ewers et al，2004）分别研究了英国和美国的空间错位现象。近年来，洛朗和里查德等人（Laurent et al，2007；Richard，2004）研究了大都市区的空间错位机制，并力求使其研究成果现实化。

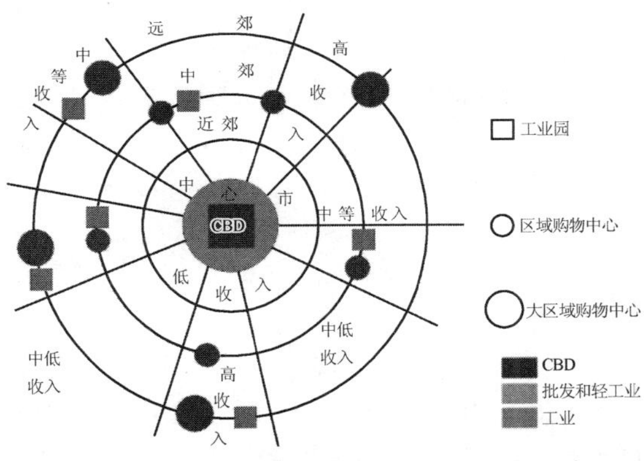

图 1－12 美国典型都市区就业空间分布示意图

3）侧重规划属性的就业空间研究

从政策调整的角度出发，主要是从城市规划的目的出发对就业者与居住及通勤之间的关系进行研究，包括“职住平衡”和“就业可达性”两个方面的内容。

职住平衡多被用作一项政策工具，至今洛杉矶、旧金山湾地区都把其作为一项公共政策来进行分析和操作。霍尔等人（Hall et al，1973）在新城开发中提出职住平衡的观念并对其进行了初步研究，杰里（Jerry，2003）从不同空间尺度层面对美国落实职住平衡的策略进行了介绍。但是有关职住平衡与城市交通之间的关系一直存在着分歧，切尔韦罗等人（Cervero et al，1998；1997；2006）以洛杉矶为例研究了职住平衡和区域机动性的关系，它认为职住平衡可以减少通勤量。而朱利亚诺等人（Giuliano et al，1991）通过研究却认为职住平衡对通勤量的影响不大。简锦汉(Kamhon, 2002)对就业地点不确定情况下的居住机动性进行研究。

近年来,一方面,城市产业结构和企业竞争(Adbel-Rahman et al, 1993; Anas et al, 2003)、劳动力技术分工和工资差异(Adbel-Rahman,2002;Handerson et al, 2000)逐渐取代了原先城市经济模型中的产业、家庭和劳动力单一性的假设,为城市就业居住空间分布的多元性提供了新的诠释。另一方面,随着对居住位置选择研究的深入,原先新城市主义和职住平衡的有效性受到质疑。自我选择的观点认为个人偏好在住处选择中起主导作用(Krizek et al,2003;Handy et al,2006;Cao et al,2009),这挑战了过去关于城市用地,就业及居住空间和通勤的一些实证分析,也为这个领域的研究指出了一个新的方向。

就业可达性的研究是城市交通和用地以及居民行为研究中的一个重要分支。其研究主要集中在如何衡量可达性在空间和时间上的分布,例如基于势能的衡量方式(Geurs et al,2004),基于效用的衡量方式(Ben-Akiva et al,1985;Martinez et al,2000),以及时空棱镜衡量方式(Miller,1999)。此外,从交通的角度上来说,过剩交通被用来衡量区域范围内就业居住的空间结构和交通系统最优分配的差距(Ma et al,2007)。杨和费雷拉(Yang et al, 2008)进一步延伸了过剩通勤的方法,并对波士顿和亚特兰大大都市区就业居住空间分布和城市空间结构的联系做了实证分析。沈青等(2007)则分析了美国城市低收入人群和弱势群体的就业可达性。

总体来看,国际上对于就业空间的研究主要在于探讨其经济属性方面的分布规律和社会属性层面就业空间与其他空间的失配关系,包括职住平衡和就业可达性的研究都已经有了比较系统的成果,并且具有可以借鉴的量化研究模型,可为本书的进一步研究提供借鉴。

鉴于我国当前城市发展所具有的特殊性,西方国情下的就业空间研究结论是否适用于中国现实值得商榷。比如种族隔离、郊区无序蔓延等关键因素在我国就业空间研究中的影响作用就会相应变小。

所以从中西差异性的角度来看,十分有必要对都市区化背景下的中国城市就业空间演化进行研究。

1.4.2 国内研究进展

国内学者对都市区的研究主要集中在以下三个方面:第一,在都市区概念、范围和影响机理等内容的界定(孙胤社,1992;施倩,1997;王国霞等,2008;顾凤霞等,2010);第二,都市区空间结构方面的研究(冯健等,2003;韦亚平等,2006;宁越敏,2006;张翼等,2007;张振龙等,2009),这里面涉及了经济、社会空间结构等内容,但对就业空间关注较少;第三,都市区空间管治等区域协调问题(张京祥等,2002;王学锋,2003)。其中王兴平(2002),章光日(2003),赵民等(2008),胡道生等(2010)较明确提出都市区化的说法,并在规划策略调整方面给出了相关的建议,然而直接关于都市区就业空间演化的研究成果较少。

国内城市规划领域对于就业空间的研究也处在起步阶段,有关研究多与居住、交通、服务等空间联系在一起,按照研究的空间层次可以分为开发区等产业空间层次、城市层次、区域以及其他空间层次。

在区域研究层面,内地专家主要集中在就业空间模式研究方面,王兴平、赵虎(2010)通过对沪宁沿线动车组出行旅客的典型随机调研,对基于高速交通体系的职住区域化组合现象进行了初步研究。王振波等(2007)分别针对中国和山东省两个层面,利用第五次全国人口普查数据进行了相关的区域就业模式划分。朱传耿等(2006)以淮海经济区为例对省级边缘区的就业空间结构模式进行了研究,得出七种就业结构。中国台湾地区则对台湾生活圈中的就业空间进行了相关的研究,如王大立等(1999)对中国台湾地区的县市层级的就业—居住平衡状况进行了研究,提出就业空间的分布形态要注重质的层面。谢政颖(2004)则以中国台湾地区台中都会区生活圈为研究对象,对其就业活动空间的分布进行了研究。

城市层面的研究可分为城市整体就业空间研究和城市中就业及其他生活空间关系的研究。城市整体层面的就业空间研究主要是集中在北京、上海、广州等特大城市,较多运用普查数据测算就业密度探讨城市内部就业空间分布规律。张京祥等(2002)以南京为实证,从人口与就业的密度分布以及办公与商务的空间分布等方面入手,运用调查资料提炼出主城区内居住密度分布与就业岗位密度分布严重失衡等特征。魏星(2005)以上海为研究区域,主要从产业集聚和劳动力空间分布角度揭示了上海城市空间结构特征及演变规律。王桂新等(2007)利用上海市基于工作地的从业劳动力数据,系统地考察了1996—2001年上海从业劳动力的空间分布及其变动特征。另外,谷一桢(2009),蒋丽等(2009)利用统计数据,通过测算就业密度等方法对北京、广州的就业中心进行了确定,蒋丽还提出了广州市就业次中心与制造业的巨大关联性。

郊区化等因素引起的城市空间失配方面的研究也开始在国内兴起,城市就业空间与其他空间,特别是居住空间之间的组织也越来越受到重视。冯健(2005)较早地提出北京市在工业郊区化过程中存在职住分离现象。李纯斌等(2006)在总结了国外空间失配问题研究文献的同时,提出在研究中应重点关注其在中国城市就业、城市交通规划、土地利用规划和城市改造拆迁四个方面的应用。郑思齐等(2007)梳理了就业与居住空间关系的城市经济学基本理论。宋金平等(2007)、孟繁瑜等(2007)通过对北京市住宅区的调研,对职住空间失配的结论进行了实证研究。赵虎(2009)从职住平衡的视角出发,提出南京市江宁区的城乡空间统筹方案。

就业空间与通勤空间有着密切的联系,国内多利用交通调查中的小区概念来研究城市职住空间模式与通勤的关系。陈伟明(1987)较早地关注了城市形态与居民出行时间的关系,提出用地功能混合,以生活、就业单元为基础的多层次中心方式结构等建议来减少通勤时间。柴彦威等(2002)以大连、天津和深圳为例,从行为、时间、空间及其相互结合的独特视角,研究了中国城市居民的时间利用结构和日常活动的时空结构及时空结构特征。周素红等(2005;2006)运用就业吸引度、就业居住离散度等模型分析了广州市居住—就业空间均衡性、宏观空间组织模式和不同片区的居住—就业中微观空间组织模式等,肯定了广州的居住—就业空间特征及其对居民出行行为的影响,并认为近年来广州居住空间与就业空间均衡性有所增强。孙斌栋等(2008)运用就业—居住偏离度指数,得出上海市现有的就业格局,使得跨区交通出行增加,平均出行时距和距离上升的结论。

在开发区等产业空间研究层面,郑国(2007)、王兴平(2008)等分别以北京经济技术开发区和南京市国家级开发区为研究对象,在详细剖析开发区内就业、居住空间分离现象及其后果的基础上,深入分析了职住分离产生的根源,并提出了具体解决措施,其中王兴平强调了就业与服务空间之间协调的重要性。刘剑锋(2007)指出职住平衡是开发区向新城转变的瓶颈,提出定量化预测方法,并对广州市开发区进行了实证研究。郑思齐等(2009)利用北京中关村科技园区内的部分就业者的调研数据对通勤影响的两个模型进行了论证,得出了影响居住与就业空间关系的决定因素。

另外还有学者对特殊群体或某类行业就业空间进行了研究。如赵文琛(2001)分析了广东省外来劳动力空间分布的模式、特征、时序变化及主要影响因素;白冰冰(2004)对城市非正规就业的空间形态进行了分析;曹旭华等(2004)总结了我国房地产业就业空间分布不均衡的特点,并定性地分析了其形成原因及对区域经济进一步发展的影响;赵群毅等(2007;2008;2009)对北京都市区的生产者服务行业的空间结构进行了研究。吴钢(1991)、徐波等(2009)分别对城市和农村就业者行为空间进行了初步的探索;何流等(2008)总结了南京市女性就业的空间分布特征。

总体来看,目前国内还缺乏针对都市区就业空间演化的研究成果,在已有的研究中也存在以下问题亟待解决。

从研究数据基础而言,既有研究的数据基础可分为宏观尺度的统计年鉴数据和微观尺度的社会调查数据两个层面,研究者多侧重于其中的一面而缺乏对宏观、微观数据的关联分析;从研究切入视角而言,既有研究多数关注空间整体视角,而较少从微观行为主体活动特征出发进行分析;从空间关联角度而言,既有研究较为关注就业和居住空间之间的关系,而常常忽视就业空间的变化对服务、休闲等其他空间的影响。同时,交通出行与就业空间的互动模型没有得到应有的关注,缺乏量化评估的研究。

1.5 研究内容

通过对中西方研究文献的综述,特别是对西方文献的分析,本书发现都市区就业空间演化存在着这样的规律:都市区就业空间整体上呈现不断增长的态势,就业要素的分布由中心城向郊区扩散,就业中心体系由单中心向多中心转变,通勤主流由城—郊通勤向郊—郊通勤转化,而促成这一演化态势的主要动力是市场机制和社会机制的交互作用,并且市场机制从中起到引领作用。

本书将围绕这一规律,结合中国都市区的发展实际,按照科学研究的逻辑进行合理组织,通过理论构架对研究假设进行完善,通过实证分析对研究假设进行验证,共计九章。

第 1 章为绪论。本章指出本书的研究背景、意义,对基本概念进行阐述,并在文献综述的基础上提出本书的技术框架和研究的方法。

第 2 章为都市区就业空间演化理论的构建。本章首先归纳了对本书研究具有直接指导意义的若干理论,在此基础上,通过理论推导出就业空间演化的空间模式和动力机制,并结合中西方的发展历程比较得出当前中国都市区就业空间的演化特征。

第 3 章为案例城市的就业特性分析。本章从南京所在的长三角区域入手,通过构架科学的评价指标体系对该区域内的城市就业水平进行量化评估分类,加上对中心城市首位就业区的分析,达到对南京市就业水平特征识别的目的,并在此基础上为南京作为本书的实证对象提供支撑。

第 4 章为南京都市区研究门槛条件验证。本章首先对都市区就业空间的三个门槛条件进行归纳提炼,并且对实证区域的发展情况进行初步的一一验证,从而为本书以后的研究结论提供一个科学的研究前提。

第 5 章为南京都市区就业空间分区格局演化。本章主要对 2000 年以来南京市就业空间分区的格局变化进行分析,其空间落脚点在都市区的中心区、内城外缘、郊区内沿和郊区外缘四个空间圈层,以南京市辖内 11 个行政区的就业岗位分布、用地类型分布和职住关系的变化来对南京都市区就业空间在近 10 年来的变化趋势加以探究,归纳出南京都市区整体及各个圈层就业空间演化的特征。

第 6 章为南京都市区就业多中心的验证。就业中心研究是都市区空间结构研究的中心内容之一。本章首先对就业中心的内涵和特征进行了界定，其次对其识别方法进行归纳总结，并寻找出适合中国都市区的识别方法。接着，从数据获取的现实出发，以街道、镇级行政单元的从业人数统计数据为基础，对南京市的就业多中心格局进行识别尝试，最终提炼出南京都市区就业中心的区位、组成和制约等方面的特征。

第 7 章为南京都市区就业空间的职住平衡。职住平衡研究不仅包括了就业空间与居住空间的关系，更表达了就业空间的通勤水平及为空间外居民提供就业的能力。本章首先对职住平衡的模式进行分类和界定，然后再根据现有的统计数据对南京都市区的职住平衡状态进行界定，归纳都市区的职住功能空间结构模式，接着分别对中心区和郊区的典型就业空间进行问卷分析，剖析二者职住平衡的状态和差异，并归纳出影响因素。

第 8 章为南京都市区就业空间演化机制。本章首先分析了中国都市区就业空间演化的模式阶段，并由此出发对其演化机制进行了系统梳理。主要从行政机制、市场机制和社会机制三个方面出发，对各自作用于就业空间而产生的集聚或分散的具体事件进行了归纳。

第 9 章为结论与展望。包括本书得到的主要结论、创新点和未来研究的几个方向。

2 都市区就业空间演化理论的构建

就业空间研究应该是经济地理学和城市社会学共同的重要研究内容之一，也是城市及区域空间结构研究的重要组成部分。本章在文献综述的基础上结合研究需要，针对性地选择相关的渊源理论进行阐述，并以都市区就业空间结构三要素为抓手，对大都市区就业空间演化规律进行构架，其中包括演化空间模式和动力机制两个方面。

2.1 国内外相关理论的介绍

从前文可知，现有的理论研究主要集中在就业空间的经济属性和社会属性的某一方面，而专门针对就业空间演化的成果较少，特别是国内在这方面的研究更是处于起步的位置，缺乏系统性的成果可供借鉴。但是，从本书即将研究的目的出发，目前可以借鉴为本书分析工具的理论主要有以下几种。

2.1.1 就业多中心理论

按照集聚经济的理论，集聚经济是城市出现的原始力量，同时也是创造城市中心吸引力的基本要素。就业人口在空间上的集聚带来了就业的高密度，这不仅使得劳动力市场具有更多的选择性，也增加了人与人面对面的交往机会。而人与人面对面交往的机会不仅是各种各样合作交流的必要条件，而且是思想、文化、科学技术等发明创作和推广的必要条件。因此，就业中心也就有了存在的经济解释（丁成日，2007）。

随着中心集聚程度的加大，首先形成的中心地区的地价和工资将会上涨，以致一些企业和家庭不得不放弃集聚经济的好处而转向城市边缘。由于工资和地价随着离城市中心的距离越远而越低，企业会逐步迁离中心而向整个城市地区扩展。但是尽管企业从城市中心迁出，集聚经济的好处并没有完全消失，企业仍可以通过在城市中心地区扎堆来获取集聚经济的好处。次中心是位于城市中心以外的经济活动聚集地，它们的出现既体现了企业落户在城市中心的劣势，也反映了各种类型的企业在某一地区集中分布的优势。由此，城市就业多中心的形成可以归纳为从单中心到多中心的过程（丁成日等，2009）（图 2－1）。

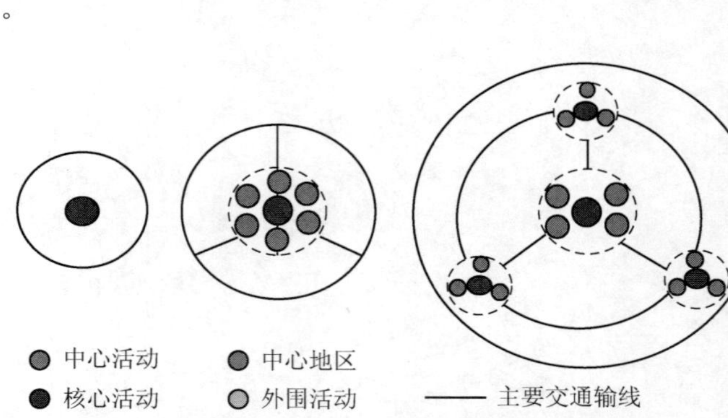

图 2－1 多中心城市的形成示意图

根据就业分布可以将城市分为单中心城市和多中心城市两大类。单中心城市有一个空间上的就业高度密集区,称为中央商务区(CBD)。城市居民大多数住在这个中央商务区之外,每天通勤到中央商务区去上班。交通流的模式呈放射线状。另一个模式是一个大都市区有两个以上的就业密集区或商业中心,这种模式称为就业多中心模式。在多中心模式中,交通流呈现两种模式:一类是多就业中心的规模都一样,城市居民可到任何一个中心去上班,交通流呈现随机状态;另一类是有一个比其他中心都强的中心,这个中心会比其他中心吸引更多的人来此工作(图 2-2)。

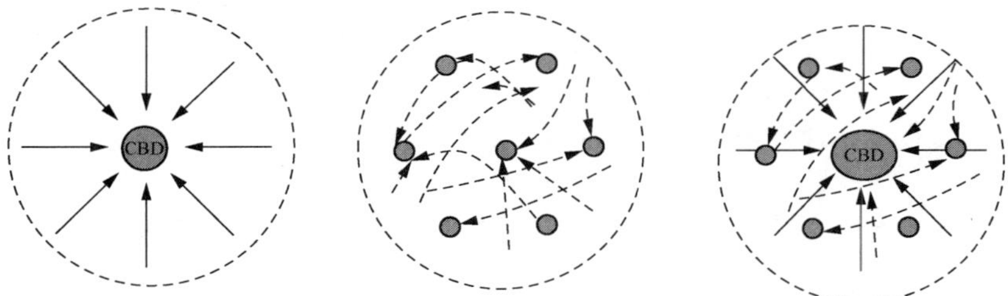

(a) 单中心模式　(b) 多中心模式:随机流动型　(c) 单中心—多中心模式

图 2-2　就业多中心与交通流示意图

2.1.2　空间错位理论

空间错位理论(Spatial Mismatch Hypothesis)最初是由美国学者约翰·凯恩提出的。他在研究过芝加哥和底特律的情况之后得出结论:美国内城黑人的高失业现象主要是由两个方面造成的。第一,随着郊区化的发展,原来在内城的许多工作岗位,尤其是蓝领的生产行业的岗位已经移到郊区;第二,美国种族隔离的传统观念影响,使得美国黑人在白人密集的郊区难以容身,只能居住在市中心(王旭,2006)。由此造成了美国黑人群体在工作岗位和居住地点之间存在的"空间错位",导致了郊区的企业雇主们不再愿意雇佣居住地在内城的谋职者(主要是美国黑人);同时,居住地在内城的谋职者,实际能够找到合适就业岗位的概率也在下降。

因而将空间错位定义为:工作岗位的郊区化和美国城市中普遍存在的居住隔离是造成内城工作技能不足的居民(主要是非白人族裔)失业率较高、收入相对较低和工作出行时间偏长的主要原因。

国内在这一方面的研究也已开展。按照一般的理解,空间错位是城市社会阶层就业地与居住地之间存在较长距离基础上的非对偶状态。这里面有两个关键因素要进行考虑:一是空间距离,即居住地与工作地之间的通勤距离;二是时间距离,就是从居住地到达就业地所花费的通勤时间(郭永昌,2007)。

国内空间错位研究与国外具有不同之处,就是要剔除西方研究中有关种族、劳动力市场分割等影响因素的干扰,着重考虑各社会阶层在居住与就业或其他功能空间在关联上的结构特征、空间行为和空间过程。

2.1.3　职住平衡理论

职住平衡(Jobs - Housing Balance)观念源自于新镇开发,一般在特定的空间单元中,所提供的工作数量和住宅单元数量之间相当(王大立等,1999)。这一职住平衡的概念多关注于职住二者数量上的匹配、表象上的平衡,而对城市内部居民就业地点与居住地点分离(职住分离)的深层现象未能予以充分的重视(王兴平,2008)。

本书所提倡的职住平衡主要是基于城乡范围内职住分离引发的大量问题,是城市功能和结构协调下的平衡,是一种高于"量"层面的"质"平衡,这种平衡的最终目的是为了减少资源浪费,营造怡人的生活、工作环境。

职住分离现象是当前城乡经济社会发展的一种趋势,它的产生与城市功能结构的错位有着巨大的关系。城市的功能、结构和形态之中,功能的变化总是呈现出先导性,结构往往具有一定的惯性,滞后于功能的变化(李德华,2001)。这造成诸如城市开发区相应居住、服务功能未能配套或者配套后的各项功能缺乏有机联系的现象,产生"卧城"等不利局面,从而带来通勤距离过长、通勤成本增加、生活质量下降等问题。

职住平衡的空间结构调整并非局限于城市范围之内,而是在一个城乡共生的实体之内。由于当前城乡居民择业范围的扩大,城乡居民的就业地点呈现出"你中有我,我中有你"的混杂局面。随着城乡统筹发展理念的深入,职住平衡空间结构调整的"作用域"应是一个有效的城乡统筹实体,县(市)域兼有完整的城、乡两种要素,具备了空间结构调整的前提。

空间结构可以分为静态组织结构和动态组织结构,静态的组织结构包括城镇节点、功能分区、公共服务中心等静态要素;而动态组织则包括轨道、公交等交通方式。在以职住平衡为出发点的空间结构中,动、静二者之间形成耦合,如公交导向型开发(Transit-Oriented Development,简称 TOD)模式等(赵民,2008)。静态组织结构内的每一级中心都具备一定的功能和规模等级,结合周边的居住和就业岗位,形成职住结合的综合社区。动态组织结构则根据中心等级的差异配置多级公共交通方式,对其进行有效的组织。

2.1.4 都市区空间结构理论

谢守红等(2004)认为都市区空间结构是指以城市为基本空间单元的空间结构,是各个城市各种物质要素和非物质要素在城市功能地域范围内的分布特征和合作关系。都市区是一个扩大了的城市区域,是区域的一种特殊形态,其空间结构具有城市和区域两者空间结构的特性。

已有的城市空间结构形成机制的研究主要分为三个学派:新古典主义学派、行为学派和结构学派(顾朝林等,2000)。新古典主义学派注重理想的假设,利用土地开发成本和交通成本之间的权衡来解释城市内部土地利用模式,包括家庭、企业等的空间区位选择,阿隆索(Alonso)等人就属于这一学派。行为学派则在新古典主义学派的基础上,通过对现实的企业区位选择与产业空间模式相关性的统计分析来解析城市空间的形成机理,藤田昌久等学者属于这一学派。结构学派认为城市空间的形成与演化是建立在社会结构理论的基础上,该理论以马克思主义政治经济学为理论基础,通过资本主义生产方式和阶级关系的分析,推演城市空间变化的动力与过程,芝加哥学派的成果应当属于这一学派。

现有的区域空间结构理论的研究包括注重区域经济结构的增长极理论、中心—外围理论、点轴扩散理论、圈层理论等(崔功豪等,1999),其中中心—外围理论和圈层理论经常被都市区研究者所运用。

无论是城市空间结构,还是区域空间结构,对于都市区而言,其空间结构的两个基本要素都无法动摇:即中心地区和外围地区或中心区和郊区(图 2-3)。在此基础上,可根据其经济结构、交通结构、社会结构、开发强度等因素对都市区进行空间结构的归纳和分类。比如韦亚平、赵民(2006)提出中国都市区多中心网络式的四种结构。

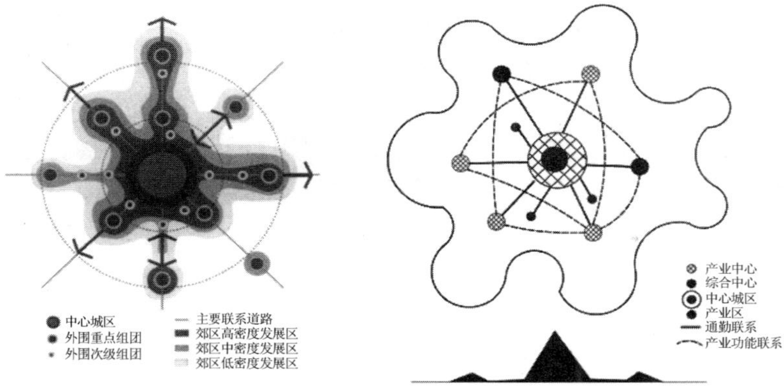

图 2-3　具有代表性的都市区空间结构示意图

此外，都市区空间结构也不是一成不变的，它是随着发展阶段的变化而演化的。丁万钧(2004)认为都市区空间结构的演化经历了中心—外围阶段、中心城市—边缘城市共生阶段、网络化城市结构三个阶段(图 2-4)。

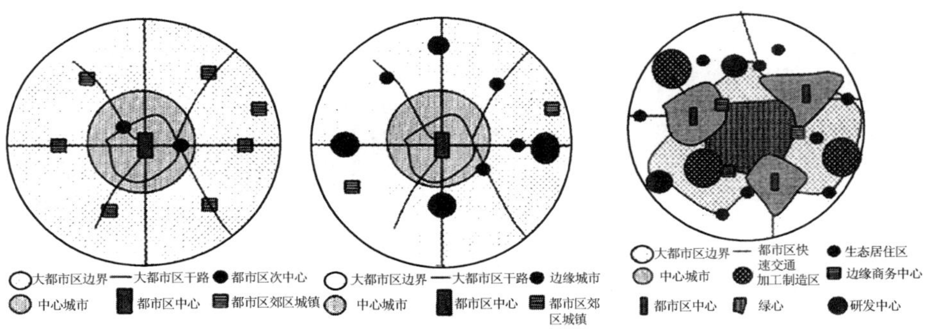

图 2-4　都市区空间结构演化阶段图

2.1.5　社会空间分异理论

社会空间分异是指各种社会要素在空间上明显的不均衡分布现象。

自 20 世纪 60 年代以来，西方学者对城市社会空间的分异研究在研究方法和理论基础上经历了计量描述、行为研究和激进主义三个阶段。这三个阶段在研究上分别侧重于社会空间组织、个体或群体的行为，涉及社会组织权利及冲突等方面的内容(吴启焰，1999)。

直接针对城市功能空间分异的研究又可以分为居住空间和产业空间两大块。近几年来，国内学者对居住空间分异的研究成果日渐增多。研究地域涉及北京、上海、深圳、大连等多个城市，研究内容也多集中在演化进程、现状表现、机制归纳及城市规划应对等多个方面(刘长岐等，2004；王宏伟，2003；杨上广，2004；姚秀利等，2008；孙斌栋等，2008；丁甲宇，2009)(图 2-5)。相比之下，目前国内对就业空间分异的研究较少。冯健(2005)提出三次产业就业人口在北京中心区和郊区之间的分布变化，得出为生活服务、流通的行业就业空间多分布在中心区，制造业及为生产服务的行业多集中在郊区的空间分异现象。

就业空间分异研究，不仅仅是各产业就业岗位在空间上分布的差异和规律，更应该深入对不同阶层、族群、家庭等层面的从业人员在空间分布及空间组织上的规律进行研究(图 2-6)。

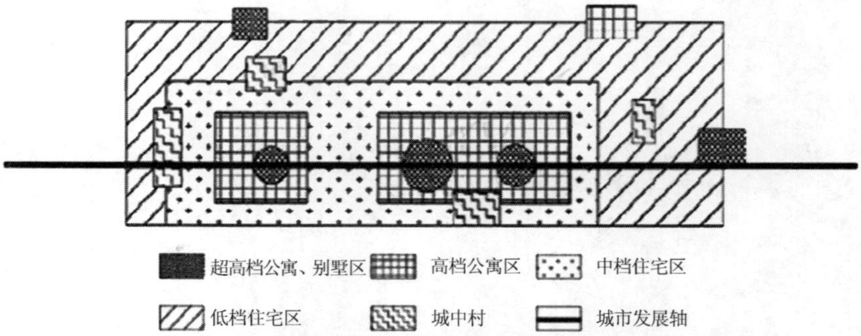

图 2-5　深圳市居住空间分异模型图

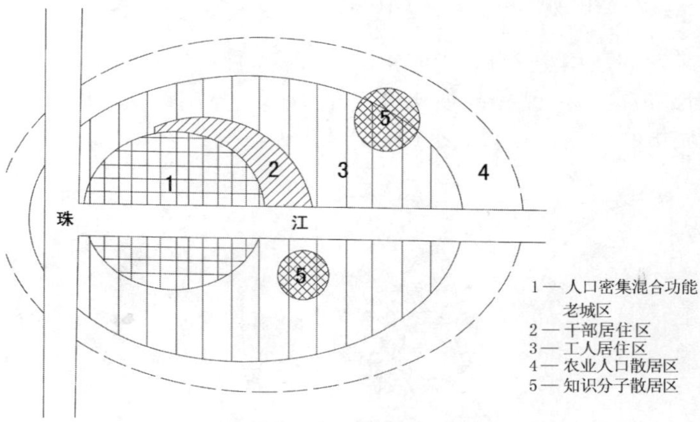

图 2-6　广州城市社会空间结构模型

2.1.6　空间扩散与集聚理论

1953 年瑞典学者哈格斯特朗在其论文《作为空间过程的创新扩散》中首次系统地提出了空间扩散问题。空间扩散是指物质流、货币流或信息流等各种“流”不断运动，在特定的时间和空间中从源生地产生，经过若干时间后扩散到承受者身上的趋向和过程。空间扩散会导致自然或人文景观的转换，这与在一个现存结构中维持日常功能所必需的相互作用不同。空间扩散理论对区域空间结构的形成与发展具有极强的解释价值，如区域空间的代表性理论——增长极理论，主要就是研究经济增长中的扩散与回流的问题。

空间扩散有传染类型、等级扩散和重新区位扩散三种基本类型(许学强等，1999)(图 2-7)。其中在传染扩散中，假如扩散导致更多的接受者，那么就称之为扩张型扩散。反之，如果承受者的数量没有增加，仅仅发生原有接受者的空间位移，则称之为重新区位型扩散。

自空间扩散理论建立以来，在数学方法的介入不断深化的同时，空间扩散过程的障碍、阻力、特征以及在城市和区域规划中的应用的探讨也在不断增加。李小建(1999)归纳扩散机制的形成源于寻求新的发展机会、避免集聚不经济、部分经济活动区位指向的作用和政府的政策作用四个方面。

顾朝林等(2000)提出城市的社会经济活动总是处于集聚力和扩散力两种力的影响之中。集聚力来源于聚集经济效益，是指区域经济要素向某一特定地区集中而产生的效

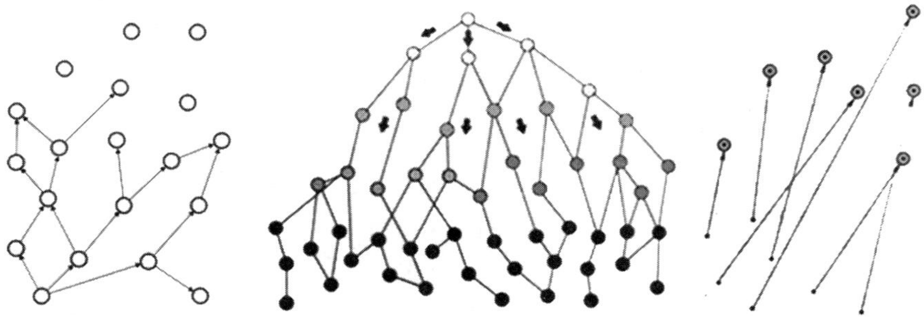

图 2-7　空间扩散的三种类型

益。扩散力的作用是由于城市经济聚集不合理而造成的外部不经济。因此，区域经济要素在一定的地域范围内实施空间扩散，可以收到降低投资、缩短流通距离、获取扩散经济效益的目的。

2.1.7　竞价租金曲线理论

竞价租金(简称竞租)曲线是对土地利用变化经济分析的重要理论基础。它具有深远的历史，可以追溯到 19 世纪初杜能和李嘉图关于地租的经典著作。

要了解土地竞租曲线，首先需要了解土地租金的概念。土地租金是指土地使用者向土地所有者定期支付的费用，特定地块的土地租金通常由使用该地块而获取利润的能力来决定。竞租曲线主要是强调多个市场主体在空间上的租金竞争，通过价格调整达到空间平衡。由于不同功能改变的边际变化率不同，可以用竞租函数表示土地成本(地租)和区位成本(交通成本)之间的权衡，竞租函数曲线上的每一点即为一种选址决策，其纵坐标即为该选址决策所需要付出的土地租金，其横坐标体现了区位条件(图 2-8)。只有当某一土地使用者出价水平高于其他功能所能支付的租金时，该区位才能为此种功能所占据。

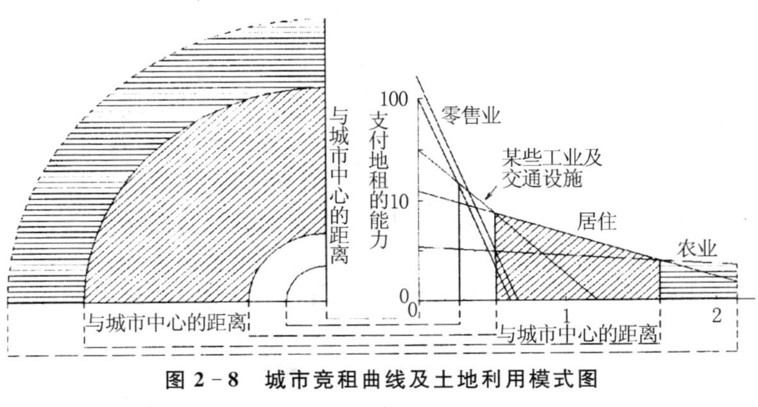

图 2-8　城市竞租曲线及土地利用模式图

这时，运费的减少量或单位产品成本的节约额与因此而产生的地租冲抵。达到均衡状态的地租在不同土地之间的变化曲线被称为竞租曲线。各种用途的竞租曲线斜率是不同的。竞租曲线斜率大的用途，在靠近市场的功能区位上比其他用途的地租产出能力更强；相反，竞租曲线斜率小的用途，在远离市场的区位比其他用途的地租产出能力更强。根据最优原则，地租产出能力最高的用途首先占据对这种用途来讲利用能力最大的土地；而地租产出能力低的用途往往被排挤到利用能力较低的土地上。

阿瑟·奥沙利文(2008)利用竞租曲线揭示了单中心城市劳动力市场与土地市场之间存在的互动关系(图 2-9)。通过引入有轨电车等外部因素对竞租曲线的影响,展示了劳动力市场与土地市场二者重新达到均衡的过程。在他的分析中,由于有轨电车的开通,使得城市的劳动力市场规模增大,劳动力的工资下降,带来城市土地市场的扩张,包括就业空间的扩张。

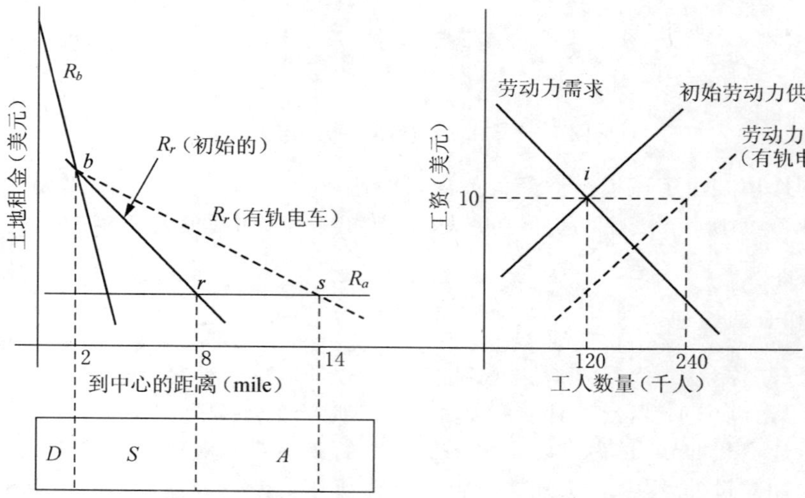

(a) 土地市场　　　　(b) 劳动力市场

图 2-9　土地市场、劳动力市场和有轨电车之间的互动关系

注:图(a)在初始的均衡中,商业竞租曲线与住宅竞租曲线相较于 b 点,形成 2 英里(1 英里=1.61 km)宽的商业区[图(a)中 D 区域]。住宅竞租曲线与农业竞租曲线相交于 r 点,产生 6 英里宽的住宅区[图(a)中 S 区域]。有轨电车降低了交通成本,并使住宅竞租曲线在向外移动的过程中变得更加倾斜。新曲线与农业竞租曲线在 14 英里处相交,扩大了住宅区的范围[图(a)中 A 区域]。图(b)初始均衡状态可用点 i 表示,工资是 10 美元,有 120 000 个工人。有轨电车扩大了劳动力供给,使供给曲线向右移动,导致劳动力供给过剩。

2.2　中国都市区就业空间演化过程

2.2.1　就业空间演化模式:从均衡到更高层次均衡

本书将对都市区空间演化的规律进行归纳,根据前文分析,就业空间结构演化模式需要重点关注三个方面的内容:第一个是各圈层就业空间的变化,是增长还是减弱;第二个是就业中心的变化,单中心是否向多中心演化;第三个是通勤情况变化(图 2-10)。

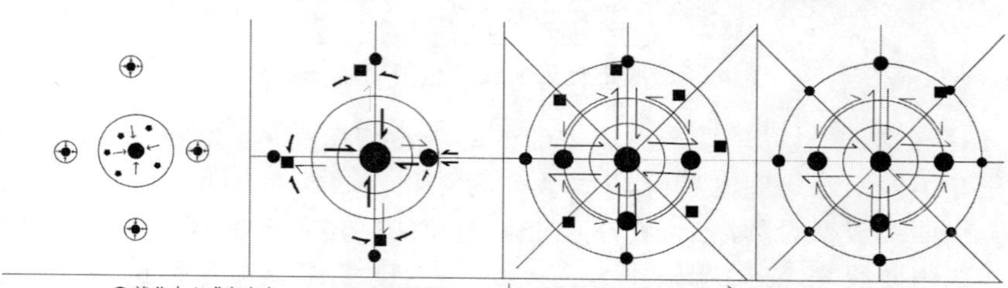

图 2-10　都市区就业空间结构演化模式示意图

参考就业多中心理论、职住平衡理论、空间扩散理论中的相关研究成果，特别是区域空间结构演化理论的内容，这一理论显示，区域空间演化会遵循“均衡—非均衡—更高层次均衡”的规律。在经济发展初期，区域空间结构呈现原始的均衡状态；进入工业化初期，原始均衡被打破，人口和产业向区域的核心区集中，呈现出核心边缘结构；进入工业化中期，集聚因素作用不断加强，空间非均衡程度不断增强直至最大；进入后工业化阶段，大城市开始出现集聚不经济，这就使其不断寻求向外扩散，这时集聚因素的作用逐渐减弱，扩散作用则日益增强，区域内新城镇不断出现，形成城镇密集区，最终区域空间结构走向高层次的均衡（李秀敏等，2007）。由此，本书将都市区就业空间的演化过程归纳为四个阶段，分别是前期阶段、起步阶段、成长阶段及成熟阶段。四个阶段在就业空间结构三要素的内容上都有相应地变化（表 2－1）。

表 2－1　都市区各个阶段就业空间结构模式归纳表

指标	前期模式	起步期模式	成长期模式	成熟期模式
各个圈层情况	缺乏联系，就业要素增长缓慢，集中在中心地区	联系增强，就业要素首先在中心区大幅增长，各个圈层均在增长	联系进一步增强，就业要素在郊区进一步增长，中心区就业比重开始下降	就业要素在郊区和中心区之间均衡
就业中心情况	各城镇有自己的中心区，还有若干单位大院存在	就业单中心主导，在郊区开始出现有就业影响力的突出点（专业化的集聚）	就业单中心主导的局面弱化，近郊区的次中心开始形成	就业次中心整合发展，就业多中心的格局形成
通勤状况	跨区通勤少，主要集中在各自城镇组团内	跨区通勤增加，主要就业通勤方向是由外围向中心区流动	中心与郊区之间的通勤开始均衡，郊区间的通勤开始兴起	郊区与中心及郊区与郊区之间的通勤均衡

第一个阶段是前期阶段。在这个阶段，都市区圈层之间的紧密联系还未形成，各城镇是独立的就业功能组团，并且各组团之间处在独立分散、低级均衡的发展时期。首先，都市区的各圈层还未明确出来，各城镇就业组团之间缺乏联系，非农就业要素增长缓慢。其次，各城镇作为独立发展的单体，有自己的中心区，就业中心性明确，还有若干的单位大院存在。最后，在这种情况下，跨区的通勤流量较少，主要集中在各自城镇组团内部。整体而言，城市处于职住平衡的状态之中。

第二个阶段是起步阶段。在这个阶段，都市区产生出大量的就业需求，此时，传统的就业中心继续集聚大量的就业要素，使得都市区就业空间结构趋向不均衡发展，并且远离城市的开发区开始建设。所以在这个阶段，城区圈层与郊区圈层之间的联系开始增强，就业要素在中心区大幅增长之后，在郊区的开发区也开始增长。从就业中心体系发展的情况来看，此时是城市中心区的就业单中心主导的空间不均衡阶段，在郊区开始出现有影响力的就业突出点，多是开发区等专业化集聚的产业区。跨区之间的通勤开始增加，虽然主要就业通勤方向还是从外围向城区的就业中心流动，但是因为开发区的建设，也有少量的城区居民流向开发区就业。

第三个阶段是成长阶段。在这个阶段，都市区中心区、城区、近郊区、远郊区等功能空间圈层已经初步形成，并且各个圈层之间的联系在逐步增强，就业要素在郊区的分布总量进一步增长，城区的就业比重在与郊区达到平衡后开始下降。这个时候，就业单中心主导的局面逐渐弱化，近郊区的次中心开始发挥作用，就业多中心的空间格局逐渐形成，都市区就业空间格局开始由不均衡向高层级均衡进行转化。中心与郊区之间的通勤变得均衡起来，并且郊区与郊区间的通勤开始兴起。

第四个阶段是成熟阶段。在这个阶段，都市区各功能组团之间已经形成均衡的网络体系，各组团之间具有发达便利的交通网络可进行联系。此时，就业要素在郊区和中心区之间均衡。就业多中心的格局已经形成，主中心与次中心之间的差距逐渐缩小，并且次中心经过整合发展数量适度减少。郊区与中心、郊区与郊区之间的通勤均衡，此时，虽然就业与居住之间的组织演化为职住分离，二者在空间上的距离较前几个阶段增大，但是因为交通便捷程度的上升及交通成本的下降，职住之间的时间距离在缩短。

本书主要研究的是 2000 年以后中国都市区就业空间的演化情况，在这一阶段，都市区就业空间正处在由第二个阶段向第三个阶段转化的时期，就业要素的增长点开始由中心区向外扩散，郊区逐渐成为就业空间发展的热点地区。产生这一现象的驱动力就是都市区内的就业者、企业和政府三个主体系统进行空间耦合的结果。

2.2.2 演化驱动力解析：从单系统主导到多系统耦合

本书在动力机制的解释上面，参考“竞租”理论的内涵，仔细剖析影响就业空间演化中的参与方，将其归纳为若干子系统，认真考虑各方的合理诉求。在中国都市区就业空间演化过程中，驱动力从单个系统的主导向多个系统的耦合转变，从而造就了当前的就业空间格局。

以往学者习惯于运用“竞租”的理论对城市土地利用模式进行解释，这一理论最初是由德国学者通过不同种类的农业作物获益空间来揭示土地的“竞租”格局的。后继的学者主要通过不同类型的企业主在空间上“竞租”曲线的差异来分析城市的空间格局。阿隆索在此基础上，假设了居民和企业的双主体“竞租”格局，通过包络曲线的方式推导出城市的单中心空间模式。当然以上研究的前提之一，就是城市存在一个完全的市场经济环境，中国大都市区在这一方面还存在欠缺，地方政府被鼓励作为经营者参与到经济运行中来，并且本书侧重于从人性化的视角来对空间选择结果进行研究。

因此，本书首先关心在空间上有需求的三方主体，他们分别是政府、企业和就业者，三方均有各自的空间诉求原则和空间作用系统。虽然大都市区就业空间格局的影响要素表现为以就业为主，但与居住因素高度相关，正是就业区与居住区之间的通勤促进了大都市区的形成。所以本书假设，企业、政府和就业者三个主体的空间诉求均体现为“择居”和“择业”两个方面，即三者均存在“择业”、“择居”两个方面的需求，并根据一定的原则选择相匹配的空间。

1）企业—空间选择系统

企业是市场经济的主体，其择业的内涵就是选择适当的企业区位来提供就业岗位，在都市区空间范围上选择的原则是利润最大化的市场调节原则，即产品销售收入减去生产的成本之后的余额。在传统的地租曲线研究中，企业通常被分为制造业和办公服务业两大类，二者有着具体而不同的最适合空间选择原则。

首先，借鉴“竞租”曲线理论的研究成果，一般制造业企业在当前选址时会注重三个方面的考虑：靠近劳动力市场、靠近交通运输节点、土地成本较低的地区。当然有些制造业企业还会有靠近原料产地等特殊要求，在此不做考虑。如果按照以上三个原则进行空间的选择，在当前情况下，制造业分布的最优空间是在都市区的郊区，因为在这里有相对于城市中心较低的地价、便宜和富裕的劳动力资源以及靠近高速公路出入口的区位。同时，考虑到制造业内部也存在层次上的差别，对于一些层次较高、劳动力质量较高的制造业企业而言，其空间选择偏好于靠近城市中心区的近郊区布局；而另一些层次较低、需求空间更大的制造业企业则偏好于在远郊区布局。此外，在城市中心区也会保留少量都市型工业的存在。

其次，对于办公服务业而言，其在空间选择时最终目的也是使得自身经济效益最大化，其主要关注三个要素：集聚经济的氛围、相关的服务设施配套和靠近劳动力市场。遵照以上原则，办公服务业布局的最优空间位置应该是在中心区，因为在这个区域服务设施配套基础好，特别是交通可达性较高，并且相关的行业集聚氛围较好，减少企业的运营成本。此外，办公服务业需要劳动力，特别是高素质劳动力更偏好中心区的办公环境，这也满足了对劳动力的需求条件。并且，随着生产技术的升级，办公服务业内部也相应地发生了分工细化。例如零售业可以分为专门销售某种产品的中小型零售业和偏好大规模区域销售的大型多样化产品卖场性零售业。在这种情况下，前一类零售业对市中心的可达性表现出更大的偏好；而后一类则对城市边缘的土地表示出更大的偏好，以便进入城市腹地的市场（菲利普·麦卡恩，2010）。这样城市边缘区域将由大型购物市场和分销行业主导，而城市中心则会出现较小规模的专业零售店。此外，服务业还可以分工为国际商业服务业和家庭服务业，它们在空间上的选择偏好也存在差异。

以上是企业“择业”时在空间上的表现，在“择居”时，企业仍然遵循利润最大化的原则，他们会将员工的“择居”需求推向市场来解决，而只为职工提供层次较低的宿舍解决临时性居住问题。当然，企业在提供临时性居住空间时会更偏好在就业岗位附近就近提供。

2）政府—空间选择系统

政府—空间选择系统可以使用“行政命令”直接影响空间格局，通过强制性的手段去落实政府的空间意图。改革开放后，中国实行的是有政府干预的社会主义市场经济体系，这并不是完全的市场经济环境，政府在其中扮演着管理者和经营者的角色。虽然政府直接干预企业等市场主体的行为在逐渐减少，但是间接作用，采取税收、补贴等形式间接降低企业的生产成本，或通过交通等公共设施的配套建设，弥补企业远离市场交通产生的费用或者由地租差异而产生的费用的现象却屡见不鲜。

政府在进行空间选择时的首要原则仍然确定为维护辖区的稳定和公平，可以通过行政手段的运用来影响空间格局。借此，各区县的发展机会均衡和劳动力就业机会获取的方便性应该是政府“择业”的初衷。特别是在招商引资求发展的大势下，各级政府都成为发展的主体，在发展经济和招商引资方面的竞争关系逐渐凸显。中心区虽然在公共服务、产业配套和信息交流上面具有了一定的优势，但是随着交通、信息化等区位因素的改善，城郊之间传统区位差异的影响在逐渐缩小，地方政府的政策引导及政策优惠反而成为了企业落户的重要影响因子。在城市之间，甚至城市内部各个区县之间，各级政府都会出台相应的财税政策，通过改善投资环境来吸引企业入驻。这样一来，郊区政府可以通过比中心区更为优惠的政策措施，来吸引企业落户，从而促进郊区就业数量的增加。

此外，政府在“择居”方面的原则也在发生着变化。在计划经济时期，政府为非农就业者提供福利住房，由此形成了“单位式”的职住平衡模式。在今天，政府首先是想通过房地产市场的运营来解决住房问题，考虑保障社会公平方面的要求，也会通过建设保障房等手段为低收入群体提供居住空间。从当前中国大都市区保障房的空间布局情形来看，政府更偏好于把保障房布局在城区的边缘。

3）就业者—空间选择系统

就业者既是企业的员工，又是大都市区的居民。如果单纯地按照就业者的感情意愿选择就业和居住空间，则选择结果会使就业空间表现出过多的无序和随机性。不过，在实际情况中，相对于企业和政府而言，就业者在整体的选择系统中的主动性较低，受到二者作用的影响较大。

在市场经济环境中，就业者在“择业”时应该着重考虑的是以下几个因素：薪酬高低、社会地位和感情因素。薪酬问题即收入问题，通过对中国大多数城市就业者的调查情况来看，时至今日，收入问题仍然是大多数就业者择业时首要考虑的问题，高薪酬的企业是就业者的理想选择。其次是社会地位问题，公务员等管理岗位是近年来就业者竞相选择的岗位之一，主要是因为这个岗位上面拥有较高的社会地位。排在第三位的是感情因素，比如对故乡、亲情或者群体归属的偏好。如果单纯按照经济要素进行考虑，城市的高中收入就业者应该主要分布在中心区，中低收入就业者主要分布在郊区。但是考虑到感情等因素的影响，就业者对空间选择的结果也会呈现多样性。

对于“择居”而言，在理想的单中心城市模型中，企业围绕市场进行组织，而居民则靠近就业场所居住，减少日常的通勤成本。但是这样的选择结果需要都市区的公共服务设施在满足城郊分布均等化的前提之下才能实现。在传统的经济学模型中，居民选择住房的原则在工资收入、房价成本和通勤成本之间权衡，即追求综合效用最大化。考虑到社会因素影响，在中国大都市区的实际环境中，就业者“择居”时受到收入、年龄等自身条件的影响也十分明显。比如，高收入群体在选择住宅首要因素时，不是靠近工作地点，而是选择靠近公共服务中心，享受高质量的公共服务。因为郊区的公共服务设施存在配套不足的问题，从获取优质服务的便利程度而言，就业者更倾向于靠近城市中心居住，这样才能使得家庭选择综合效用最大化。低收入及弱势群体在“择居”时的空间可选择性就会明显降低，如果自身无法解决就只能转向求助于政府进行提供。

4）单系统主宰的都市区就业空间演化过程

三个子空间选择系统具有不同的空间选择和构架原则，如果以单个系统进行主导，则会形成差异性的就业空间格局。如果企业—空间选择系统占据主导，则主要由市场机制来进行组织，其影响下的就业空间格局更倾向于单中心主导的集聚，形成中心就业密度高、郊区就业密度低的空间格局；如果政府—空间选择系统占据主导，则主要由行政机制来进行组织，其影响下的就业空间格局更倾向于无中心式的低端均衡布局模式；如果是就业者—空间选择系统占据主导，则应由社会机制来进行组织，其影响下的就业空间格局更倾向于自由无序的空间布局，偏向在某些群体的集聚区附近形成就业集聚，或者在就业集聚区附近形成居住集聚区（图2－11）。

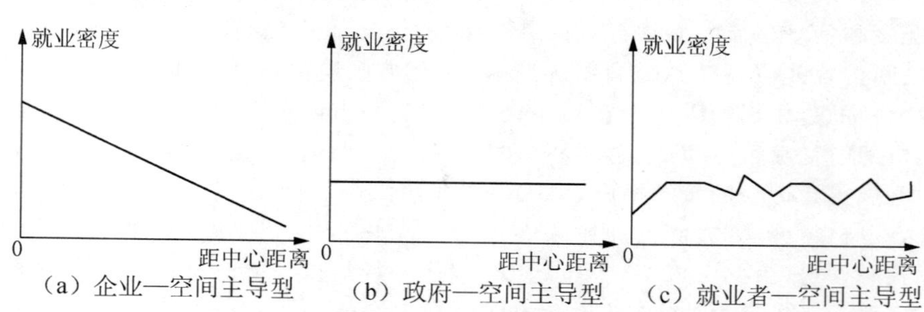

（a）企业—空间主导型　（b）政府—空间主导型　（c）就业者—空间主导型

图 2－11　单系统主宰的就业空间格局示意图

从实际情况来看，正是这三个系统的主导作用及耦合作用影响了解放以来中国都市区的就业空间演化过程。在几十年的时间里，城市的发展受政府和企业空间系统的交互主导作用，这对就业空间格局产生了巨大影响。

改革开放以前的计划经济时代，是政府—空间选择系统主导的阶段，多考虑在空间上均衡分布的原则，就业空间表现出以低端均衡发展为主的模式。从空间大格局上讲，1964 年的三线建设和各个城市普遍性的单位大院均体现了这一体制的作用。到改革开放以后，市场经济体制开始发挥作用，各种就业要素按照市场规律进行组织，这时，企业—空间系统开始主导，由此产生了空间不均衡的格局，从均衡发展向中心集聚。这表现在空间上面，首先是东部沿海地区成为就业密集的区域，其次是城市的就业中心吸引了市域内的人员来此就业，打破了“单位制”一统天下的空间格局。近年来，随着社会民主进程的发展，个人的意愿开始受到重视，社会机制的影响也逐渐显现。家庭希望工作和居住就近的需求应该得到满足，就业空间趋向就近居住和多元化就业的趋向均衡的态势得到认可。

及至今日，很难简单地分清楚到底是哪一种空间选择系统在发挥主导作用，因为三个子系统之间发生了耦合，行政机制、市场机制和社会机制在其中交互作用，这使得中国都市区就业空间格局表现得更加复合和混杂。

2.2.3 双系统耦合中的就业空间演化：郊区成为利益诉求实现的较优选择

西方大都市区的形成多受市场经济的作用，其中企业和就业者作为主体竞相参与都市区空间的选择，从而造就了大都市区的就业空间格局。考虑到中国的国情，政府在城市经营中扮演着重要的角色，对于“择业”和“择居”均有着自主的空间适配原则，因此就业空间格局的作用机制是由三元空间系统的多重耦合而成。同时，为了将三元系统耦合过程和结果清晰化和简单化地呈现出来，本书选择运用双耦合的方法对三个主体空间选择子系统进行耦合，分析耦合过程中产生的空间一致和矛盾，并对当前就业空间向郊区扩散的现象给出适当解释。

1）系统耦合理论的引入和耦合原则

城市空间演化的规律通常会由集中和分散、集聚和扩散、分化和整合等具有哲学意义的机制进行推演和解释。但这种解释也具有一定的局限性，它过于关注生产关系要素的流动，而忽视了生产力要素中劳动者的能动性。借此，本书引入“系统耦合”的理论对中国都市区就业空间演化机制给予适当的补充解释。

“系统耦合”源于物理学，但也应用于地理、气象和水体学的研究，通常作为复杂科学的一种方法来使用。“系统耦合”指两个或两个以上性质相近的独立子系统，在靠近时会产生相互作用，影响以往各自的系统稳定状态，当条件成熟时它们可结合为一个新的高一级的系统，达到一个暂时稳定的状态(图 2－12)。这一相互作用的过程称作耦合，会有相应的耦合机制和耦合结果产生。物理学上的系统耦合可以产生正负效应，而人们也根据不同情况设计或控制系统耦合的过程，特别是在生命、地球科学领域得到广泛应用(董孝斌等，2005)。

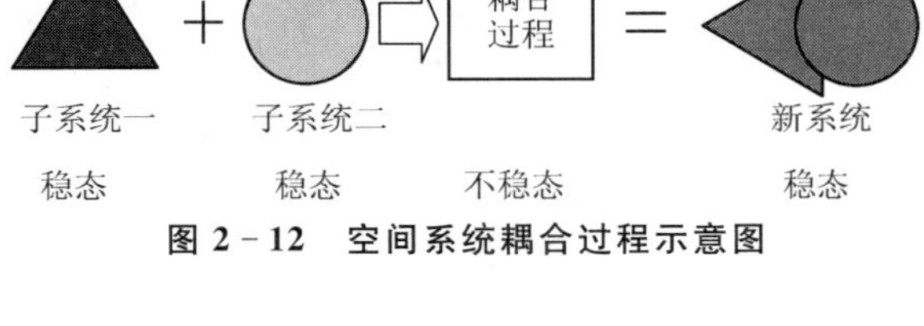

图 2－12　空间系统耦合过程示意图

在政府—空间、企业—空间和就业者—空间三个子系统两两相互耦合的过程之中，市场和行政可以被认为是主要发挥作用的两种机制，所谓“市场机制”，即遵从市场经济中价格、供求和竞争三原则，三个子系统在空间的耦合上会根据市场规律，特别是通过价格进行自行调节，形成“价高者得”的局面。“行政机制”是政府通过计划指令对三个子系统的空间诉求进行调节，特别是对落实政府重大意图、关系国计民生的重大项目进行空间的安排（图 2－13）。此外，随着社会民主的发展，个人的意愿也开始受到重视，不同群体的各种就业诉求，包括空间诉求开始在城市空间格局上体现出来。

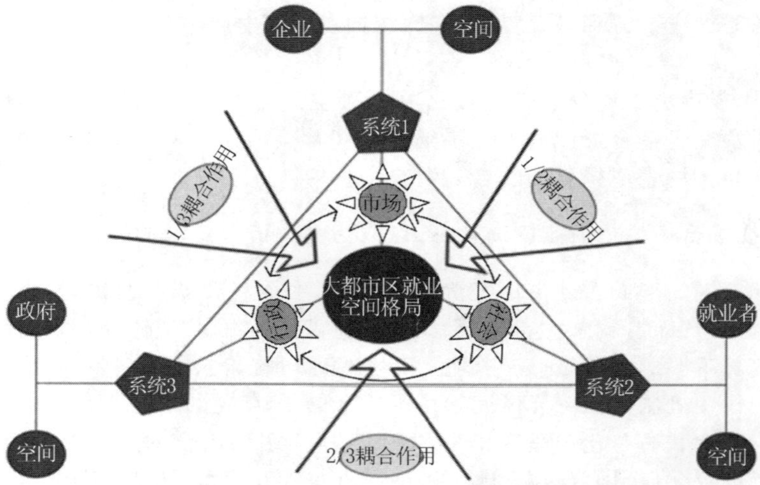

图 2－13　三元空间选择系统耦合作用示意图

三个子系统进行两两耦合，其产生的结果也分为正效应、负效应两种，正效应是指两个子系统的诉求能在空间区位上达成一致，而负效应是指两个子系统的空间诉求无法达成一致。但是通过寻找替代空间进行解决的方式也应该属于负效应的范畴，因为这种方式增加了成本，降低了主体的综合效益。

2）双系统耦合的都市区就业空间选择

（1）企业—空间系统与就业者—空间系统耦合过程

企业—空间系统与就业者—空间系统进行耦合，这一耦合对城市就业格局产生的正效应就是高收入就业者选择在中心区就业和居住，低收入就业者选择在郊区就业和居住。这是因为中心区地租价格远高于郊区，相对应的，在此居住和就业的门槛也就高于郊区。在这种情形下，高收入就业者具有更高的适应能力和调节能力。

此外，这两个系统耦合过程中也会产生不一致，存在负效应的结果，它表现为以下几个方面。第一，旧城区的居民还居住在中心区，并且中心区的高端办公服务人员也需要相应的餐饮服务，这样一来，也会造成低收入就业者在中心区就业的局面。第二，由于旧城区的原有企业或居民搬迁之后，居住地或就业地位置不变，从而造成职住之间的空间错位，也是一种耦合负效应。第三，就业者“择居”现象也存在年龄周期性，同样是在中心区就业，年轻时因为积蓄不足，开始时在中心区租房居住；到结婚后由中心区迁往郊区购置低房价的房子进行居住；当中年时有了一定的积蓄，孩子也需要中心区高质量的教育资源，此时，就业者又会从郊区迁往中心区居住；到了老年时，为了享受更加优质的居住环境，就业者又会从中心区迁往郊区居住。这样一来，在某些阶段也会造成就业者与企业空间选择系统的耦合负效应。

（2）政府—空间系统与就业者—空间系统的耦合过程

政府—空间系统与就业者—空间两个系统进行耦合，二者在“择业”和“择居”上的空间原则上并不能完全一致，因此在耦合的过程对都市区就业空间格局产生的结果也有两种。正效应的结果是政府促进了就业者到郊区居住和就业，特别是低收入就业者到郊区就业和居住。这是因为政府希望中心城区的人口疏散，就业和居住功能能在都市区空间上较为均匀的集聚；同时，就业人口由于经济收入和学历能力的差异，产生高收入就业者在中心区就业，低收入就业者在郊区就业的匹配性。因此，二者如果能耦合产生正效应的话，郊区空间是实现二者部分选择偏好的最佳空间。第二种结果是负效应的情况，对于高收入的就业者而言，其就业空间多选择在中心区 CBD 附近，但是其居住空间的选择也会呈现多样化，其“择居”的途径主要通过市场解决，受政府的干预影响较小。并且，高收入的就业者具有更强的出行能力，其会通过汽车等交通工具追求更舒适的就业环境和居住环境。比如有些高新技术就业岗位偏好于环境突出的郊区。

（3）政府—空间系统与企业—空间系统的耦合过程

政府—空间系统与企业—空间系统二者进行耦合，这一耦合对城市就业格局的影响是促进了就业空间在郊区和中心区的相对均衡增长。这是因为二者如能发生正效应的话，则在发展条件较好的空间区位上容易形成开发区，或者成为居住空间，或者成为就业空间。如在中心区布局服务业，在郊区布局制造业。二者耦合负效应的结果体现在：政府为了维持社会稳定，希望中心区保留部分制造业就业岗位，郊区适度发展部分服务业为制造业提供服务。由此，城市区县之间因为同类型企业的招商引资经常发生竞争，郊区政府借助地价和税收等优惠政策扰乱了正常的企业选择空间的原则，特别是一些郊区政府脱离实际提出中央商务区的发展目标，即使眼前能吸引一些企业入驻，但是时间一长，企业还是会因为服务配套不足等问题而不得不离开。

3）耦合结果及就业空间演化的体现

通过前文对三个主体—空间系统进行两两耦合的结果进行分析，不难发现以下几个结论。

（1）郊区空间在三个子系统的耦合中较易产生正效应结果。

在三个系统的两两耦合过程中不难发现，郊区是当前实现政府、企业和就业者三者空间诉求的理想空间。因为郊区土地成本相对较低，既能提供就业，也能提供住房，特别是能做到让不同类型的就业者在收入和成本之间经济效益上的平衡。这样一来，郊区不仅能实现企业的选择需求，也能实现政府和就业者的要求，行政、市场和社会机制在此形成了较好地作用结果。所以，从多空间系统耦合的角度而言，郊区必然成为都市区就业要素增长的重点区域，从而带来就业要素的快速增长和就业次中心的增长。

（2）中心区空间在三个子系统的耦合中较难实现正效益结果。

如果三个系统在中心区的空间诉求能达成一致的话，中心区将成为办公服务业的集聚区和高收入就业者就业地和居住地。不过，高收入者在居住空间选择上具有更大的弹性，不会局限在中心区，而是根据自身的需求去选择适合的空间区位居住，包括生态环境优越的郊区空间。此外，中心区虽也能提供就业岗位和住房，但土地成本较高，并且可供开发的资源较少，难以满足三个主体的空间需求。根据集聚不经济的原理，单中心集聚到一定规模后会产生较多的负效应，加之郊区服务配套设施的日臻完善，就业得到快速发展。这些因素都导致了中心区的就业要素增长相对较慢的局面，特别是对于收入较低的就业者而言，关于购房和工作地的空间选择在中心区无法达成一致，从而使得职住分离问题加剧。

2.3　中国都市区就业空间演化特征

根据理论的推导，郊区的就业空间应该得到较快的发展。在当前阶段，中国都市区就业空间演化应该体现以下特征：分区就业要素增长点从中心区向郊区扩散；就业中心体系从单中心向多中心转变；通勤主流从分区之内向分区之间，特别是郊区向中心区向心型流动。下面本书分别以若干中国都市区为例，同时与美国等西方大都市区进行比较，以此说明这些演化特征。考虑到中国都市区的发育程度，本书首先选取了北京、上海和广州等国内的一线典型城市作为归纳案例。

2.3.1　分区就业要素的演化特征：增长点从中心城向郊区扩散

随着时间的推进，中国都市区就业要素空间增长重点开始从中心区向郊区扩散。改革开放以后，经过市场经济的推动，就业要素分布最初是向中心区集聚，城市 CBD 逐渐地占据就业的主导地位。随着生产专业化和产业分工细化，就业岗位开始向郊区扩散，在这个阶段，CBD 依然是就业空间的主体，但是郊区就业岗位数量所占的比重开始上升，并且增长速度超过中心区，继续发展，都市区就业岗位增长率最高的地区转向了郊区。因此，都市区分区就业要素的扩散特征应该是增长点从中心区向郊区，并且由近郊区向远郊区依次推进。这从中西方都市区的实例比较上均能发现这一特征。

首先看一下中国都市区的情况，根据 2010 年全国人口普查公报数据显示，北京、上海的常住人口分别达到了 2 301.91 万人和 1 961.24 万人。从人口集聚的角度而言，这两个城市代表了国内一线顶尖城市；从发展的程度而言，它们是国内都市区发育较快的典型代表。

据表 2 - 2 显示，近年来，上海和北京都市区均表现出中心城就业岗位比重逐步下降，而郊区就业岗位比重上升的态势。2001—2008 年，上海市全市法人单位数量由 25.92 万个增至 41.7 万个，而中心城占全市的比重由 51.37%下降至 34.71%；全市法人单位从业人数由 2004 年的 911 万人增至 2008 年的 1 041.5 万人，而中心城的从业人数比重由 37.8%下降到 34.4%。相反，郊区的法人单位数量的比重和从业人数比重却均在上升。北京亦是如此(表 2 - 3)，1996—2008 年，北京市全市法人单位数量由 12.0 万个增至 37.8 万个，而中心城占全市的比重由 25.93%下降至 15.86%；法人单位从业人数由 2004 年的 705.2 万人增至 2008 年的 816.9 万人，而中心城的从业人数比重却由 22.99%下降到 20.02%。这说明近 10 年来北京和上海都市区的法定单位从业人数均在增长，并且郊区的增长速率超过中心城。

表 2 - 2　上海中心城及郊区就业岗位变化统计表

年份	法人单位数量(个)	法人单位比重(%)		法人单位从业人数(万)	法人单位从业人数比重(%)	
	全市	中心城	郊区	全市	中心城	郊区
1996	200 700	—	—	—	—	—
2001	259 200	51.37	48.63	—	—	—
2004	411 000	37.25	62.75	911.0	37.8	62.2
2008	417 000	34.71	65.29	1 041.5	34.4	65.6

注：中心城由黄浦区、卢湾区、徐汇区、长宁区、静安区、普陀区、闸北区、虹口区和杨浦区组成，其他区县组成郊区部分。

表 2-3　北京中心城及其郊区就业岗位变化统计表

年份	法人单位数量(个)	法人单位比重(%)		法人单位从业人数(万)	法人单位从业人数比重(%)	
	全市	中心城	郊区	全市	中心城	郊区
1996	120 028	25.93	74.07	633.5	—	—
2001	246 767	21.40	78.60	675.3	—	—
2004	256 000	18.75	81.25	705.2	22.99	77.01
2008	378 000	15.86	84.14	816.9	20.02	79.98

注:中心城由东城区、西城区、崇文区和宣武区组成,其他区县组成郊区部分。

其次,本书可以通过表 2-4 得知美国都市区就业空间的演化情况。1969 年以来,其非农就业人口总体数量整体呈现增长态势(图 2-14),不过中心区就业岗位比重持续下降,郊区地区的就业增长速度要快于中心城市。根据图 2-15 显示,1948 年,美国中心城市的就业规模大约是城郊地区的两倍。至 2000 年,郊区就业比重上升到 52.30%,而中心市的比重下降至 47.7%①。

表 2-4　美国大都市区各圈层就业人口比重变化统计表　(%)

年份	中心区	近郊区	远郊区
1998	23.33	34.19	42.48
2006	21.26	33.64	45.10
差值	−2.07	−0.55	2.62

注:中心区由距离市中心 3 英里范围内的区域组成;3 英里以外的区域组成郊区部分,其中 3—10 英里为近郊区,10—35 英里为中远郊区。1 英里=1.61 km。

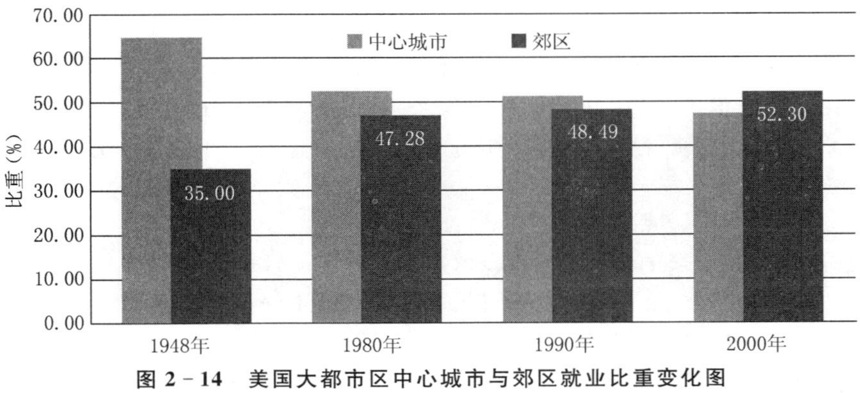

图 2-14　美国大都市区中心城市与郊区就业比重变化图

① 在描述美国都市区就业和人口分布时,需要认识两对地理学上的概念。第一对是中心城市与城郊地区。中心城市(Central City)被定义为市政当局管辖下的都市区中心地区,城郊地区(Suburban Area)是指都市区除中心城市以外的地区,其他市政当局所管辖的地区。第二对是市中心 3 英里范围内的中心区和都市区的其他部分。

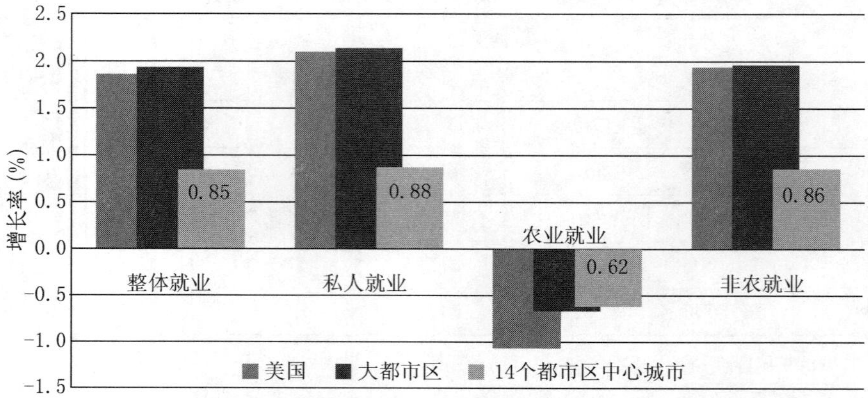

图 2-15 美国及大都市区就业增长率统计图

此外，从另一种都市区空间划分的方法出发，近年来美国都市区的分区就业岗位空间分布呈现出更加细致的变化特征。中心区的就业岗位约为都市区总量的 20%左右，1998—2006 年其比重下降了 2.07%，3—10 英里范围内的近郊区从业岗位比重下降了 0.55，10—35 英里内的中远郊区就业岗位比重上升了 2.62%。这说明，在空间圈层上，就业要素已经从中心区向郊区扩散，郊区已经成为都市区就业空间的主体，并且远郊区开始成为扩散的主要区域，伊丽莎白（Elizabeth，2009）据此提出美国都市区就业蔓延（Job Sprawl）发展的结论。

由上面的中美大都市区案例来看，中国的大都市区内的各分区就业要素的演化状态要滞后于美国大都市区。中国大都市区处在就业要素刚刚向郊区扩散的阶段，并且当前扩散的重点还是近郊区，而美国早已经进入就业岗位向远郊区扩散的阶段。

2.3.2 就业中心体系的演化特征：分布从单中心向多中心转变

根据集聚和扩散的空间规律，城市的就业要素最初处在低端均衡和分散的阶段。随着技术的升级和市场经济的推动，就业要素开始在城市的中心区集聚，由此促成了城市就业中心的强化。下一个阶段，就业要素进入集聚和扩散并存的阶段，就业要素不断向郊区扩散并开始占据主导，这促进了就业次中心的产生，同时形成了就业中心与次中心共存的局面。此时，就业主中心是综合性的中心，其就业类型以服务业为主，次中心以专业性的就业类型为主。这一规律也可以从中美都市区就业中心的演化实证中得到一定的证实。

首先，从中国都市区的实际情况来看，就业多中心的格局尚不明显。通过对既有学者相关成果的整理来看，北京、上海和广州等一线城市已经进入了从单中心向多中心演化的过程，虽然多中心的格局尚未形成，但在原有城市中心区之外，都市区范围内开始出现有影响力的就业地区。

以上海为例，其就业多中心的格局在经过改革开放 30 余年来的推动之后初见端倪。解放前，上海是远东地区的中心大都市，外滩、南京东路等地段是上海的就业中心，此时城市是单中心的空间构架。解放后，经过一系列的城市改造运动，外滩地段的就业能力下降，城市的就业中心迁移至距离外滩不远的人民广场、南京西路附近，并且就业承载能力下降，整个城市处在一种低端均衡就业的空间格局之中。改革开放以来，城市的生产性服务业得到了快速发展，加之 1990 年上海浦东新区的开发建设，外滩、南京东路重新集聚成为城市的就业中心，陆家嘴金融中心也迅速成型。这也促使《上海城市总体规划（1999—2020 年）》提出建设中央商务区和主要公共活动中心的构想。其中，中央商务区由浦东小陆家嘴和浦西外滩组成，这是城市的就业中心。此外还有围绕人民广场的公共活动中心和徐家汇、花木、江湾—五角场四个公共活动副中心。

通过两次全国经济普查数据的比较可以发现，2004—2008 年，上海正处在向多中心空间结构转变的过程中，其郊区具有就业影响力街道的就业密度正向增长态势十分明显。本书以上海都市区各街道为单元，选取各区中密度值最高且数量超过 5 000 人/km^2 的 13 个街道作为有就业影响力的街道进行研究，其中就业密度值最高的街道是黄浦区的外滩街道，2008 年法定单位从业人数密度达到 81 420 人/km^2，它与黄浦江对岸的浦东新区陆家嘴街道体现了城市 CBD 的就业中心性（图 2 - 16）。南京西路（包含了人民广场）街道、徐家汇街道也体现了相应的就业中心等级。2004—2008 年，13 个街道仅有虹口区乍浦路街道和杨浦区平凉路街道两个街道就业密度值呈现下降特征，其余 11 个街道均是上升态势（表 2 - 5）。此外，从空间分区上来看，虽然作为郊区次中心的街道就业密度值要低于中心区，但是松江区岳阳街道、宝山区友谊路街道和嘉定镇街道区域中心性突出，密度值高于周边街道，并且增长速率要远高于中心区的街道。这也印证了郊区就业次中心正在加速形成的趋向。

另外，北京和广州也开始出现就业多中心的发展倾向。如 2004 年，北京除了传统的城市中心区之外，西城区二龙路街道（50 963 人/km^2），朝阳区建国门街道（49 323 人/km^2）、首都机场地区（2 332 人/km^2），海淀区双榆树街道（22 217 人/km^2），上地街道（22 884 人/km^2），石景山区古城街道（6 549 人/km^2），通州区新华街道（6 251 人/km^2）已成为具备一定区域就业影响力的街道（谷一桢，2009）。广州市就业密度超过 5 000 人/km^2 的街道也初步构成了三级就业中心体系（图 2 - 17）。第一级就业中心为传统的 CBD（位于越秀区和荔湾区）和新 CBD（位于天河区）；第二级和第三级就业中心与 CBD 有一定的距离，具有多功能又拥有比周边更高的就业密度的五个街道，它们分别是白云区的石井街道，黄埔区的新华街道、夏港街道、黄埔街道和番禺区的市桥街道，其中石井街道和黄埔街道位于旧城区，另外三个街道位于郊区（蒋丽等，2009）。

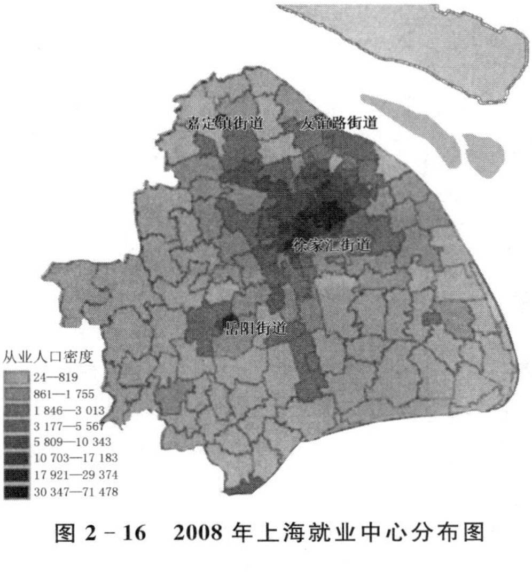

图 2 - 16　2008 年上海就业中心分布图

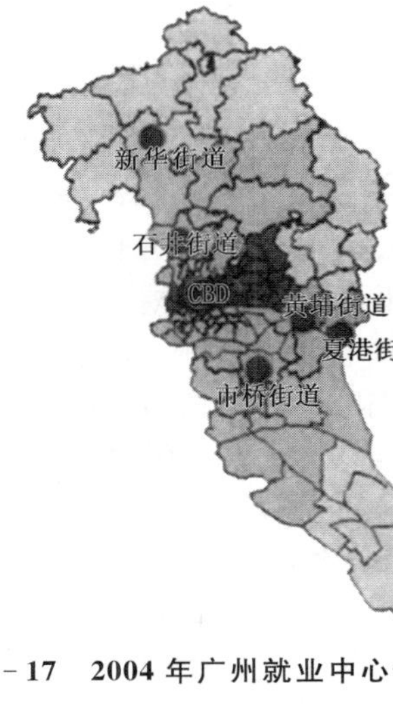

图 2 - 17　2004 年广州就业中心体系分布图

表 2-5 上海就业突出街道密度值变化一览表

序号	区名	街道名	与周边比较	年份	密度（人/km^2）	增长率（%）
1	黄浦区	外滩街道	密度值高于周边街道	2004	80 144	1.59
				2008	81 420	
2	虹口区	乍浦路街道	—	2004	72 059	−18.80
				2008	58 515	
3	静安区	南京西路街道	—	2004	55 556	4.96
				2008	58 312	
4	杨浦区	平凉路街道	—	2004	49 616	−11.20
				2008	44 061	
5	徐汇区	徐家汇街道	密度值高于周边街道	2004	30 411	13.70
				2008	34 578	
6	长宁区	江苏路街道	—	2004	28 618	8.51
				2008	31 053	
7	浦东新区	陆家嘴街道	密度值高于周边街道	2004	22 700	27.02
				2008	28 834	
8	普陀区	长寿路街道	—	2004	25 451	13.11
				2008	28 788	
9	闸北区	天目西路街道	—	2004	25 995	5.14
				2008	27 332	
10	松江区	岳阳街道	密度值高于周边街道	2004	7 338	29.03
				2008	9 468	
11	宝山区	友谊路街道	密度值高于周边街道	2004	6 832	34.40
				2008	9 182	
12	闵行区	虹桥镇	—	2004	6 140	38.62
				2008	8 511	
13	嘉定区	嘉定镇街道	密度值高于周边街道	2004	6 551	21.16
				2008	7 937	

其次，以美国芝加哥为例，更能清晰地表现出西方都市区由单中心向多中心变化的过程。国外相关学者通过对该市 1836—1990 年 150 年的就业岗位数据进行分析，得出了芝加哥就业空间结构从单中心向多中心演化的过程（McMillen，1996）。其中 150 年的演化可以被划分为两个阶段，在 1836—1928 年的第一个阶段中，芝加哥都市区都是一个由芝加哥中心区主导的就业单中心城市。此外，在芝加哥与罗杰斯公园（Rogers Park）之间的铁路沿线也出现了少量具有就业影响力的突起，但是并未改变单中心的城市就业空间格局。1960—1990 年是另一个阶段，在这一时期，单中心的空间模型再也难以解释芝加哥的城市空间现状，因为就业多中心的空间结构已经开始形成。通过数据分析，美国芝加哥大都市区的就业次中心数量和就业密度逐年增加，并且，在就业次中心的就业类型构成中，制造业的比重下降趋势明显，而服务业的比重则呈现上升态势。据分析，1970

年芝加哥都市区有九个就业次中心，1980 年增至 13 个，1990 年增至 15 个，2000 年增至 32 个(McMillen，2003)，奥黑尔机场(O'Hare Airport)就是其中重要的一个。这些次中心空间上偏好交通网络的节点处，多位于机场、高速互通口和铁路沿线(图 2-18)。其中，1990 年时，芝加哥 CBD 的就业密度达到 14.46 万人/km^2(丁成日，2004)，就业次中心的就业密度均在 3 700 人/km^2 以上。

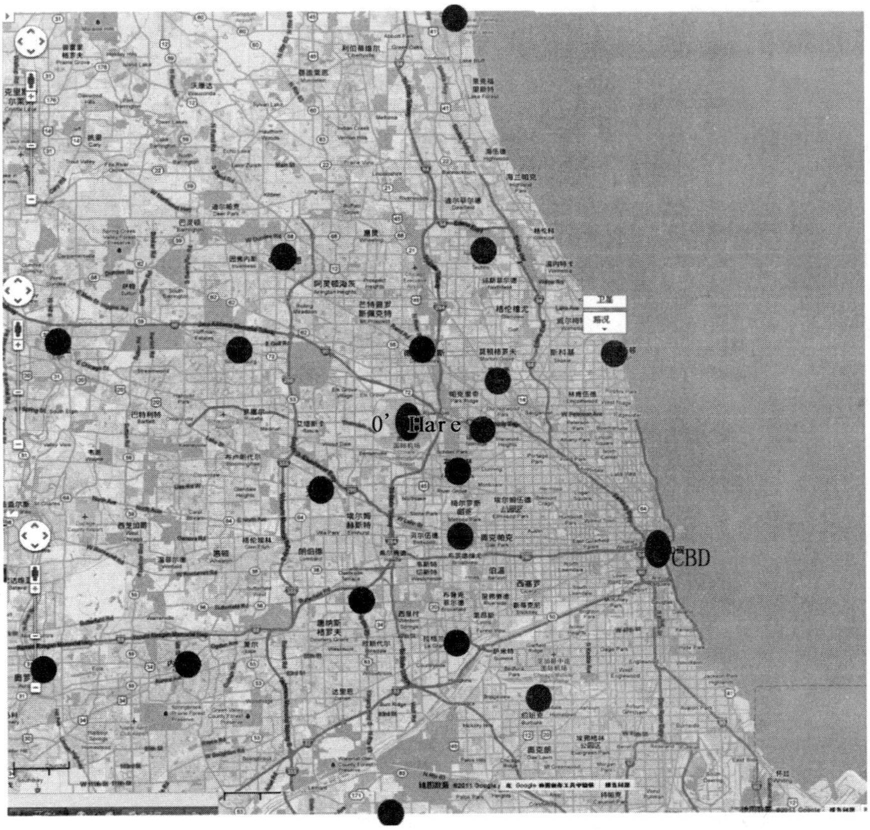

图 2-18　芝加哥大都市区就业中心及次中心空间区位示意图

当然，美国大都市区的从业人员除集中在就业中心和次中心之外，还有很大一部分分散在大都市区的非中心地区(Nathan et al，2001)，如图 2-19 显示，都市区居民在中心之外区域就业的比重超过 50%。

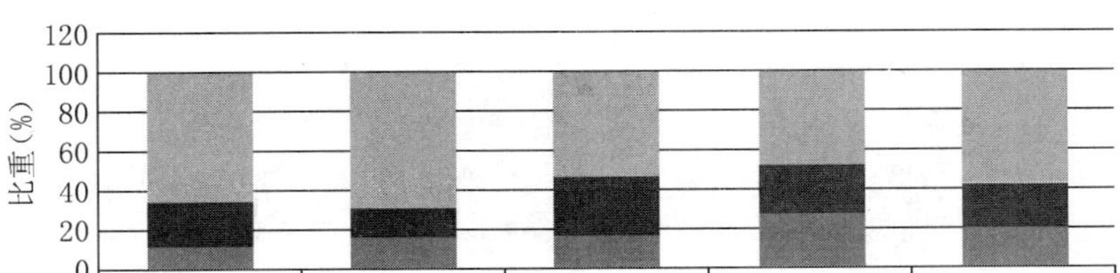

	洛杉矶	克利夫兰	印第安纳波利斯	俄勒冈州的波特兰	圣路易斯
■其他地区	66	69	54	48	58
■就业次中心	23	15	29	25	22
■就业中心	11	16	17	27	20

图 2-19　美国典型都市区就业岗位空间分布比重图

综上，中国都市区就业多中心的空间格局正在形成之中。就当前几个案例而言，它们虽然在就业次中心的数量上落后于美国大都市区，但是在当前的形势下，就业多中心的发展倾向毋庸置疑。

2.3.3 职住状况的变化特征：从职住平衡走向职住分离

职住组合状态的变化特征是从职住平衡走向职住分离，通勤方向从区内转向区间，并且通勤时间和距离持续增加。密集的通勤流促进了都市区的一体化态势，它加强了都市区中心区与郊区之间的联系，使得空间上隔离的两部分成为功能上协调的整体。通勤流的规模和方向也是城市分区就业要素集聚演化和就业中心体系演化规律的重要支撑指标。这在国内外大都市区案例上表现出一致性。

首先，从国内的城市来看，近年来国内北京、上海和广州等都市区均表现出职住分离态势加剧的倾向。

北京居民近年来职住分离的情况逐渐显现，居住地与就业地之间的距离增长，居民通勤时间增加。根据《2010—2011 北京城乡发展报告》显示，北京市居民在 2010 年的平均通勤时间为 45.04 分钟，这与 2005 年的平均通勤时间相比增长了 18.53%。并且，北京市整体的通勤行为表现出典型的向心通勤，只在近郊附近存在部分的外向通勤。据典型地区调查结果显示，在朝阳区的国贸就业区，1/2 的就业者居住在朝阳区，但是朝阳区南北向距离较大，因此，同区的通勤也并不能减少就业者的通勤时间。另外 1/2 的就业者分散在其他各个区，其中有超过 1/10 的就业者居住在通州，据此来看，国贸地区就业者的通勤距离普遍较长。

同样，上海居民的职住状态也表现出从平衡走向分离的特征。近年来，上海市民出行时间持续增加，使用轨道交通出行的距离呈现增长态势(表 2-6)。据上海综合交通调查报告统计，1995—2004 年，出行时间从 35.56 分钟上升到 43.2 分钟，使用轨道交通和公共汽(电)车出行的平均距离却从 6.6 km/人次延长到 8.4 km/人次。

表 2-6 上海市居民出行时间统计表

年份	1995	2004	2009
通勤时间(分钟)	35.56	41.4	43.2

上海就业者的通勤流呈现出极强的向心性特征，既有的通勤主要集中在中心城之内。这是因为中心区承载了大量的就业岗位，向心型通勤造成了明显的“潮汐”现象，也就是上下班高峰时间大量的市民沿着同一方向进入中心区，造成轨道交通运能和道路通行能力不能满足需求，而相反方向的运能和通行能力则较为充裕(图 2-20)。根据《上海第四次综合交通调查成果》显示，以双向轨道交通客流量和双向行车速度比较而言，在上班时间轨道交通一号线延长路站—中山北路站这一断面进中心区方向客流大约是相反方向的 4.3 倍，其他区方向最低也是两倍以上。同时，南北高架北延伸段进入中心区方向平均行程车速不到 18 km/h，而相反方向车速则高达 64 km/h，其他主要路段进入中心区的车辆由于拥堵而造成速度低于反方向的车辆行驶速度(图 2-21)。

此外，《2010 年广州市城市交通运行报告》也指出广州市“单中心”集聚的特征明显，过度的向心型交通导致核心区域交通压力巨大。2010 年广州市区机动化出行总量 1 870 万人次/日，较上年增加 13.9%。其中核心区域(环城高速范围，占全市人口超过 40%)的出行占 55.9%，出行总量达到 1 147 万人次/日。全市出行空间分布表现为向中心区的集聚特征，进出核心区域客流超过 450 万人次/日，其中轨道交通约承担 13%的进出客流，87%的客流仍由道路承担，进出客流约占市区机动化出行的 24%，核心区域进出交通压力巨大。

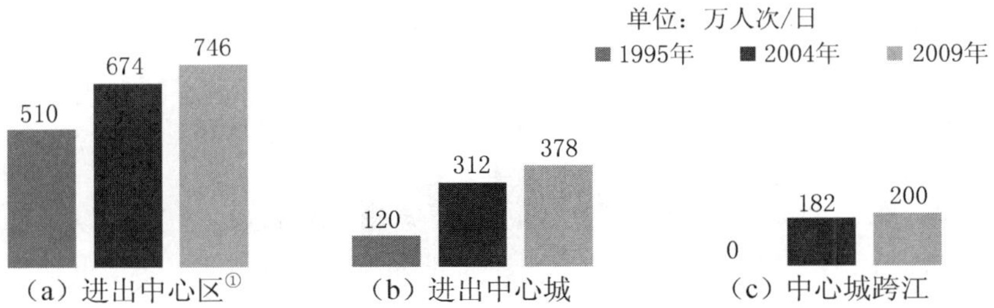

图 2-20　1995 年、2004 年和 2009 年上海不同区域之间出行需求变化图

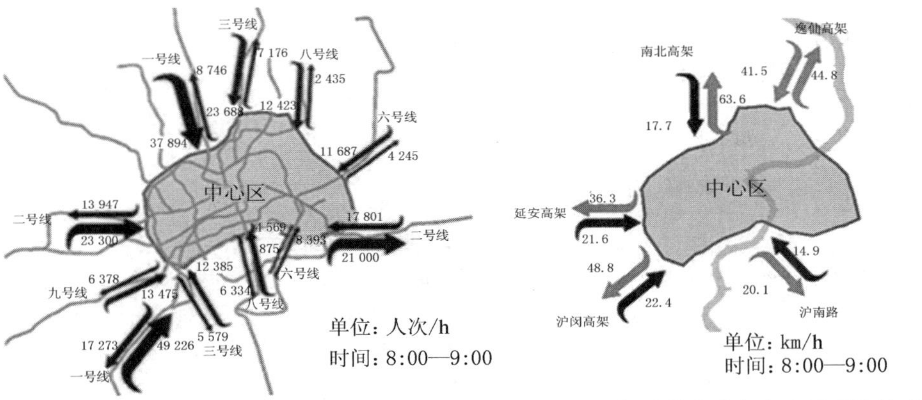

(a) 轨道进出中心区断面客流分布　　(b) 主要道路进出中心区平均速度

图 2-21　上海工作日早高峰进出中心城客流分布及平均车速

其次，从美国大都市区统计的数据来看，美国就业者中居住地与就业地属于同一个县的比重持续下降，而二者分属于不同县的比重持续上升。从 1960 年开始，职住同县的就业者比重由 92%减至 73%，职住异县的比重由 8%增至 27%(表 2-7)。

表 2-7　美国大都市区居民职住同县与职住异县的比重变化表

年份	职住同县(%)	职住异县(%)
1960	92	8
1980	80	20
2000	73	27

① 中心区是一个综合的概念，是城市结构的核心地区和城市功能的重要组成部分，是城市公共建筑和第三产业的集中地，为城市及城市所在区域集中提供经济、政治、文化、社会等活动设施和服务空间，并在空间特征上有别于城市其他地区(可参见吴明伟等学者的相关文献)。中心城是大都市区地域结构分区中，与郊区相对应的空间概念，其在空间范围上要大于中心区，确切地说，是应该将中心区包括在内。按照美国都市区的统计习惯，中心城基本等同于中心城市(Central City)。在中国，因为由于城市统计区与城市功能区范围重合性较差，在总体规划文本中，通常界定中心城的空间范围为该城市的外环路或者绕城高速公路以内，而为了统计的便利性，一般也会按照涉及统计区(主要是行政区)范围进行统计。

以美国芝加哥为例，其城市通勤的变化大概经历了五个阶段，体现了主要通勤流从区内通勤转向区间通勤，从郊城向心型转向郊区之间变化的特征(表 2－8)。第一个阶段，通勤主要集中在市中心，就业者多围绕市中心居住，也就是职住平衡状态。随着马车轨道的修建，就业者选择远离城市的郊区居住，由郊区向市区的向心通勤流开始形成，特别是蒸汽机车的应用、汽车的普及等交通技术的升级使郊区向市区的向心通勤流成为主导的跨区流向，即就业者早晨从郊区奔向市中心工作，晚上再从市中心返回郊区的家中。同时郊区的就业岗位有所增加，离心式的通勤量有所上升。20 世纪 50 年代，美国高速公路网的建设使得郊区的就业岗位和居住人口快速增长，都市区的主要通勤流从城郊之间开始向郊区之间转变，至 20 世纪 80 年代，芝加哥大都市区郊区之间的通勤成为主要的通勤流①。

表 2－8　美国大都市区通勤流变化情况列表　(％)

年份	居住和工作在中心城市	居住在郊区，工作在中心区	居住在中心区，工作在郊区	居住和工作在郊区
1990	28	20	8	44
2000	26	19	9	46
差值	－2	－1	＋1	＋2

芝加哥通勤演化的历史与大部分美国大都市区基本一致。根据图 2－22、图 2－23 显示，1990—2000 年，美国大都市区内居住和工作都在中心区的就业者比重由 28％下降至 26％；居住在郊区，工作在中心区的就业者比重由 20％下降至 19％；同时，居住在中心区，工作在郊区的就业者比重上升了 1％；居住在郊区，工作在郊区的就业者比重上升到 46％。此外，大都市区之间的通勤量也在逐渐增长。美国的亚特兰大大都市区 30 年的通勤流变化也反映了这一演化规律(图 2－23)。

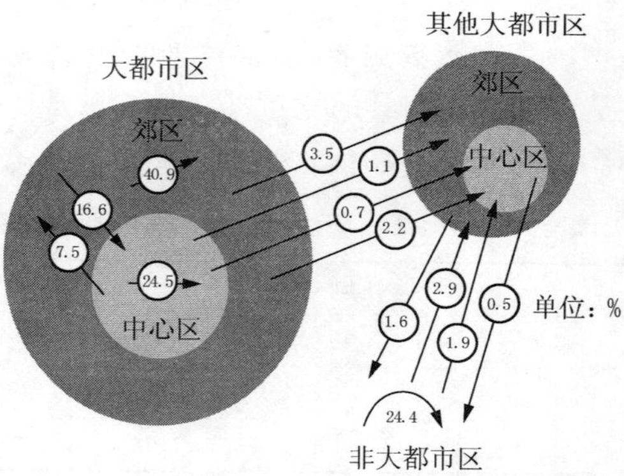

图 2－22　2000 年美国大都市区通勤流比重分布示意图

① The Newberry Library. 2004. Encyclopedia of Chicago: commuting[EB/OL]. (2004－12－28). http://encyclopedia.chicagohistory.org/pages/323.html.

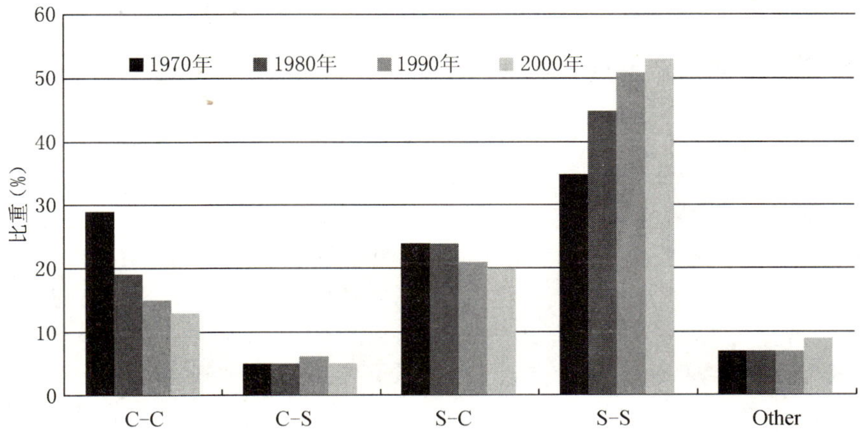

图 2-23　1970—2000 年亚特兰大都市区通勤流比重变化图

注:C-C 即居住和工作均在中心区;C-S 即居住在中心区,工作在郊区;S-C 即居住在郊区,工作在中心区;S-S 即居住和工作均在郊区;Other 即指其他情况。

与中国都市区同处东亚地区的韩国首尔都市区的通勤变化情况也表现出与上述相类似的情况,即中心城内部的通勤比重降低,而郊区的通勤比重在上升(表 2-9)。

表 2-9　首尔都市区内部通勤分布表

年份	1980	1990	1995
平均通勤距离(km)	9.10	9.82	10.28
首尔市—首尔市(%)	65.3	55.2	45.8
首尔市—京畿道和仁川市(%)	3.9	4.6	4.8
京畿道和仁川市—首尔市(%)	5.9	10.1	11.1
京畿道和仁川市—京畿道和仁川市(%)	24.9	30.1	38.3

由上述分析可以发现,中国都市区的职住状态已经由平衡走向分离,而目前的通勤量大多数集中在中心区,以向心型通勤模式为主,离心型通勤和混合交叉型通勤虽存在但比重较低。如果从时间上继续向前追溯到计划经济时期,当时中国大城市就业空间多以"单位式"的模式进行组织,在这种模式的作用下就业者实现了职住的良好结合。改革开放后,随着住房和就业都被推上了不同的市场解决,就业者职住分离的趋势加剧。

上海、北京和广州三个都市区的就业空间演化情况验证了典型的中国都市区在就业空间演化中存在上述三个特征,但是这些大都市区都是属于国内一线城市。2000 年以来,南京、杭州、苏州等二线城市都市区的发展也进入了快车道,就业岗位持续增加,就业空间不断扩充,其就业空间的演化是否符合以上归纳出的发展特征?除此之外,是否还有其特殊性?这些问题值得关注。

3 案例城市的就业特性分析

众所周知，稳定的就业不仅对城市的社会稳定和经济发展起到巨大的支撑作用，更为市民个人价值得到社会认可提供了展示的平台。城市也正是凭着能提供众多的工作机会成为就业空间的主要载体，而主导产业、资源禀赋及发展策略的不同相应地造就了各个城市在区域就业中扮演的不同角色。于是，有些学者从城市主导就业部门类型的角度入手，将城市分为工矿型、商贸型、交通型等(许学强等，1999)；另一些学者从生产要素集聚程度的角度出发，将城市分为劳动密集型、资本密集型和科学技术密集型等(朱建成，2001；董晓丹，2010)。而目前这两种分类均无法摆脱强烈产业导向的属性，而且由于我国转型阶段的就业结构与产业结构存在一定的错位性(范伟，2008)，致使上述分类在全面认识城市就业特性上会存在一定的片面性。同时，当前区域中心城市纷纷确立转型发展及构架都市区的战略也深刻影响了城市的就业特征，特别是对能体现城市区域能级的中心区就业空间而言，影响更是尤为显著。

因此，本章从区域和中心城市两个层面出发，对南京都市区的就业特征进行认识。首先，在区域层面，本章侧重将各个城市作为一个整体的就业空间进行量化评价。通过构架科学的评价指标体系对该区域内的城市就业水平进行量化评估，并借此进行分类，从而对各个城市的就业水平有一个较为全面的认识。其次，在区域中心城市层面，本书选取案例也是都市区建设业已经具备一定基础的城市，从“首位就业区”角度入手，通过对其空间区位、就业规模、从业结构等方面的比较分析，达到对其城市就业特征更全面的认识。最后，综合考虑以上两个层面的分析，再加上当前城市转型发展的背景需求，结尾从典型性和时代性两个方面对南京就业水平的特殊性进行识别，为实证区域的选取提供比选依据。

3.1 所在区域的就业概况

本节选择传统意义上的“长三角”区域为比较区域，包括泰州、扬州、南通、南京、镇江、常州、无锡、苏州、上海、杭州、宁波、嘉兴、湖州、绍兴、舟山、台州共 16 个城市，其空间范围如图 3-1 所示。

长三角地区是我国近年来经济发展最具有活力的区域之一，容纳了众多的人口就业，在更大区域及全国范围内发挥了重要的就业功能。据统计，2008 年长三角地区有第二、第三产业从业人员 5 629.29 万人，与户籍人口的比重达到 72.79%，远高于全国 26.73%的平均水平；从就业人口密度上来说，每平方公里的从业人数约为全国平均水平的 18.1 倍①。近年来，该地区的就业指标仍然呈现增长状态，四年间，第二、第三产业从

① 就业人口数据：其中杭州、宁波、嘉兴、湖州、绍兴、舟山、台州七个市的数据来自《浙江省第二次经济普查主要数据公报》；上海、南京、镇江、苏州、无锡、常州 6 个市数据来自各自城市第二次经济普查公报(2008 年)；泰州、扬州、南通三地的从业人口数据在各地 2009 年统计年鉴社会劳动力数量的基础上综合第一次经济普查数据而来；全国数据来自《第二次全国经济普查主要数据公报》。户籍人口数据分别来自《江苏省统计年鉴 2009》、《上海市统计年鉴 2009》、《浙江省统计年鉴 2009》和《中华人民共和国 2008 年国民经济和社会发展统计公报》。

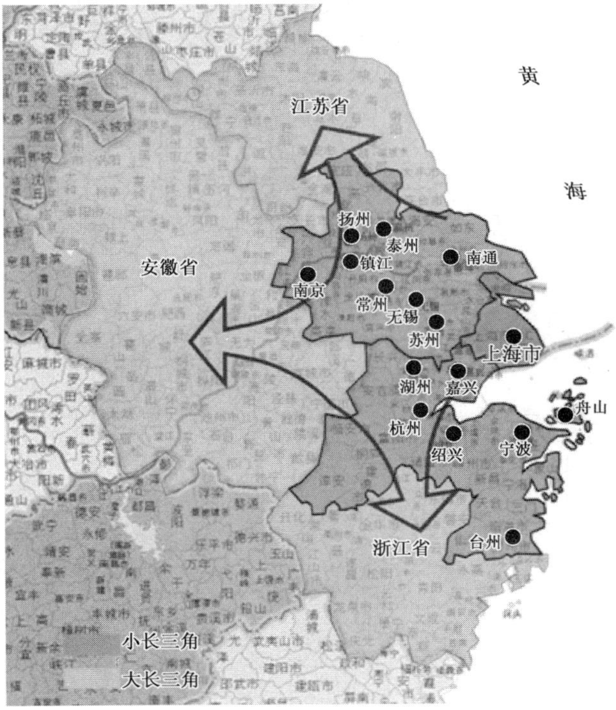

图 3-1　长三角及所属省市空间示意图

业人数增加了 27.71%，其在苏、浙、沪两省一市中的从业比重升至 78.33%，非农就业参与率升至 52.67%(表 3-1)。

表 3-1　2004 年、2008 年长三角地区城市就业指标一览表

指标	2004 年	2008 年
从业人数(万人)	4 438.015	5 669.495
在两省一市的比重(%)	76.15	78.33
从业密度(人/km^2)	803.2	1 026.1
非农就业参与率(%)	47.28	52.67

所以，本章对南京所在的长三角区域进行就业水平的整体评价，不仅能够识别出南京市的就业特征，而且能对长三角区域内各城市的就业特征进行一次全面的认识，识别出各个城市各自的特色，并为本书后面实证区域的选择提供支撑。

3.2　各城市就业水平评价

本部分尝试应用层次分析法进行评价。首先构架一个适用于长三角城市的就业水平评价综合指标体系，并对可获取的数据指标进行计算处理，再通过波士顿矩阵法先获得 16 个城市的初步分类，然后再结合各个城市的就业水平专业化评价结果，最后达到对长三角城市就业水平评估、分类的目的(图 3-2)。

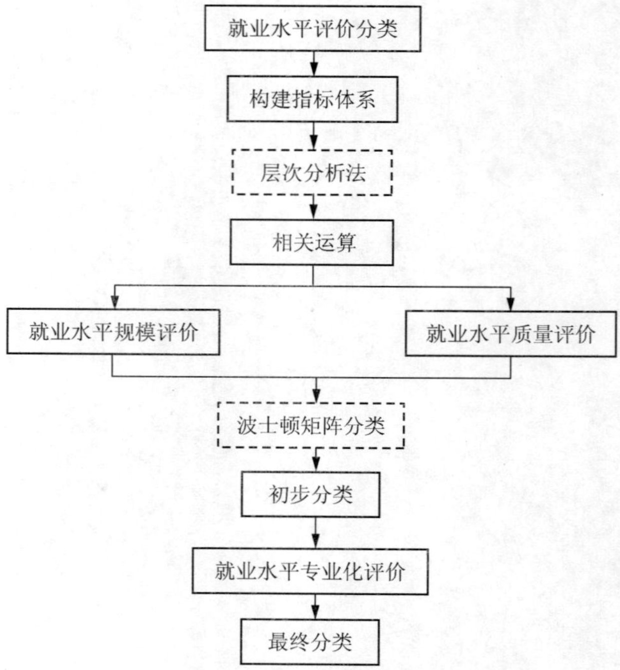

图 3－2　技术路线图

3.2.1　指标体系的构架

综合评价指标体系的构架是为量化评价城市就业水平提供支撑，从城市职能分类三要素的基础出发（周一星等，1988；田文祝等，1991），同时鉴于数据获取的方便性，本书从规模型指标体系和质量型指标体系两个方面分别进行了构架（表 3－2、表 3－3）。

表 3－2　规模型评价指标体系表

一级指标	二级指标	指标解释	权重
总量指标	就业岗位总量	城市第二、第三产业从业人数	0.4
平均指标	就业岗位密度	城市单位土地容纳从业人数	0.4
增量指标	“二普”较“一普”增长量	2004—2008 年城市从业人数变化	0.2

注：总权重为 1，考虑到增量熵值计算基础仅为四年数据，具有一定的局限性，因此赋予其权重为 0.2，其余两项指标各为 0.4。“一普”、“二普”分别指第一次、第二次全国人口普查。

表 3－3　质量型评价指标体系表

一级指标	二级指标	指标解释	权重
结构指标	第三产业就业岗位比重	城市第三产业从业人数与总从业人数比重	0.4
效率指标	劳动生产率	单位就业岗位创造的第二、第三产业增加值	0.4
技术指标	大学以上从业人员的比重	法人单位中大学以上学历从业人员比重	0.2

注：总权重为 1，考虑到技术熵值仅为单位就业岗位中的比重，缺乏对个体商户方面的统计，具有一定的片面性，因此赋予其权重为 0.2，其余两项指标各为 0.4。

对于专业化部门的评价，只能限于各城市产业结构层面，选择第二产业从业人数/第三产业从业人数的比重作为该项因素的评价因子。

规模型指标体系，考虑了各城市就业人口的总量、均值和增量三个方面，分别取值，然后采用第 3.2.3 节中的公式(1)进行规格化处理，最后再通过公式(3)进行赋权相加的方法计算出职能—规模型评价的结果。

质量型指标体系，考虑了各城市就业的结构、效率和技术三个方面，分别取值，然后采用公式(1)进行规格化处理，最后再通过公式(3)进行赋权相加的方法计算出职能—质量型评价的结果。

3.2.2 研究数据

现有有关城市就业岗位数量的数据多来自以下三个途径。

第一个途径是城市统计年鉴中的从业人员数据。这一数据能统计到的年份比较多，但是分行业从业人员数量却无法全部获取。浙江的城市统计年鉴已经能够做到按照从业人员总数进行分行业的统计，而江苏省内各城市还是习惯只统计城镇单位从业人员的数量。再者，这一数据的来源多是在基准年数据上进行递增式估算，其数据可靠性值得商榷。

第二个途径是 2000 年全国人口普查和 2005 年全国人口抽样调查的数据。这一数据可信度比较高，对各个城市而言也具有同步性，然而由于抽样调查本身的片面性，致使数据存在一定的偏差。如在 2000 年第五次全国人口普查中抽样比例为 10%，2005 年抽样比例为 1%，并且其调研的出发点是家庭居住地，这样得到的就业人口并不一定是在本城市就业。此外，当前能获取数据的年份也比较老，无法反映较新的就业特征。

第三个途径是全国经济普查及其前身——全国经济单位普查数据。这一数据虽然在获取的年份上只局限在 2001 年、2004 年和 2008 年，但是其普查性质决定了该数据的全面性和可靠性。并且，其分行业、分地区的从业人数值表都在普查公报中有详细的资料。

由此，本章对长三角城市就业水平的研究数据多基于全国经济普查资料，并对其他来源的数据也进行了出处标注。根据数据分析，各城市的就业总量、就业密度、就业增长率(2004—2008 年)、劳动效率、就业人员学历、第二产业就业比重等单项指标的空间分布图如图 3-3 至图3-8所示。单纯地从单项指标的空间分布来看，除上海的中心性特征比较突出外，其他城市的分项指标在空间上很难使用一个比较统一的结构来进行描述。

3.2.3 计算公式

本章中的计算主要涉及两个公式，这两个公式分别是每个城市单项指标规格化值计算的公式和每个城市综合量值的计算公式，各个计算公式如下。

(1) 单项指标规格化值计算公式：

$$L_{ij}=\frac{x_{ij}}{\overline{x_j}} \tag{1}$$

其中，L_{ij} 为 i 城市第 j 指标的规格化值；x_{ij} 为 i 城市第 j 指标的现实值；$\overline{x_j}$ 为全区域第 j 个指标的平均值。某城市若是规格化值大于 1，说明该城市的该项指标高于区域平均水平；相反，若是值数小于 1，说明该城市该指标低于区域平均水平。

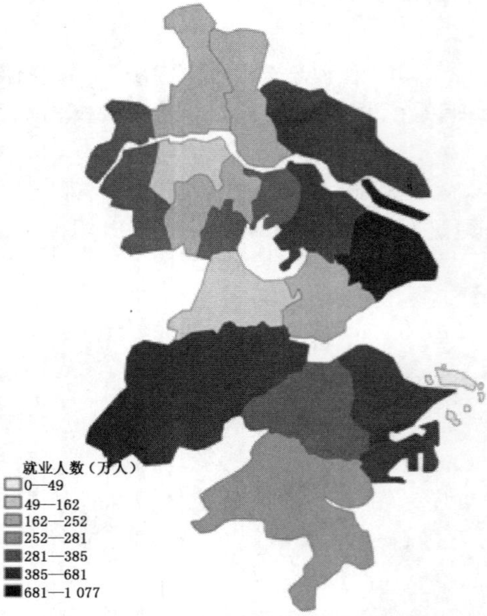

图 3-3　长三角城市就业总量分布图

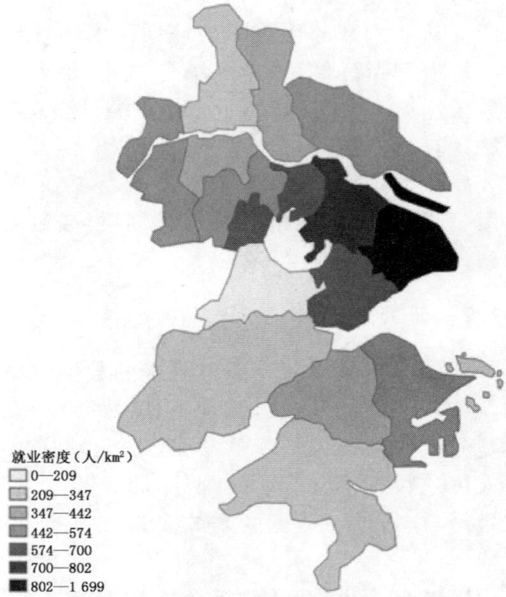

图 3-4　长三角城市就业密度分布图

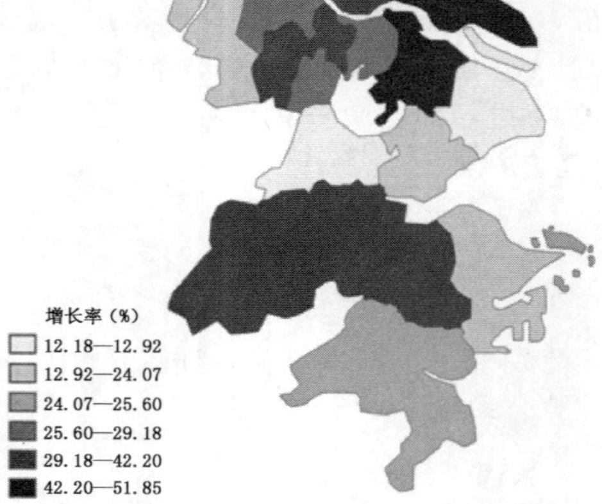

图 3-5　2004—2008 年长三角城市就业增长率格局图

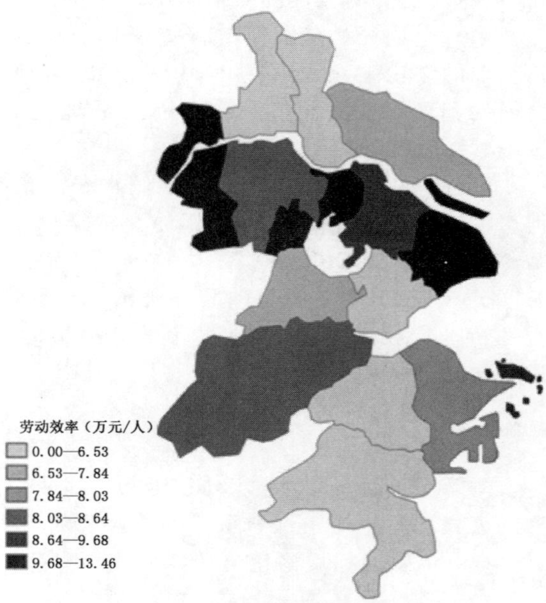

图 3-6　长三角城市劳动效率格局图

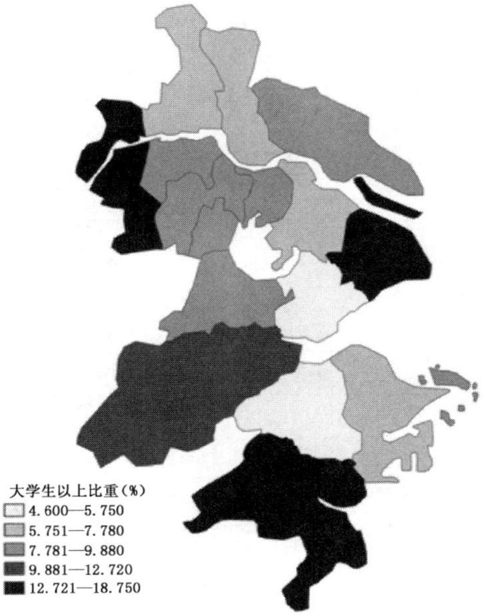

图 3-7　长三角城市就业人员学历格局图

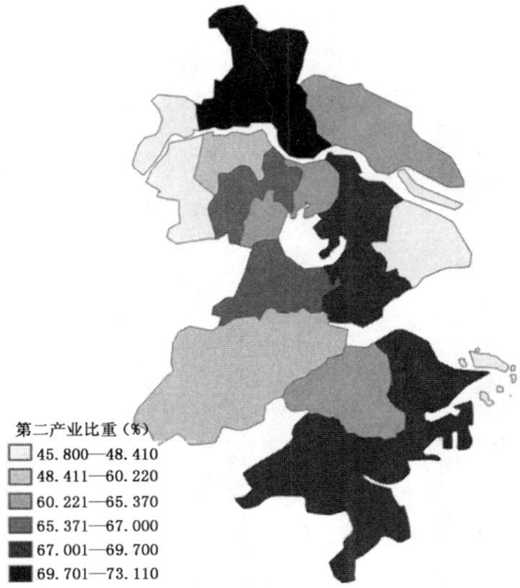

图 3-8　长三角城市第二产业就业比重格局图

其中$\overline{x_j}$的计算公式如下：

$$\overline{x_j} = \sum_{j=1}^{N} x_j / n, \text{其中 } n = 16 \tag{2}$$

(2) 综合量值的计算公式：

$$S_1 = \sum_{j=1}^{n} L_{1j} \times a_j \tag{3}$$

$$\cdots$$

$$S_{16} = \sum_{j=16}^{n} L_{16j} \times a_j$$

其中，$S_1 - S_{16}$依次为城市泰州、扬州、南通、南京、镇江、常州、无锡、苏州、上海、杭州、宁波、嘉兴、湖州、绍兴、舟山和台州质量型指标和规模型指标的综合值；L_{ij}为i城市第j指标规格化处理后的值；α_j为第j指标的权重值。

3.2.4　运算结果分析

运算处理分为两个阶段，第一个阶段是分体系、分指标运算得到各个城市单项指标的规格化值，最后赋权相加得到综合量值的处理；第二个阶段是对两种评价的综合值进行波士顿矩阵分析。

1) 整体特征分析

首先对第一阶段数据处理的结果进行整体分析，经过相关运算阶段，得到各分项结果(表 3-4)。

表 3-4　综合计算结果列表

地区	质量型评价				规模型评价			
	结构熵值	效率熵值	技术熵值	综合值	平均熵值	总量熵值	增量熵值	综合值
泰州	0.76	0.61	0.63	0.675	0.75	0.63	1.20	0.792
扬州	0.70	0.68	0.68	0.688	0.67	0.64	1.21	0.766
南通	0.93	0.78	0.81	0.845	0.94	1.09	1.61	1.132
南京	1.35	1.22	1.68	1.365	0.95	0.91	0.87	0.915
镇江	1.03	0.90	0.88	0.950	0.81	0.45	1.01	0.708
常州	0.88	0.91	0.77	0.870	1.10	0.70	1.18	0.959
无锡	0.90	1.45	0.84	1.107	1.30	0.90	1.02	1.084
苏州	0.79	1.04	0.69	0.870	1.54	1.90	1.53	1.684
上海	1.41	1.40	1.46	1.412	3.26	3.01	0.49	2.606
杭州	1.06	0.93	1.14	1.024	0.62	1.49	1.14	1.072
宁波	0.81	0.86	0.70	0.811	0.93	1.32	0.84	1.066
嘉兴	0.65	0.70	0.52	0.644	1.28	0.73	0.86	0.979
湖州	0.86	0.84	0.74	0.829	0.40	0.34	0.51	0.399
绍兴	0.92	0.62	0.41	0.697	0.85	1.02	1.29	1.005
舟山	1.34	0.96	0.79	1.079	0.65	0.14	0.91	0.496
台州	0.83	0.70	1.56	0.925	0.57	0.79	0.92	0.727

注：指标计算结果如大于1，则说明其水平高于区域平均水平；如小于1，则说明其水平低于区域平均水平。

由表3-4可得，上海是长三角地区无法撼动的"就业中心"城市，其两方面评价得分都远领先于其他城市。

从差异度上来看，质量型评价方面差异度不大，得分最高的上海与最低的嘉兴之间的差距值为0.768，远低于规模型评价上的差值1.627。由此来看，长三角城市就业水平的差异在当前阶段主要体现在规模方面。

另外，在质量型评价方面，上海（1.412）、南京（1.365）、无锡（1.107）、舟山（1.079）和杭州（1.024）五个城市在区域中占有优势。从得分上看，长三角北翼稍强于南翼。

在规模型评价方面，上海（2.606）、苏州（1.684）、南通（1.132）、无锡（1.084）、杭州（1.072）、宁波（1.066）、绍兴（1.005）七个城市在区域中占有优势。从数量上来看，长三角南翼与北翼基本均衡（见图3-3至图3-8）。

在专业化部门评价的结果中，只有南京、上海和舟山三地以第三产业从业人数为主，其他城市均以第二产业为主（表3-5）。

表 3-5　长三角各城市第二、第三产业人口比重表

地区	泰州	扬州	南通	南京	镇江	常州	无锡	苏州
第二、第三产业	3.09	2.43	1.58	0.92	1.51	1.95	1.89	2.3
地区	上海	杭州	宁波	嘉兴	湖州	绍兴	舟山	台州
第二、第三产业	0.85	1.45	2.19	2.16	2.03	1.84	0.94	2.13

2）分类及解释

结合表 3－4 的计算结果进一步做波士顿矩阵分析，得到图 3－9。长三角城市就业水平首先可以划分为双优型、规模型、质量型和双差型四类城市，其后再根据各自城市的专业化类别进一步划分，最终将长三角地区的就业城市划分为五类。

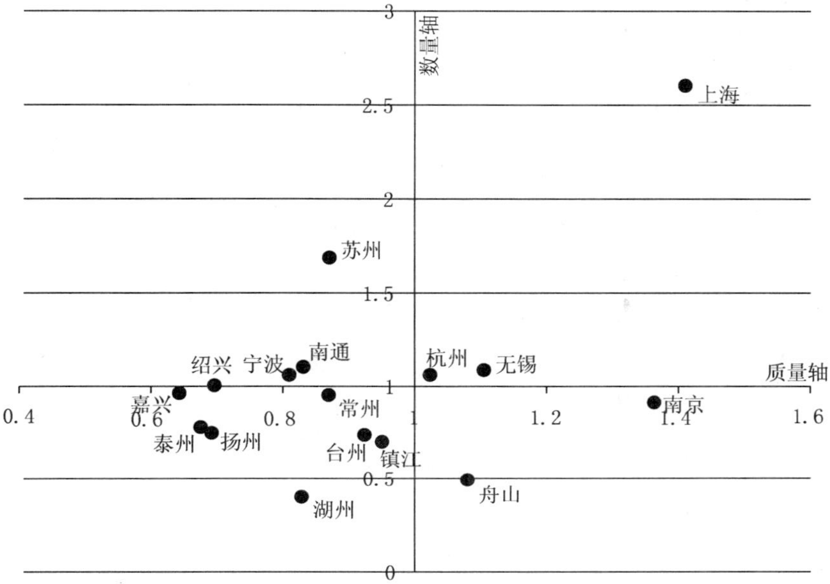

图 3－9　长三角城市就业职能波士顿矩阵分析图

第一类是上海。该城市最终位于图 3－9 中第一象限的最高处，规模型评价和质量型评价值均大于 1，远领先于其他城市，属于规模—质量双优型就业城市，再考虑到第二、第三产业比值，上海是以第三产业为主的双优型就业城市。在表 3－4 中，上海有五个分项指标值均超过区域平均水平，仅有增量指标一项方面小于 1，说明上海 2004—2008 年从业人员增长率低于区域平均水平，这与上海的从业总量基数较大有一定的关系。

第二类是杭州、无锡。其也位于图 3－9 中第一象限，规模型评价和质量型评价值均大于 1，属于规模—质量双优型就业城市。考虑到第二、第三产业比值，杭州、无锡属于以第二产业为主的双优型就业城市。其中杭州在效率指标和平均指标方面低于区域水平，这和杭州市辖区面积较大有一定的关联。无锡市在效率指标方面处于区域最高水平，但是结构指标和技术指标值偏低。

第三类是苏州、南通、宁波、绍兴。即图 3－9 中位于第二象限的城市，其规模型评价值大于 1，属于规模型就业城市。它们也可以被认为是在区域中就业相对密集的城市，特别是第二产业的就业水平要高于第三产业。其中苏州在规模型评价中得分全都大于 1，而其就业结构和技术值却低于区域平均水平；南通、绍兴两个城市均在总量和增量两个方面大于 1；而宁波仅有总量熵值大于 1，其余指标值均低于区域水平。

第四类是南京、舟山。即图 3－9 中位于第四象限的城市，其质量型评价值大于 1，为质量型就业城市，二者皆属于以第三产业为主的就业城市。其中南京的三个质量型指标均大于 1，且技术熵值为区域最高水平，这与南京数量众多的高等院校和科研机构是密不可分的。舟山的结构熵值仅次于上海、南京，排名第三，但是其他值均低于 1。舟山借助其特殊区位，凭借良好的旅游资源，在第三产业发展上具有良好的基础和活力。

第五类是湖州、嘉兴、台州、泰州、扬州、镇江、常州七个城市。即图3-9中位于第三象限的城市，其规模型评价和质量型评价均都小于1，为双差型就业城市，其从业类型基本上都是以第二产业为主。这些城市在数量和质量两个方面均无绝对优势可言，特别是湖州的规模评价综合值最低，仅为0.399。

各类型的就业城市表现出不同的就业水平，结合分类体系，长三角地区各类城市非农就业参与率①及第二、第三产业就业岗位的百分比值如表3-6所示。可见，数量型和质量型两类就业城市的非农就业参与率分别处于整体的两端，其中数量型值最高，为72.88%，而质量型值最低，为43.15%，其他的城市皆位于二者之间。

表3-6 长三角不同类型就业城市就业特征值列表

分类	包含城市	就业参与率(%)	第二产业就业比重(%)	第三产业就业比重(%)
第一类	上海	57.03	45.80	54.20
第二类	无锡、杭州	58.70	54.95	45.05
第三类	苏州、南通、宁波、绍兴	72.88	68.19	31.81
第四类	南京、舟山	43.15	48.01	51.99
第五类	其他七个城市	50.51	67.20	32.80
长三角平均值	所有16个城市	57.31	61.26	38.74

注：就业参与率为从业人员与常住人口的百分比，第二产业和第三产业比重分别为第二、第三产业从业人员数量分别与第二、第三产业全部从业人员的百分比。

3.3 首位就业区特征分析

"就业中心"是体现城市区域能级的重要空间载体，也是西方就业空间研究的重点内容之一。在转型发展的新阶段，城市需要改善既有的从业结构，提升现代服务业的从业数量和质量，而"就业中心"恰好是城市高端服务业的集聚区，通过对这一空间层次的研究更能体现出城市功能转型的进程和力度。国内目前对此研究较少，并且由于相关统计单元的空间尺度不统一，仅有的成果也无法较为客观而全面地呈现国内城市就业中心的特征。借此，本书尝试提出与就业中心相似的概念——"首位就业区"，并从既有行政区划统计数据入手，针对不同层级的区域中心城市，对其空间区位、集聚规模、从业结构等方面的特征进行比较认识。

"首位就业区"是指一个城市中就业要素高度集聚的区域，在一定的空间范围内，其就业人口密集程度应超过该城市的同层次其他统计单位。本书通过对"区"级行政辖区的就业密度指标进行初步遴选。这是因为城市中的行政"区"，相较于"市"、"县"统计单位，在空间上面积更小，更加接近于西方就业中心的空间尺度；同时相较于街道、社区统计单位，在相关统计数据上更加丰富充实，也更加容易获取。

本书以《长江三角洲地区区域规划纲要》确定的区域中心城市上海（Ⅰ类）、南京（Ⅳ类）、苏州（Ⅲ类）、无锡（Ⅱ类）、杭州（Ⅱ类）和宁波（Ⅲ类）六市所辖各区作为首位就业区的遴选对象，这几个城市也是前文城市就业水平评价中比较突出的类型，也是当前在长三角区域内都市区建设开展比较早的城市。此外为了增加对比效果，本书还选择了北京

① 《江苏省统计年鉴2009》；《上海市统计年鉴2009》；《浙江省统计年鉴2009》。

也作为比选城市。其中，上海和北京作为一级城市，南京、苏州、无锡、宁波和杭州作为二级城市。根据各城市全国经济普查的数据计算(表 3－7)，可以发现所选研究对象的就业密度在全市同级别行政区中均排在第一位，就业密度达到全市平均水平的 16 倍以上。同时，考虑到各研究对象空间尺度的一致性，本书将上海的黄浦区与静安区联合作为一个首位就业区进行考虑。

表 3－7　2008 年各城市首位就业区就业密度指标一览表

比较城市	首位就业区	辖区面积 (km^2)	就业密度 (万人/km^2)	为全市就业密度倍数	职住比
上海	静安区	7.62	3.9	23.72	2.7
上海	黄浦区	12.41	3.5	21.24	2.2
南京	鼓楼区	24.77	1.8	29.98	1.2
苏州	平江区	22.00	3.1	26.73	3.7
无锡	崇安区	17.59	1.1	16.52	0.9
宁波	海曙区	29.38	1.0	21.29	1.3
杭州	上城区	18.00	1.7	50.30	1.3
北京	西城区	31.62	2.4	41.74	2.3

3.3.1　空间区位概况

通过空间位置的对比，可以发现首位就业区的区位均呈现出与城市中心交叉，与旧城边界交叉或相近的特征。首先，本书研究的首位就业区都与现有的城市商业中心位置紧密(图 3－10)。上海的市中心位于黄浦区与静安区交界处；南京的市中心新街口位于

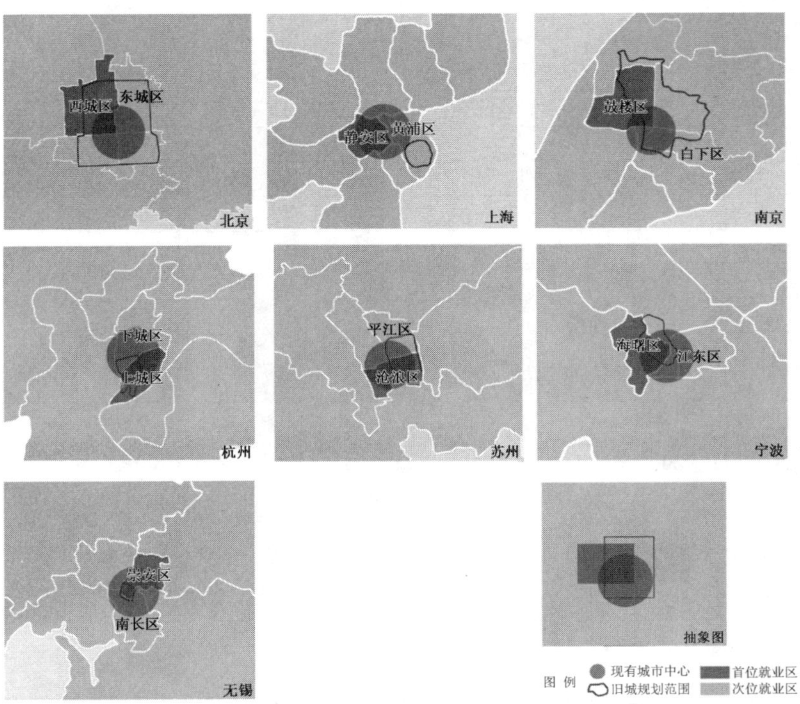

图 3－10　2008 年各城市首位就业区的空间区位示意图

鼓楼区、白下区和玄武区的交界处；苏州的市中心观前街位于平江区的南部与沧浪区的交叉口；宁波的市中心三江口位于海曙区与江北区、江东区的交界处；北京的市中心天安门地区位于东城区和西城区的交界处。靠近城市中心的区位保障了首位就业区的公共服务水平，使其拥有较高的就业可达性。其次，通过与各城市旧城的空间界线情况来看，各城市的首位就业区均与旧城区界线交叉或者接壤。从就业人口的集聚情况来看，在中心城市郊区化的同时，旧城区及其附近区域并未如西方城市一样，出现内城衰退、就业岗位大量流失的情形（阳建强，1996），至少目前在整体上，中心区及旧城附近仍然是该城市的就业密集区。

3.3.2 就业规模及类型比较分析

1）就业规模比较：就业总量持续集聚，规模差异体现城市等级

本书从就业密度和就业总量两个方面对首位就业区的就业规模进行了分析。在就业密度方面，各城市首位就业区的差异与城市的级别有一定的对应关系。首先，各城市首位就业区面积在 20 km^2 左右，在此范围内，一级城市就业密度超过 2 万人/km^2，上海超过 3 万人/km^2，二级城市就业密度超过 1 万人/km^2，这几个数据均超过了西方就业中心设定的门槛值。在就业总量方面，从 2004—2008 年的数据来看，各区的就业人口总量均呈现增长趋势。其中上升最快的是苏州平江区，增幅达到81.6%，最低的是南京鼓楼区，增幅为 11.1%，上海静安区单位从业人员数较 2004 年增加了 13.09%（图 3 - 11）。这都说明中心城市首位就业区的就业人口近年来仍呈现不断集聚的状态，首位就业区的职住失衡现象也能体现这一态势。根据“第二次全国经济普查”和“第六次全国人口普查”数据，本书计算得到各城市首位就业区职住偏离度指数（见表 3 - 7），大多数区的指数值大于 1，苏州平江区更是达到 3.7。这说明相对于各市平均水平，该区吸纳了更多的区外居住人口来此就业。

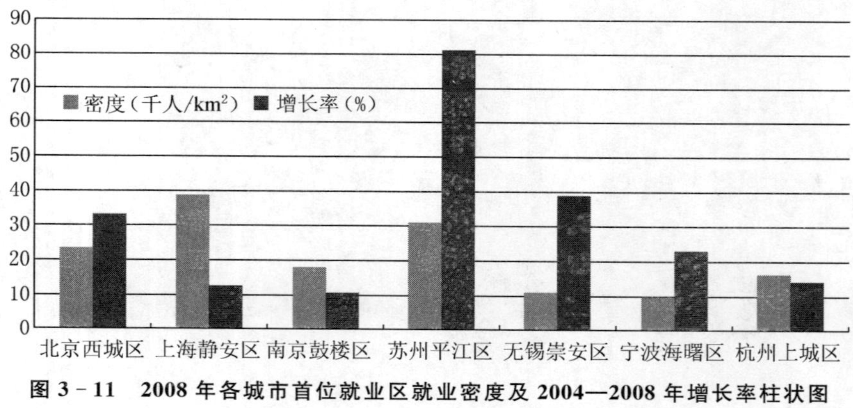

图 3 - 11　2008 年各城市首位就业区就业密度及 2004—2008 年增长率柱状图

2）就业类型比较：法人单位从业为主，高学历从业人员集中

按照全国经济普查公报的分类标准，从业人员可以分为法人单位①从业人员和个体

① 法人单位指依法成立，有自己的名称、组织机构和场所，能独立承担民事责任；独立拥有和使用（或授权使用）资产，有权与其他单位签订合同；会计上独立核算，能够编制资产负债表的单位。法人单位包括企业法人、事业单位法人、机关法人、社会团体法人和其他法人。

经营户①从业人员两类。通过对所选城市首位就业区这两类从业人员 2008 年的统计情况来看，法人单位从业人数远超过个体经营户从业人数。其中表现最明显的是苏州平江区，法人单位从业人数为个体经营户从业人数的 19 倍。此外，本书对各城市首位就业区法人单位从业人员学历情况进行了分析。通过比较可以发现，各市首位就业区本科以上从业人员的比重均超出全市平均水平。其中宁波海曙区高于全市水平的 2.41 倍（表 3－8）。

表 3－8　2008 年各城市首位就业区内从业类型、学历比较表

指标	宁波海曙区	南京鼓楼区	苏州平江区	上海静安区和黄浦区	北京西城区
法人单位从业/个体从业	6.0	8.0	19.0	14.5	14.0
本区本科以上比重/全市本科以上比重（%）	2.41	1.61	1.75	1.72	1.32

3.3.3　就业结构比较分析

整体来看，除苏州平江区外，各首位就业区内第三产业从业人数均已超越第二产业。本书主要从单位从业人员的主要行业和优势行业两个方面入手，对各城市首位就业区的就业结构情况进行分析。

1）主要行业比较：工业与服务业并重，城市等级体现差异

主要行业是指当前各区就业人口份额最多的五个行业，但其发展态势并不一定占优。通过对 2008 年各城市密集区就业人口行业分布的分析可以发现，批发和零售业是五个城市密集区共有的主要就业行业，其比重最大的是上海静安区和黄浦区，占到 21%；最低的是苏州平江区，占到 8%（表 3－9）。另外，如将各区以个体商户类型存在的批发和零售业从业人员统计在内，这一比重还会有所提升。

表 3－9　2008 年各城市首位就业区从业人数比重前五的行业　（%）

排序	宁波海曙区	南京鼓楼区	苏州平江区	上海静安区和黄浦区	北京西城区
1	批发和零售业（18）	建筑业（25）	制造业（63）	批发和零售业（21）	金融业（20）
2	建筑业（16）	批发和零售业（12）	建筑业（9）	租赁和商务服务业（12）	租赁和商务服务业（14）
3	金融业（11）	制造业（9）	批发和零售业（8）	金融业（12）	批发和零售业（11）
4	制造业（10）	电力、燃气及水的生产和供应业（9）	租赁和商务服务业（3）	房地产业（9）	科学研究、技术服务和地质勘查业（7）
5	租赁和商务服务业（10）	教育（8）	房地产业（3）	住宿和餐饮业（8）	公共管理和社会组织（7）

① 个体经营户指除农户外，生产资料归劳动者个人所有，以个体劳动为基础，劳动成果归劳动者个人占有和支配的一种经营单位。包括：① 经各级工商行政管理机关登记注册并领取营业执照的个体工商户和个人合伙单位。② 依据《民办非企业单位登记管理暂行条例》，经国务院民政部门和县级以上地方各级人民政府民政部门核准登记、领取《民办非企业单位（合伙）登记证书》或《民办非企业单位（个人）登记证书》的民办非企业单位。经民政部门核准登记并领取证书的民办非企业单位。③ 没有领取执照或证书，或按照有关规定免于登记，但有相对固定场所，年内实际从事个体经营活动三个月以上的城镇、农村个体户。但不包括农民家庭以辅助劳力或利用农闲时间进行的一些兼营性活动。

对于两个一级城市来说，服务业已成为其主导就业行业。金融业、租赁和商务服务业是其共同的主要行业，房地产、公共管理等行业占据了较大的份额。对于三个二级城市来说，第二产业仍然占有较大分量。制造业和建筑业是这三个城市首位就业区的共有就业行业，二者所占比重之和均在26%以上，苏州的平江区更是达到72%。另外，个别城市还存在具有特色的主要行业，比如南京鼓楼区的教育业、北京西城区的科学研究、技术服务业，这是其他区所不具备的特色。

2）优势行业比较：现代服务业领衔，传统服务业不容忽视

优势行业是根据该区各行业就业岗位在城市中的区位熵和近四年的增长率两个指标来确定的。如果该行业区位熵大于1，且2004—2008年增长率为正值，则可确定该行业为优势行业。优势行业是具有竞争力的就业行业，可作为今后一段时间内的重点行业进行培育。通过计算，得到“首位就业区”优势就业行业类型及其包含城市数量（表3-10）。

表3-10　2008年各城市首位就业区从业人数优势行业列表

<table>
<tr><th>排序</th><th colspan="6">行业分类（城市数量）</th></tr>
<tr><td>1</td><td colspan="3">房地产业(5)</td><td colspan="3">租赁和商务服务业(5)</td></tr>
<tr><td>2</td><td colspan="3">住宿和餐饮业(4)</td><td colspan="3">金融业(4)</td></tr>
<tr><td>3</td><td>交通运输、仓储和邮政业(3)</td><td>信息传输、计算机服务和软件业(3)</td><td>批发和零售业(3)</td><td>科学研究、技术服务和地质勘查业(3)</td><td>文化、体育和娱乐业(3)</td><td>公共管理和社会组织(3)</td></tr>
<tr><td>4</td><td colspan="2">水利、环境和公共设施管理业(2)</td><td>教育(2)</td><td>建筑业(2)</td><td colspan="2">居民服务和其他服务业(2)</td></tr>
</table>

房地产业、租赁和商务服务业是五个城市首位就业区共有的优势行业，其次是金融业、住宿和餐饮业，这两个行业占到了4/5席，交通运输等六个行业也占到了3/5席。以上这些优势行业均属于服务业范畴，虽然现代服务业行业占多数，但也有住宿餐饮和批发零售这样的传统服务业类型。同时，从2004—2008年从业人数变化来看，除苏州平江区外，制造业在其他城市首位就业区均是大幅下降的态势，而建筑业在长三角的各中心城市呈现正向增长态势。首位就业区存在大量的建筑业就业岗位，可能与其近年来中心区众多的拆迁建设活动有关（表3-11）。

表3-11　2004—2008年各城市首位就业区制造业、建筑业就业人数增长率分析表

行业	宁波海曙区	南京鼓楼区	苏州平江区	上海静安区和黄浦区	北京西城区
制造业(%)	−25	−32.18	72.15	−61.51	−30.23
建筑业(%)	21	50.24	139.77	12.03	−13.54

3.4　小结

由上文的分析，本章不难得出南京市在长三角地区的16个城市中就业职能的典型示范性和时代对应性。

3.4.1　典型示范性

通过量化分析，南京是一个质量型就业城市，这是有别于其他城市的重大特色。特

别是其就业结构、劳动效率和技术人员所占比重指标在长三角 16 个城市中都占有优势。同时，根据发达国家和地区的就业结构变化规律来看，长三角地区城市就业职能发展的理想模式应是从第五类（双差型）—第三类（规模型）—第二类（以第二产业为主双优型）—第四类（质量型）—第一类（以第三产业为主双优型），顺次进阶，有序发展。南京虽然也存在跨越式发展的可能性，但是质量型就业城市南京对区域内的其他 13 个城市发展均具有典型示范性，因为其可作为它们未来发展的阶段选择之一。

此外，从中心城市的首位就业区特征来看，南京这一区域中心城市在从业结构上也具有特殊性。从南京首位就业区就业结构的分析中来看，虽然第三产业从业人数超过第二产业，但是就业行业比较分散，反倒是制造业和建筑业等第二产业因从业人数上升成为主要行业。这与南京市质量型就业城市的评价结果存在一定的矛盾。这也表明南京正处在就业行业主体从第二产业向第三产业转变的激烈时期，对其就业格局演化进行研究在长三角区域颇具典型示范性。并且，从当前都市区化的发展阶段来看，南京城市存在的多种二元特征也能体现其作为本书实证对象的区域典型性。如以公共交通为例，南京不仅有快速的轨道地铁在地下运营，也有慢速的路上公交在地上行驶，这都充分展现了目前中国都市区发展的阶段特征。

3.4.2 时代对应性

从近年来的就业结构变化来看，南京城市就业职能的发展历程与时代要求相对应。进入 21 世纪以来，科学发展、转型发展成为我国发展的重要战略指导思想。在空间、土地资源约束越来越紧张，能源、环境问题越来越突出的情况下，如何谋求转型成为各个城市关注的热点之一。与之相对应的问题则是产业结构的优化，包括从业结构的优化在内。根据发达国家及地区的发展规律，有竞争力的城市在保障就业总量上升的前提下，实现第三产业从业人数的上升，第二产业从业人数比重的下降。2000 年左右，南京市在从业结构上的变化恰恰体现了这一变化规律的内容。

从图 3 - 12 中数据可以发现，1998 年以前南京市第二产业从业人数高于第三产业从业人数，而 1998 年以后第三产业人数开始超过第二产业，并且这一领先一直持续到现在。另外，南京市这一从业结构的转变经历了第二产业从业人数先下降后上升的过程，1995 年以来南京市第二产业从业人数不断下降，至 2001 年降至最低点，2002 年以后又开始回升。

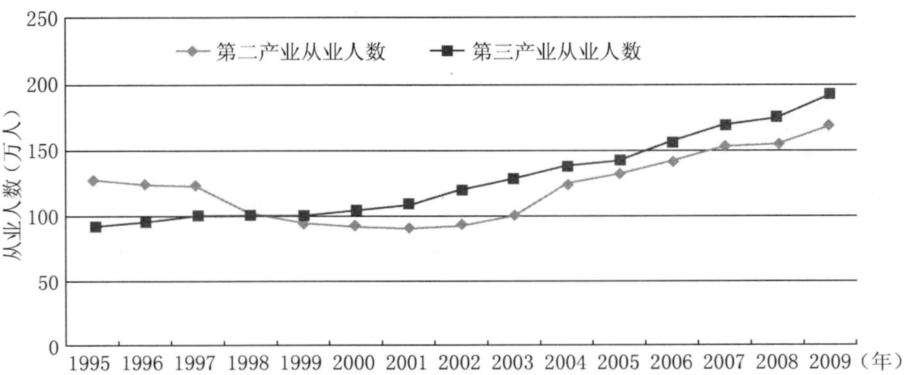

图 3 - 12　1995—2009 年南京市第二、第三产业从业人数变化统计图

经过近 10 年的稳固发展，质量优势型的就业水平评价结果又表现出南京在长三角城市中转型的领先性和典范性。因此，本书以南京为实证对象进行研究，不仅仅是对现在南京都市区的就业空间特征进行识别，更是对国内多个城市过去及未来一段时间内就业空间演化规律的提炼和归纳。

综上，本书选择南京作为研究的实证区域不仅能体现长三角区域就业水平的发展阶段，对于国内珠三角、京津冀等经济区域也有一定的典型意义。并且，就当前的研究成果而言，多集中在北京、广州和上海等一线城市，对南京都市区进行研究也是对丰富研究层次提供成果支撑。

4 南京都市区研究门槛条件验证

都市区就业空间的研究要具备相应的门槛条件，这些条件也是其与以往产业空间研究的差别之一。本书选择的实证对象要在符合这一前提的情况下才具有研究的科学价值和意义。本章首先对都市区就业空间的三个门槛进行归纳提炼，并且对实证区域的发展情况进行初步的一一验证，从而为本书后面所得结论提供一个科学的研究基础。

4.1 研究的三个门槛条件

从研究题目入手，都市区与就业空间是两个必须深入的话题，如果要检查实证区域是否具备研究的前提，首先要看其都市区发育的阶段和劳动力市场（丁成日等，2005）的完善程度。因为，只有在这两个要素符合的前提下，本书才能做进一步的研究。同时，近年来，随着郊区化带动都市区化的不断发展，交通条件的不断改善，使得通勤的程度不仅成为表明都市区内部联系紧密程度的一个特征因素，更成为衡量就业市场发育程度的重要因子。

因此，都市区就业空间研究的门槛条件大致分为三个方面，即都市区发展阶段、劳动力市场的发育和通勤情况。同时，这三者也是相互影响、相互支撑的关系。其中都市区发展阶段的验证是基础支撑，劳动力市场发育程度的验证是环境支撑，而通勤情况的验证则是直接支撑。

4.1.1 都市区发展阶段特征

都市区又称大都市区，美国早在 1910 年就提出大都市区地区（Metropolitan District）的概念，1949 年正式命名为标准大都市区（Standard Metropolitan Areas，简称 SMA），并建立具体的统计标准，1959 年又改为标准大都市统计区（Standard Metropolitan Statistical Areas，简称 SMSA），到了 1980 年又改名大都市统计区（Metropolitan Statistical Areas，简称 MSA）（许学强等，1999）。

后来，到 1990 年，美国统计局又修订了大都市区的统计标准，大都市区的概念因时代变迁而被多次修改，最近的一次修正是在 2000 年 12 月，重新界定了大都市统计区（Metropolitan Statistical Areas）的标准，并且补充了小都市统计区的标准（Micropolitan Statistical Areas）。

大都市统计区被定义为人口至少在 5 万以上的城市及与该中心地区有较高经济、社会整合程度的周边地区。小都市统计区被界定为人口在 1 万以上、5 万以下的城市及其周边与其有较高经济、社会整合程度的地区。由两个或两个以上的大都市统计区、一个大都市统计区和一个小都市统计区、两个以上小都市统计区或多个大都市和小都市统计区组成的有较强社会和经济联系的地区即称之为联合统计区（Combined Statistical Area）。按照新标准，美国大都市统计区人口占全国总人口的 83%，小都市区内的人口占全国总人口的 10%（王旭，2006）。

经过了近百年的发展，美国的都市区化大致经过了以下几个阶段（表 4－1）。

表 4－1　美国大都市区发展阶段归纳表

年份	数量	规模	特征
1920	共 58 个	占全国人口 33.9%	城市人口超过农村，大城市人口开始逐渐向郊区迁移
1940	共 140 个，其中百万以上的大都市区 11 个	占全国人口 47.6%，其中百万以上的大都市区有 3490 万人	大都市区人口接近全国的一半
1970	—	—	郊区人口超过中心城人口
1990	共 268 个，其中百万以上的大都市区 40 个	占全国人口 79.6%，其中百万以上的大都市区有 1.329 亿人	大都市区优先增长，百万以上大都市区的人口超过全国一半

其中，都市区化的发展与城市化、郊区化的发展是分不开的。20 世纪以前，主要是大城市的市区本身不断扩大，但尚未形成大都市区，郊区的发展促进了美国大都市区的发展。按照学者王旭对美国都市区化发展历史的介绍，本书归纳为以下四个阶段。

第一个发展阶段的标志时间是在 1920 年左右，在这时期共有大都市区 58 个，占全国人口的 33.9%，特别是当时城市人口超过农村人口，大城市人口开始向郊区迁移。

第二个发展阶段的标志时间是 1940 年左右，当时美国有大都市区 140 个，占全国人口的 47.6%，这个时候大都市区的人口开始接近全国的一半。

第三个发展阶段的标志时间是在 1970 年左右，这个时候美国城市的郊区人口超过中心城的人口。

第四个发展阶段的标志时间是在 1990 年左右，当时美国大都市区有 268 个，其人口占到全国人口的 79.6%。这个时候，大都市区呈现优先增长的态势，百万人口以上的大都市区人口超过全国一半。

1990 年以后，美国大都市区空间发展呈现出新的特征：单中心结构向多中心格局转变，区内高科技产业群开始高速发展，居住模式的马赛克化（王旭，2008）。

大都市区是国外最常用的城市功能地域概念。国内的学者将大都市的概念界定为：它是一个大的人口核心以及与这个核心具有高度经济社会一体化倾向的邻接社区的组合，一般以县作为基本单元（许学强等，1999）。胡序威、周一星等（2000），谢守红等（2004）也分别提出对中国大都市区空间的界定标准，其中不仅强调了中心城市的人口规模，还强调了外围地区非农化产业在 GDP 中的比重。

由前文的文献综述，我们可以发现西方发达国家就业空间的研究与其都市区的发展高度相关。由此本书的第一个门槛条件就是实证区域的城市化发展是否呈现出都市区化的特征，以及会呈现出哪一个阶段的特征。

4.1.2　劳动力市场发育特征

劳动力市场有狭义和广义之分。狭义的劳动力市场是指劳动力进行流动和交流的场所。广义的劳动力市场是指按照市场规律对劳动力资源进行配置和调节的一种机制（李汨，1994）。一个城市就是一个大的劳动力和消费者市场。理论认为，城市市场（劳动力和消费市场)的规模越大,交易成本越低,经济越繁荣。一个无效率的空间结构是因为它把劳动力市场和消费市场直接打碎为小的低效率的市场(丁成日等,2005)。因此,在一个发挥最大经济效率的劳动力市场中,劳动力是在都市区空间及更大范围内可以自由流动的,与市场其他要素的流动呈现出相应的一致性。

劳动力市场与其他要素市场相比,也具有自身的特性。西方发达市场经济国家的劳动力市场是从自由竞争型的无组织劳动力市场过渡到一个有三方性结构、有组织的劳动力市场。相比于国内大陆的就业市场,国外发达市场经济国家的劳动力市场在户籍、地域等方面的限制比较少。由此才能保证城乡劳动力在都市区范围内自由流动,按照经济规律进行相应的集聚或扩散。

因此,一个合理大都市区的劳动力市场发育应该具备以下两个特征。

第一,市场上有大量可以自由出卖自己劳动的劳动力,并且其去向由市场需求进行有效分配。这也是有些研究提到的劳动力成为商品的说法。这里面又有两个方面的内容,首先劳动力本身有选择自己去向的权利,其次是市场提供各种可行的方向。

第二,政府和市场提供相应的支撑系统,从而保障劳动力不因外部条件限制而难以流动。首先是政府需要提供相应的就业、户籍、福利政策来保障劳动力可以自由地流动,让劳动力摆脱流动前的各种制度性束缚。

沈青等(2007)对美国大城市内城区的低收入人群进行研究,发现交通可达性是影响其获得就业的重要因素之一。因此,在政府提供支持劳动力自由流动的软性政策之后,还需要相关的硬件设施予以支撑。包括硬性的交通、配套住房等设施的建设和提供,特别是广泛、发达的公共交通系统的配套。

由此,实证区域应具备一个什么样的劳动力市场,是否会满足以上的条件,是本书需要探讨的重要内容。

4.1.3 通勤情况特征

由于我国城乡公共交通体系和交通技术发展的阶段性,都市区内的通勤通常不容易被研究者所重视(谢守红,2008),但是随着市场化机制的推进,城市功能区范围的扩大,城郊通勤人口的数量也在不断增长,有些学者提出了中国都市区空间概念中通勤研究的重要性(孟晓晨等,2010)。由于通勤交通本身就是就业者在就业空间与居住空间之间的流动,所以把其作为一个重要的研究前提进行界定具有重要的意义。

在国外对都市区划分的研究中,通勤率是各国都普遍使用的一个重要指标(王国霞等,2008)。美国在划分大都市区范围时,选择了多项界定指标,其中通勤率是最常用的界定大都市区功能的指标,是度量联系程度的重要指标,该指标合理且不复杂,体现了工作和生活场所之间的联系以及地区之间的经济上的交往(罗海明等,2005)。日本规定外围地区到中心城市的通勤率达到5%以上(刘君德等,2003),英国和加拿大规定通勤率则分别不小于15%和40%(章光日,2003)。日本还规定中心城市上学、就业的依赖程度达到3%以上和年人口增长率在0.1%以上也被划入大都市圈地域(谢守红等,2004)。

通勤的方式和时间更是表现通勤情况的重要指标,随着都市区规模的扩大,自驾车通勤成为一种主要的通勤方式,其通勤时间也呈现上升趋势,美国就业人口最多的纽约,其通勤时间达到39分钟,在全国也处在第一位(表4-2)。

表 4－2　2000 年美国 10 个最大城市通勤方式与时间统计表

排序	城市	16 岁以上就业者人数	交通工具比重(%)					在家工作(%)	平均通勤时间(小时)
			自驾车	合用车	公交	步行	其他方式		
1	纽约	3 332 696	24.1	6.4	56.3	9.3	1.4	2.5	39.0
2	洛杉矶	1 592 463	67.1	14.9	9.5	2.9	1.6	4.0	28.1
3	芝加哥	1 252 949	50.5	12.8	27.6	5.6	0.9	2.4	33.1
4	休斯敦	919 762	72.9	14.7	6.0	2.6	1.2	2.6	25.9
5	费城	587 156	47.6	10.4	28.0	10.4	1.7	1.9	29.2
6	菲尼克斯	589 860	71.9	17.0	3.6	1.9	2.5	3.1	24.7
7	圣迭戈	579 615	78.5	10.4	4.6	2.3	1.3	2.9	22.6
8	达拉斯	560 913	73.4	14.5	5.1	2.2	2.3	2.5	25.2
9	圣安东尼奥	490 076	78.7	13.9	3.6	1.6	0.9	1.3	21.5
10	底特律	317 379	76.4	12.8	6.2	2.3	1.2	1.1	24.2
全国		127 448 586	76.3	11.2	5.2	2.7	1.4	3.2	24.3

通勤人数的数量和比重也是衡量都市区化的一个重要特征。在美国人的日常出行行为调查中，工作及就学的通勤出行比例占到 70%(图 4－1)，而当前主要的通勤流向是郊区与郊区之间的通勤，并且在早晚呈现不同的特征。以美国休斯敦为例，其出行方向的分布是 75%和 25%，即早晨有 75%的通勤量向市中心走，25%的往郊外走，下午则呈现相反现象。而瑞典的斯德哥尔摩在出行分布比例上面通过城市空间结构的合理引导却能达到 55%和 45%，城郊出行上呈现出一定的均衡性，从而避免了潮汐交通拥堵等不利情况的发生。由此来看，都市区通勤人数的数量巨大，但是其通勤分布并不一定呈现出单一性(丁成日等，2005)(图 4－2)。

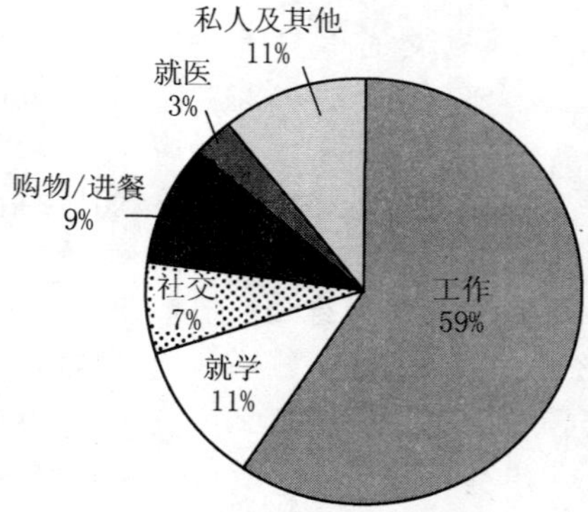

图 4－1　2007 年美国人出行目的调查统计图

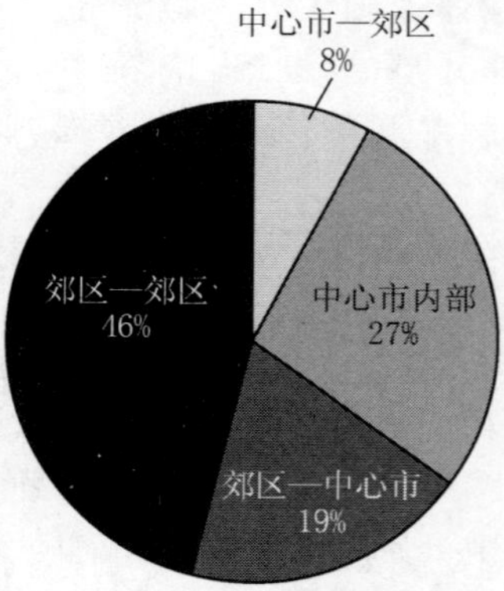

图 4－2　2006 年美国大都市区通勤流统计图

4.2　实证区域——南京都市区

本书选择的实证区域是南京都市区(图 4－3)。当前有关就业空间，特别是就业中心

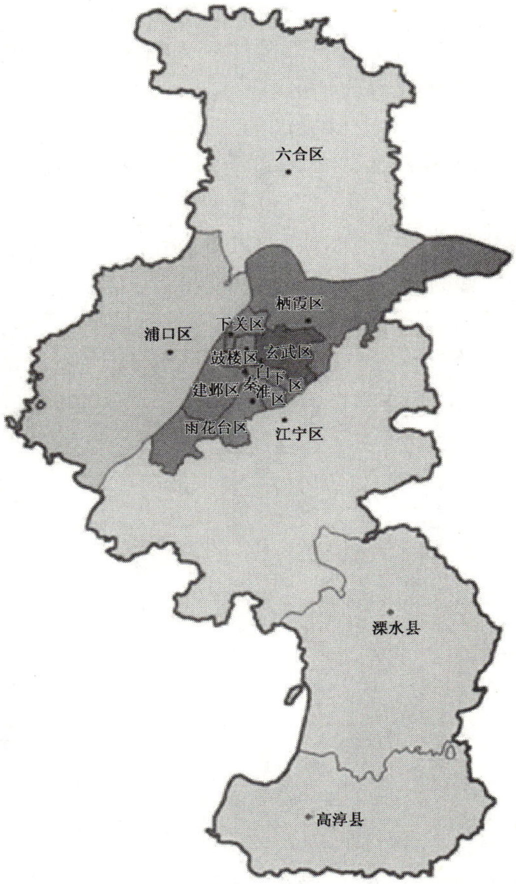

图 4 - 3　2008 年南京市行政区划图

方面的研究多集中在北京、上海、广州三个一线城市，目前还是国内二线城市的南京是否具备进行这一方面研究的前提也就非常值得关注。

下面首先从南京都市区的自身条件入手，对上述的三个门槛条件进行相应的印证，从而对南京都市区是否符合门槛条件进行判断。

4.2.1　南京都市区概况

南京是中国著名的四大古都及历史文化名城之一，有着 2 400 多年的建城史，在历史上孕育了无数的灿烂文明。南京是江苏省的省会，也是长三角北翼的中心城市，在区域经济版图中发挥着重要的作用。改革开放以来，南京更是以日新月异的速度发展。至 2010 年，南京市的常住人口达到 800.5 万，地区生产总值达到 5 010.36 亿元，常住人均 GDP 达到 62 593.5 元，三次产业增加值比例分别为 2.8：46.5：50.7。

4.2.2　南京——门槛条件的印证

本节从上文的三个门槛条件出发，结合南京都市区及南京市的实际情况进行一一验证。

1）都市区发展阶段

规模的集聚是都市区发展的重要前提，只有其经济、社会要素集聚到一定程度，才会发挥出一定的效应。这也是城市经济学者对集聚经济推崇的原因之一。

首先本书对中美两个国家的主要大都市区的人口和用地规模进行了比较，想从这一点上先对实证区域研究的前提进行印证。

通过比较不难发现，当前我国主要城市的人口规模与美国大都市区存在一定的可比性(表 4-3)。美国的大都市区既有人口超过千万的纽约—新泽西—长岛，也有人口刚过 500 万的达拉斯—沃斯堡等。2010 年南京市域的常住人口达到 800.5 万，其都市区内的人口也超过 500 万。因此从规模条件上的验证来说，南京符合研究的门槛之一。

表 4-3 中美都市区人口、用地规模比较表

美国(2000 年)			中国(2010 年)		
都市区名	人口(万人)	面积(km^2)	城市名	人口(万人)	面积(km^2)
纽约—新泽西—长岛	2 119.99	10 000.0	上海	2 301.91	6 340.5
洛杉矶—里沃赛德—奥兰治县	1 637.36	10 567.0	北京	1 961.20	16 807.8
芝加哥—加里—肯诺萨	915.75	12 061.6	广州	1 270.08	7 434.4
华盛顿—巴尔的摩	760.81	11 000.0	成都	1 404.76	12 400.0
旧金山—奥克兰—圣何塞	703.93	7 745.0	南京	800.50	6 589.0
波士顿—伍斯特—劳伦斯	581.91	—	杭州	870.04	16 596.0
达拉斯—沃斯堡	522.18	2 331.0	深圳	1 035.79	2 020.0

其次，本书对南京都市区发展的阶段性进行了相关验证，分别取其相关区域及其自身城市化率和城郊的人口规模进行比较。2008 年中国的城市化率为 45.7%，预计将在“十二五”期间达到 50%，2009 年江苏城市化率已达到 55.6%①。《南京市城市总体规划(2001—2010 年)》显示，2000 年南京市的城镇化水平为 69.5%，已超过 50%。这都意味着江苏等沿海地区的中心城市，特别是南京的发展即将迎来都市区化快速发展的阶段。并且南京郊区人口从 2000 年的 140.62 万增长到 2009 年的 341 万，近三年的增长速率远高于城区人口的增长，在全市人口中的比重也达到 49.714%(表 4-4)。

表 4-4 南京市统计年鉴中的城区、郊区人口情况统计表

	2000 年	2007 年	2008 年	2009 年
城区(万人)	251.07	331.39	339.63	344.92
郊区(万人)	140.62	327.02	335.74	341.00
郊区人口所占比重(%)	35.901	49.668	49.712	49.714

再者，南京郊区各区县非农产业比重均达到了 90%以上，非农从业人员比重均超过了 78%，这在经济结构上超过了周一星等学者对中国都市区设定的指标要求(表 4-5)。同时，2008 年南京市第三产业从业人员总数和增加值均超过第二产业，与北京、上海、广州

① 徐昌强，郭垦，孙湛波. 2010. 中国城市发展报告(2009)[M]. 北京：中国城市出版社.

等一线城市呈现出一致性。

表 4-5　2008 年南京全市及中远郊区非农经济、非农从业人数比重统计表

经济指标	全市	栖霞区	浦口区	江宁区	六合区
非农经济比重(%)	96.64	98.74	93.1	95.24	92.69
人口指标	全市	栖霞区	浦口区	江宁区	六合区
非农从业人数比重(%)	87.76	89.37	78.08	80.30	89.48

综上，南京都市区应该处在郊区人口即将超过城区人口的过渡期，其应该具备美国都市区发展中 20 世纪 70 年代以后的发展特征。就国内城市发展而言，南京已经进入了有别于一般城市发展的城市化阶段，即是都市区化阶段。

2）劳动力市场发育

1978 年以前，南京市的劳动就业工作基本上实行“统包统配”的就业政策，这种就业政策是将所有需要就业的人员由国家包下来统一分配工作。随着经济的发展、企业自主权的扩大和各种形式经济责任制的普遍推行，这种制度堵塞多种就业渠道、人为控制劳动力流动、制约劳动者积极性的充分发挥等弊端渐趋突出。1978 年以前的南京与全国其他城市一样都不存在劳动力市场，并且当时的就业制度主要存在以下三个问题。

第一个是政府通过计划制定一定数量的招工指标来限制企业的用工，使得企业无法按照自身需求进行自主招聘；第二，“统包统配”的就业制度限制了劳动者自由选择职业的可能；第三，固定工为主体的用工制度将劳动者绑定在安排好的工作岗位上，既不能辞退，又不能让其自由流动(张明龙，2009)。

中共十一届三中全会制定了改革开发的政策后，南京的劳动就业工作也由计划经济体制下的“统包统配”逐步走向市场经济体制下的市场就业。南京在全国率先推行劳动服务站策略，广开就业渠道。首先从返城知青等城镇青年就业服务开始，逐步向农村人口进行扩张，为城乡劳动力的就业提供广阔的平台。以职业中介机构的发展为标志，南京已经形成了体系较为健全的城乡劳动力市场，1987 年全市 15 个区县都开设了劳务市场(束瑞和等，1999)，至 2007 年南京市共有职业中介数量 222 家，其中非营利性的有 115 家(表 4-6)。此外，还有各个高校的就业服务中心和专门针对农民工就业的农民工劳动力市场，等等。这些中介与政府及大中专院校就业管理部门共同构筑了南京都市区的就业服务体系。

表 4-6　2007 年南京市职业介绍机构数量统计表

单位属性	级别	数量(家)	其中非营利性(家)
劳动部门直属	市区级	24	24
	街道级	72	72
非劳动部门		126	19
合计		222	115

进入城乡统筹发展阶段以后，国家也开始出台相关的政策为市场经济下的劳动力市场铺平道路，特别是近年来大力推进的劳动保障制度。南京市从 2009 年 4 月以来大力推行城镇职工基本医疗保险市级统筹工作，目前已经初步实现市区和三区两县的同城联网结算，达到了城镇职工参保人员跨区县刷卡就医的目的。在医疗保险和住房公积金方

面也出台了《南京市企业职工基本养老保险关系》等相关政策文件，以保障就业者不会因为工作岗位的变化而丧失已有的社会保障。

由此而言，南京市劳动力市场也具备了在都市区内自由流动的基础。当然，目前的就业保障也存在不足，主要是受到行政区划和户籍的限制，受益面只能局限于南京居民或城镇职工，对于外来从业人员和农村职工则无法全面顾及。因此，其劳动力市场尚存在一定的制约。

3）通勤情况

根据《南京市城市总体规划纲要（2007—2020 年）》和《2010 年南京交通发展年度报告》的数据显示，南京市居民的出行结构中，自行车、步行和公交始终占据前三的地位，乘坐出租车和私家车的居民呈现上升趋势，而骑摩托车出行的居民比重则在下降（图 4－4）。同时，将南京市 2009 年的居民交通出行结构与美国 2000 年的通勤结构进行比较（图 4－5），可以发现：南京市在步行、公交等出行方面高于美国城市平均水平，但是在自驾车、合用车方面远远低于美国。

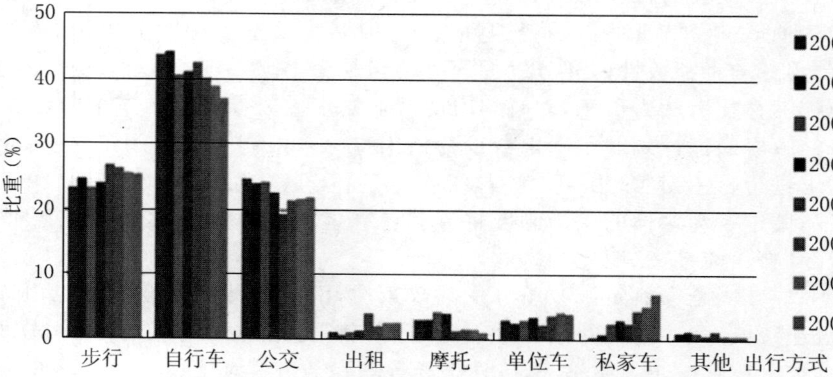

图 4－4　2002—2009 年南京市城市居民出行结构图

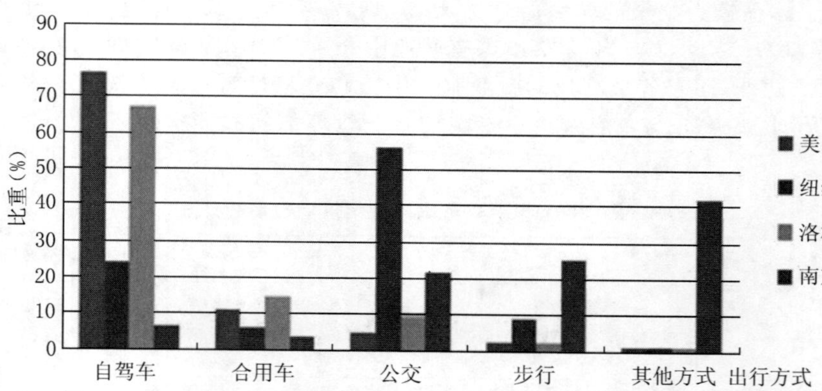

图 4－5　2009 年南京交通出行结构与 2000 年美国城市通勤结构比较图

从通勤时间上来看，南京都市区的通勤时间并不低于美国都市区。根据相关资料的显示，2009 年中国 50 个代表性城市的单程通勤时间平均为 42 分钟，其中北京最高，达到 52 分钟；南京排名第六，为 37 分钟，高于 2000 年除纽约和芝加哥之外的美国所有城市（表 4－7）。如果以美国都市区的平均通勤时间 30 分钟为门槛的话，南京的通勤时间已经超出了 7 分钟。

表 4-7　南京与其他城市和国家通勤时间比较表

城市	中国	北京	南京	美国	纽约	洛杉矶
通勤时间(分钟)	42	52	37	29.3	39	28.1

虽然由于统计口径不一致等因素的干扰,南京在交通出行结构上与美国的城市存在较大的差别,但是其私家车出行的比例却在逐年上升,且有关数据也表明南京市私人小汽车通勤交通的比重会越来越大。《2010 年南京市交通发展年度报告》显示,早高峰时间乘坐私家车上班的居民已由 2008 年的 7.8%升至 2009 年 10.3%,并且 2009 年底南京市私人小客车的保有量增至 36.1 万辆。这些数字都体现了私家车通勤的巨大潜力。此外,《南京城市总体规划纲要(2007—2020 年)》显示,2007 年南京居民的出行距离与 1997 年相比增长了约 44%,从 4.5 km 增长到 6.5 km。

综合三个门槛条件的验证,南京都市区虽然有些条件与西方发达国家的都市区难以完全一致,但是其发展趋势却呈现出一致性。因此,南京已经达到了都市区就业空间研究的三个门槛条件,本书对其进行研究符合研究前提。

4.2.3　南京都市区化的重要事件

2000 年以来,南京明确提出发展都市区的思路,并在近 10 年的发展中主动或者被动地强化这一发展思路。

1) 城市总体规划修编的强化

城市总体规划不仅在 2001 年提出了都市发展区的概念,在 2008 年新编制的总体规划纲要中也进行了扩充和完善,并正式推出都市区的概念(表 4-8),在空间、设施、产业、机制等方面提出相应的支持策略对这一思路的实施予以支撑,包括提出了多中心发展等一系列具体措施。

2) 行政区划调整的推进

南京市政府通过行政区划调整不断扩大郊区的规模,从 1979 年到 2003 年的 24 年间,南京郊区的行政辖区数量由三个增至六个,面积扩大超过六倍(表 4-9)。特别是 2000 年以来,增长最为迅速,郊区面积由 802.67 km^2 扩展至 4 463.02 km^2。由此在都市区发展方面保证了城郊协调的基础,有力地统筹了城郊一体化发展,为城郊一体化市场的形成奠定了良好的现实基础。

表 4-8　南京都市区在两次规划编制中的基本情况表

来源	概念	范围	面积
《南京市城市总体规划(2001—2010 年)》	都市发展区:城市规划区内以长江为依托,以主城为核心,以主城、新市区和新城为主体,以绿色生态空间相间隔,以便捷的交通相联系的高度城市化地区	长江自上游慈湖河至下游大道河;北岸至老山北麓、雄州、玉带;南岸南至牛首山、祖堂山西麓,东南至青龙山、大连山,东北至龙潭。具体地域为玄武、白下、秦淮、建邺、鼓楼、下关、雨花台、栖霞、浦口和大厂等区的全部,江宁区的东山、东善桥、江宁、铜井、谷里、上坊、淳化、上峰、汤山、麒麟等乡镇,江浦县的珠江、桥林、乌江、星甸、汤泉等乡镇,六合县的雄州、东沟、横梁、龙袍、玉带等乡镇	总面积约为 2 947km^2,占市域总面积的 45%

续表 4-8

来源	概念	范围	面积
《南京市城市总体规划纲要(2007—2020年)》	都市区：规划将市域"两带一轴"交汇地区以长江为依托，以现代服务业、都市型产业功能为主导，以新街口为中心，以轨道交通45分钟出行为半径所覆盖的地区。都市区是南京高度城市化地区，高层次产业结构承载区，体现城乡空间高品质的地区	包括城区、栖霞、雨花台、江宁、浦口全部和六合区大部，以及溧水柘塘地区。南京都市区范围包括了南京市区的大部分地区，长江全线均在都市区之内，同时包括了禄口和马鞍山国际机场	总面积约为4 388 km^2

表 4-9　南京郊区行政区划调整表

年份	郊区含行政区	变化	数量(个)	面积(km^2)
1979	栖霞、雨花台、浦口	—	3	775.74
1980	栖霞、雨花台、浦口、大厂	大厂划入郊区	4	802.67
2002	栖霞、雨花台、浦口、大厂、江宁	江宁划入郊区	5	2 398.73
2003	栖霞、雨花台、浦口、江宁、六合	江浦、六合划入郊区	6	4 463.02

3）工业、居住郊迁的强化

郊区化是都市区化的前奏，郊区城市功能的提升和强化使得都市区内的城市功能重新进行分配。特别是我国社会主义市场经济体制日益完善的阶段，就业和居住已经逐渐摆脱了传统计划经济体制下"单位模式"安排，呈现出中心城区工业企业和居住人口向郊区迁移的特征。特别是大型开发区及工业园区的建设及迅速发展，不仅带动了工业化的郊区进程，而且促使郊区的就业岗位大幅上升，使得郊区在都市区就业格局中的角色更加重要。此外，南京十运会的举行、南京青奥会的落户和京沪高铁建设等一系列的"大事件"也大大推动了河西(建邺区)和雨花台区等近郊区的空间拓展，仙林大学城的开发建设也加速了栖霞区与中心区的衔接。这一郊迁趋势的增强表明了南京正处在一个郊区化快速发展、都市区化逐渐成形的阶段。

4）城郊交通通道的推进

城郊之间便捷的交通是形成密切城郊联系、构建一体化市场的关键支撑。近几年来，南京市跳出旧城框架，通过地铁一号线(2005年开通)、二号线(2010年开通)的带动，对西部奥体新城、东部仙林大学城、南部东山新城进行开发，成功拉开了都市区发展的空间框架。其次，广开多种融资渠道，建成并通车包括二桥(2001年开通)、三桥(2008年开通)、过江隧道(2010年开通)等多条线路在内的长江南北联系通道，大大地拉近了长江南北的时间距离，加大了二者的一体化进程。

4.3　南京都市区地域结构抽象模式

4.3.1　城郊的划分

《南京市统计年鉴》中对城区和郊区的划定标准随着时间的迁移而改变。《南京市统计年鉴》(1979年)中将鼓楼、玄武、白下、下关、建邺、秦淮六个行政区定为城区，将栖霞、雨花台、浦口三个行政区定为郊区。其中城区的划分一直沿用至今，郊区的数量和区域不断发生变化，到目前为止，郊区包括栖霞、雨花台、浦口、江宁、六合五个行政区。总体而言，郊区所含单位数量不断增多，面积不断扩大，空间上不断向外延伸（表 4－10）。

表 4－10　南京统计年鉴对城区郊区的地域划分表

年份	城区	郊区	县
1979	鼓楼、玄武、白下、下关、建邺、秦淮	栖霞、雨花台、浦口	江宁、江浦、六合
1980	鼓楼、玄武、白下、下关、建邺、秦淮	栖霞、雨花台、浦口、大厂	江宁、江浦、六合
1983	鼓楼、玄武、白下、下关、建邺、秦淮	栖霞、雨花台、浦口、大厂	江宁、江浦、溧水、高淳、六合
2002	鼓楼、玄武、白下、下关、建邺、秦淮	栖霞、雨花台、浦口、大厂、江宁	江浦、溧水、高淳、六合
2003	鼓楼、玄武、白下、下关、建邺、秦淮	栖霞、雨花台、浦口、江宁、六合	溧水、高淳

这一统计标准上的城郊划分虽然便于统计工作的开展，但是并不与城市功能发展的实际情况相匹配。众所周知，城郊的划分是随着城市功能的发展和完善而不断调整的，而不是单纯的行政区划调整。因此，上述城郊的分区标准具有一定的片面性，本书根据 2001 年南京市总体规划对主城区空间结构的划分（图 4－6），对南京市的城郊划分进行修正和细化（图 4－7）。

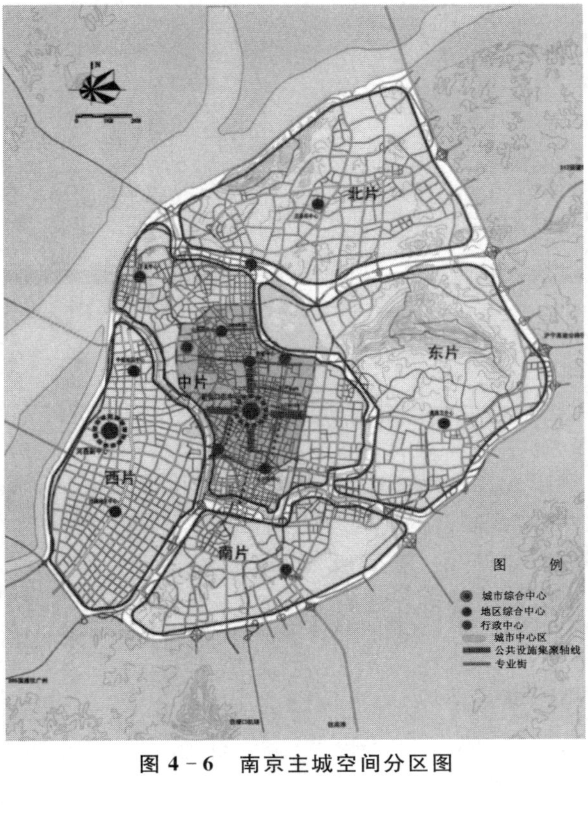

图 4－6　南京主城空间分区图

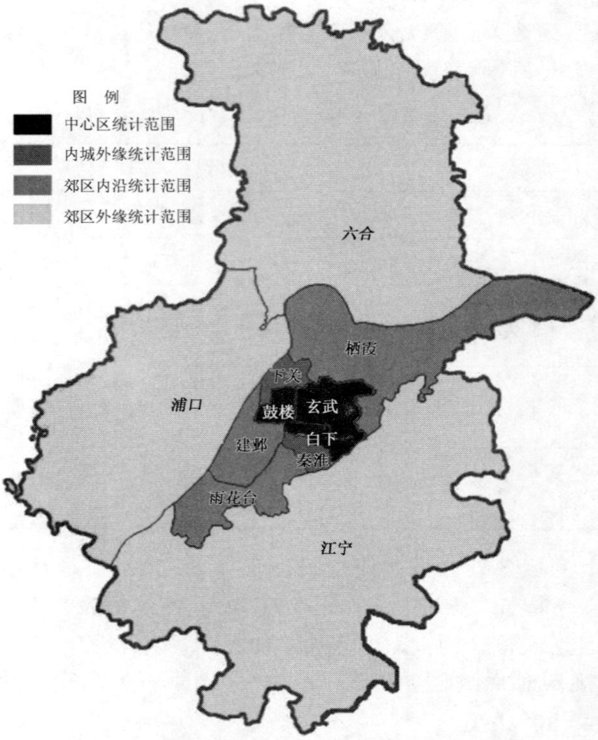

图 4－7　南京都市区各圈层统计范围修正图

南京都市区的城郊可按照表 4－11 进行划分，即城区分为中心区和内城外缘，郊区包括郊区内沿和郊区外缘。

表 4－11　本书使用的南京都市区城郊划分统计表

一级城郊	二级城郊	涉及城市功能区	统计单位
城区	中心区	中片中心区	鼓楼、白下、玄武
	内城外缘	中片外缘	下关、秦淮
郊区	郊区内沿	东片、西片、南片、北片	建邺、雨花台、栖霞
	郊区外缘	六合、浦口、江宁	六合、浦口、江宁

考虑到统计数据的获取途径，中心区的统计单位按照鼓楼区、白下区、玄武区进行计算，内城外缘按照下关区、秦淮区进行计算，郊区内沿按照建邺区、雨花台区、栖霞区进行计算，郊区外缘按照六合区、浦口区、江宁区的数据进行计算。

如按照严格的分区划分标准，玄武区、白下区及江宁区会有一部分土地属于近郊区的范畴，栖霞区有一部分属于郊区外缘的范围，但是考虑到统计数据获取的便利性，在把握住各分区主体统计单元的基础上，也可将这些干扰因素适当忽略掉。

4.3.2　都市区空间结构模式归纳

在上述分区的基础上，本书结合南京市的自然地理格局对南京都市区的空间模式进行了提炼和归纳（图 4－8）。

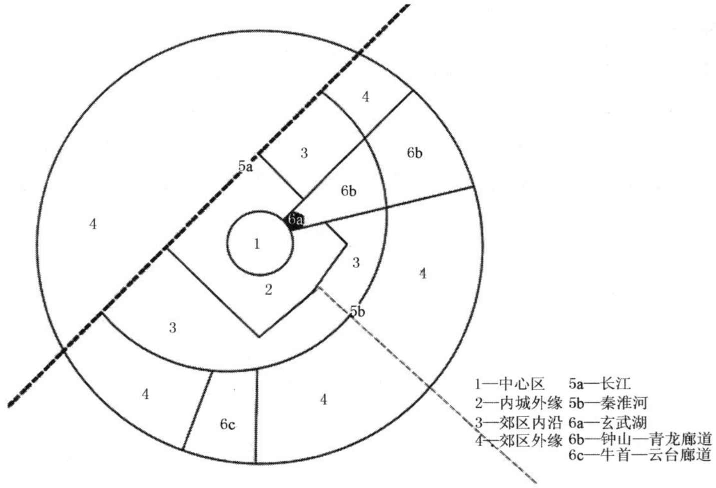

图 4－8　南京都市区地域结构模式图

首先考虑南京地域结构中重要的自然因素——长江和秦淮河。长江是城郊划分的重要边界之一，而秦淮河则是南京内城与郊区划分的参考标志之一。其次，考虑到钟山等生态廊道横跨城郊的区位。最后，再将南京市的行政区划格局进行抽象归纳，与上述因素进行综合叠加，最终得到南京都市区的地域空间结构模式。

图 4－8 中“1”是中心区，传统的三次产业集聚的中心，就业密度高值聚集的地方，基本上是以现有的城市中心新街口为圆心，包括鼓楼、白下和玄武的人口密度较高的部分。

图 4－8 中“2”是内城外缘，其边界大致是中片的外围线，包括秦淮、下关在内，是南京旧城区的部分。

图 4－8 中“3”是郊区内沿，包括栖霞、雨花台和建邺在内。这一部分是新中国成立以来，南京重点开发的地区，因处于南京旧城的外围，这部分也可被称作近郊区。

图 4－8 中“4”是郊区外缘，包括浦口、六合和江宁在内，这部分也可被称作中远郊区。

图 4－8 中“5a”和“5b”分别是长江和秦淮河两条河流；“6a”、“6b”、“6c”分别是玄武湖、钟山—青龙廊道和牛首—云台廊道。

4.4　小结

南京在国内的众多城市中并不在一线城市的行列，其在总量规模上与北京、上海、广州存在一定的差距。面对目前国内研究多以北京、上海和广州作为案例而言，南京是否有资格作为实证对象进行研究是本书首先要解决的问题。

（1）南京作为实证对象符合都市区就业空间研究的门槛条件

本章首先就南京是否符合都市区就业空间研究的发展阶段、劳动力市场和通勤情况三个门槛条件进行了印证。与美国都市区的发展相比较，虽然南京都市区目前的特征不能与其完全相同，但是在趋势上呈现出较高的一致性，由此从基础上解决了南京作为实证对象的质疑。

（2）南京都市区进入 21 世纪后发展迅速

2000 年以来，南京城市总体规划确立了南京都市区的发展思路，经过 10 年的发展，都市区的框架已经逐渐成形。南京都市区通过行政区划调整统筹城郊一体化发展，通过市场调节实现城郊居住、就业一体化发展，通过地铁、过江通道等交通条件的改善，实现城郊联系的紧密化。

(3) 南京都市区的城郊划分依据与统计口径存在不一致性

长期以来，《南京市统计年鉴》中对于城郊的划分与城市行政区划设置高度一致。而都市区城郊的划分是以城市功能区的扩展为基础，这与统计年鉴中的划分标准存在一定的冲突。由此，本书将二者结合起来，重新对南京都市区城郊的划分进行了修正，从而达到较为实际地反映城郊发展变化的目的。

5　南京都市区就业空间分区格局演化

作为一个都市区而言，劳动力在空间上的自由流动尤为重要(丁成日等，2005)。对于都市区空间的研究而言，中心区和郊区之间的关系是一个永恒的话题。正是由于就业者在这两个空间层次上的往返流动而产生了通勤流，促进了都市区内部紧密的交流，从而形成了大都市区的一体化空间格局。

现有就业空间分区格局演化的研究成果集中在经济空间系列方面，它与郊区化的研究关系紧密。在已有的成果中，学者们大多已意识到郊区化带来的郊区就业空间的增长，这包括郊区就业人口数量增加和就业用地面积增长的态势。这具体表现在三次产业分布情况上面，第一产业、第二产业在中心区开始衰退，其发展的重点向郊区转移，而第三产业则在都市区各个圈层整体增加(冯健，2005；王旭，2005；何琼，2010)。在整体层面职住平衡的研究中，孙斌栋等(2008)以上海各区县 1996 年、2001 年和 2004 年三年的数据为基础，通过分析得到上海市整体职住平衡性变低的态势，而周素红等(2006)则利用 1990 年和 2000 年的数据，得出广州市的居住—就业均衡性增强的趋向。由此来看，这两个城市在整体职住平衡性演化方面并未表现出一致性。

南京市都市区的就业空间演化也会映射出郊区化的影子，这在很大程度上促进了郊区就业空间的扩展，但是郊区的增长是否会引起中心区就业岗位的流失和就业总量的下降？这个问题值得关注。

研究就业空间分区格局演化的意图是对都市区内各分区的就业要素演化情况进行分析。按照前文对就业空间概念及内涵的解析，其空间分区就业格局演化分析需要从就业人口空间分布、就业用地的空间分布和分区职住关系变化的角度入手。

本章通过对 2000 年以来南京市就业空间的格局变化进行分析，其空间落脚点在都市区空间结构的中心区、内城外缘、郊区内沿和郊区外缘四个空间圈层上面，通过南京市辖内 11 个行政区的就业人口、就业用地在空间上的分布变化和职住关联程度的变化来对南京都市区就业空间在近 10 年来的变化趋势加以探究，归纳出南京都市区整体就业空间格局演化的特征。

本章的数据基础主要集中在分区这一层面，文中 2001 年就业岗位的数据来自《江苏省第二次基本单位普查资料汇编》、2004 年和 2008 年的就业岗位数据分别来自《江苏经济普查年鉴 2004》和《江苏经济普查年鉴 2008》，如采用其他来源的数据，本书也做了相应标注。

5.1　就业岗位分布演化

劳动力在不同空间上的分布规律是就业空间研究的重要内容之一，“区位论”等古典的地理学理论很早就开始了对这一方面的研究。本章就业岗位分布在空间上的演化主要体现在南京都市区第二、第三产业就业岗位在都市区不同圈层之间的数量分布上的变化。

本节的分析从以下三个角度出发：一是就业岗位总量在空间上的变化，二是分类型就业岗位在空间上的变化，三是分产业就业岗位在空间上的变化。

5.1.1 就业岗位总量在空间上的演化

近年来，南京都市区内的第二、第三产业就业岗位总量在不同圈层上的变化呈现出以下几个特征。

1）城郊持续增长，二者趋近平衡

自 2001—2008 年底，南京都市区的第二、第三产业从业人员总量呈现上升趋势。根据经济普查数据显示，2008 年第二、第三产业从业人员总数达到 284.7 万，较 2001 年增长了 24.93%。并且从城郊两个空间区域的变化来看，二者总量的差距日渐缩小，数量上趋近平衡，而且郊区近年来在增量上占据优势，2008 年城郊二者从业人员数量比例达到 0.93，郊区从业人员超过城区 10.4 万人（图 5-1，表 5-1）。

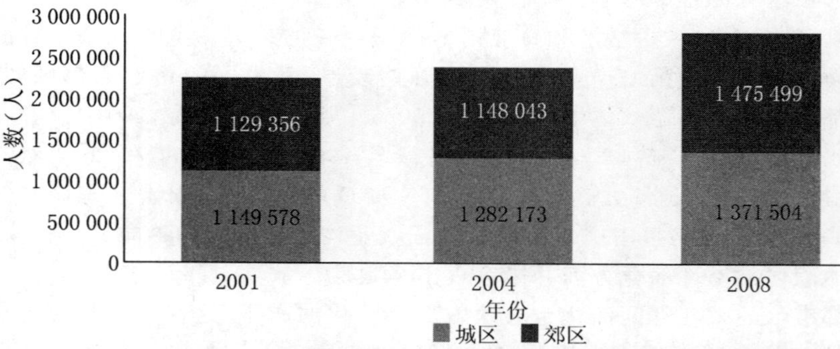

图 5-1　2001 年、2004 年、2008 年南京都市区城、郊区就业总量变化图

表 5-1　2001—2008 年城郊区域就业总量差距一览表

年份 / 指标	2001	2004	2008
城郊比例	1.02	1.12	0.93

注：城郊比例指标均按照城在先、郊在后的习惯计算。

表 5-2　2001—2008 年都市区不同圈层的增长率一览表

区域	增长率(%)
中心区	21.75
内城外缘	9.77
郊区内沿	13.78
郊区外缘	40.59

2）空间格局两端高开，中段低走

按照都市区四个圈层的空间划分，其就业总量自 2001 年来呈现出“两端高开，中段低走”的特征。

“两端”是指中心区和郊区外缘，这两个部分分别位于都市区的最中心和最外缘。根据 2001 年、2004 年、2008 年三年数据面板的显示（表 5-2），中心区的就业岗位总量增长率达到 21.75%，郊区外缘达到 40.59%，这两者巨大的增量显示了南京都市区就业空间“两端高开”的特征。这也与目前郊区外缘与中心区在整个都市区就业格局中地位相匹配，二者之和占到总量的 74.22%（图 5-2）。

从分段统计的情况来看，2001—2004 年从业人数增长率中心区占有绝对优势，虽然 2004—2008 年中心区和内城外缘仍然是增长状态，但是其从业人数增长率不仅相对于前一阶段变缓，而且远低于郊区（表 5-3）。经过分析，这主要是由三个原因造成的：一是行政区划调整，近郊区的部分就业密集街道调整至中心区；二是由于中心区巨大的就业基

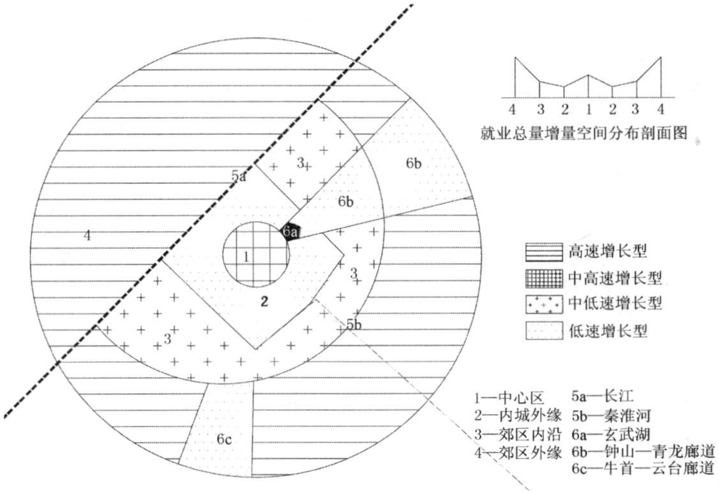

图 5-2 都市区就业岗位总量分区增长模型图

数变得提升缓慢；三是因为中心区就业需求类型趋向高端。

表 5-3 2001—2008 年都市区不同圈层的增长率一览表

区域	2001—2004 年增长率(%)	2004—2008 年增长率(%)
中心区	23.83	10.29
内城外缘	9.32	3.78
郊区内沿	−17.03	21.99
郊区外缘	6.60	31.89

“中段”是指内城外缘和郊区内沿，二者近八年来的就业岗位数据也是呈现上升趋势，但是增长率远低于中心区和郊区外缘(图 5-3)。

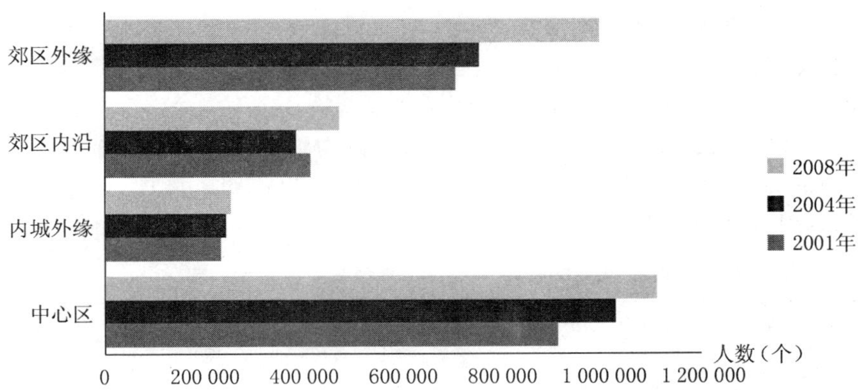

图 5-3 2001 年、2004 年、2008 年南京都市区各圈层就业岗位数量变化图

5.1.2 分类型就业岗位在空间上的演化

全国经济普查数据把从业人员的类型大体分为两类：一类是法人单位从业，一类是个体经营户从业。这两种方式在经营和运作方式上存在一定的差别，其中法人单位从业方式较个体经营户而言，在经营规模上更胜一筹，多数企业都属于这一范畴。

1）单位整体占优，个体增长明显

数据显示，法人单位型从业人数在南京都市区处在绝对的主导地位，其比重占到全部统计就业人数的83%以上。虽然近年来个体从业人数有所上升，尤其是2001—2004年其所占比重由10.14%上升到16.81%，构成了这一阶段南京都市区从业人数上升的主力，但是法人单位从业与个体从业之间的大格局并未发生太大改变（表5-4）。

表5-4　2001年、2004年、2008年南京都市区单位、个体从业情况一览表

年份	2001		2004		2008	
类型	数量（个）	人数比重（%）	数量（个）	人数比重（%）	数量（个）	人数比重（%）
单位	40 887	89.86	42 275	83.19	55 690	83.03
个体	126 093	10.14	180 381	16.81	185 101	16.97
合计	166 980	100.00	222 656	100.00	240 791	100.00

从总量上看，两种类型的就业比重在城郊两个层次基本维持不变。其中城区和郊区法人单位从业人数比重约为1∶1，而郊区个体经营从业人数占到都市区的60%左右（表5-5）。

表5-5　2001年、2004年、2008年南京都市区单位、个体从业分区比重一览表

年份	2001		2004		2008	
区域	单位从业比重（%）	个体从业比重（%）	单位从业比重（%）	个体从业比重（%）	单位从业比重（%）	个体从业比重（%）
城区	49.72	34.32	55.35	39.95	50.34	39.32
郊区	50.28	65.68	44.65	60.05	49.66	60.68
合计	100.00	100.00	100.00	100.00	100.00	100.00

2）单位从业"两极分化"，个体从业中心"一头独大"

从增长率上看，四个圈层的就业岗位呈现不同的增长特征（表5-6）。其中法人单位从业人数的增长是"两端高速增加，中段负向减少"，即中心区和郊区外缘的增长率分别达到20.65%和31.29%，而中段的内城外缘和郊区内沿的增长率都呈现出负向增长，特别是郊区内沿的单位就业岗位增长率为－12.48%，这也说明郊区内沿虽然法人单位数量持续增长，但其就业规模却在变小，由此造成了总体从业人员的减少。

表5-6　2001—2008年分类型从业人员增长率

区县名	单位从业人数增长率（%）	个体经营户人数增长率（%）
中心区	20.65	167.14
内城外缘	－1.68	89.30
郊区内沿	－12.48	87.82
郊区外缘	31.29	94.01
都市区平均	14.72	107.86

而对于个体从业人员从空间上的变化来看，四个区域呈现出中心区“一头独大”的特征，即中心区的增长率达到167.14%，远高于其他三个区域（图5-4）。

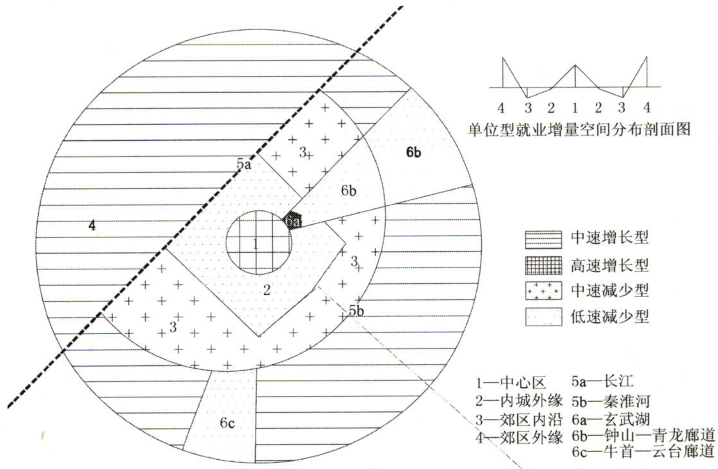

图5-4 南京都市区法人单位型就业岗位分区增长模型图

3）单位从业男性主体地位稳固，男女差距由城向郊扩大

根据已有资料男女从业人数的统计情况，可以得到南京都市区2001年、2004年和2008年法人单位从业人数中男女性别比值的变化情况。它体现了数值上随年度递增，空间上由内向外圈层式扩大的特征。首先，男女性别比从2001年的1.61递增至2008年的1.88，这说明在法定单位从业类型中，男性比重要高于女性，并且这一差距在逐年拉大（表5-7），无论是城区还是郊区都体现了这一递增特征。其次，城区的就业者男女性别比值低于郊区，由内向外逐渐扩大。2008年，全市的法人单位就业者中男女性别比值为1.88，其中中心区为1.74，郊区内沿为1.99（表5-8）。

表5-7 2001年、2004年、2008年南京都市区城、郊法人单位从业人数男女性别比

年份 区域	2001	2004	2008
全市	1.61	1.74	1.88
城区	1.55	1.69	1.78
郊区	1.67	1.79	1.99
城郊差距	0.12	0.10	0.21

表5-8 2001年、2004年、2008年南京都市区分圈层法人单位从业人数男女性别比

年份 区域	2001	2004	2008
中心区	1.56	1.71	1.74
内城外缘	1.52	1.69	1.96
郊区内沿	1.66	1.87	1.99
郊区外缘	1.67	1.74	1.98

4）单位从业中心区高学历人员集聚，低学历人员增速较低

法定从业单位中各个学历层次的从业人员密度均呈现出从中心到外围梯度下降的格局。2008 年中心区高学历的从业人员就业密度最高，郊区外缘最低（表 5－9）。在四个圈层中，具有高中学历的从业人口比重最大，研究生及以上学历的从业人员数量最少。

表 5－9　2008 年各圈层不同学历从业人员密度表　（人/km²）

地区	中心区	内城外缘	郊区内沿	郊区外缘
具有研究生及以上学历人员	590.04	62.46	20.40	4.25
具有大学本科学历人员	2 435.94	586.59	115.49	22.36
具有大专学历人员	2 609.80	940.77	139.07	31.95
具有高中学历人员	3 193.22	1 379.70	254.93	65.73
具有初中及以下学历人员	1 797.58	858.99	180.84	74.15

从 2004—2008 年增长率来看，四个圈层高学历的从业人数均以较高速率在增长，而低学历的从业人员增速较低（表 5－10）。四个圈层大专以上学历的从业人数均在增长，中心区和内城外缘的高中学历及以下从业人员呈现下降态势，郊区内缘具有初中及以下学历从业人员的数量也在减少，只有郊区外缘的三个区各个层次的从业人员均在增长。

表 5－10　2004—2008 年各圈层不同学历从业人员增长率　（%）

地区	中心区	内城外缘	郊区内沿	郊区外缘
具有研究生及以上学历人员	78.17	108.17	258.21	326.01
具有大学本科学历人员	34.17	57.34	122.91	117.79
具有大专学历人员	2.11	34.02	172.68	75.54
具有高中学历人员	－12.72	－6.11	20.90	27.77
具有初中及以下学历人员	－3.31	－28.07	－17.96	11.58

5.1.3　分产业就业岗位在空间上的演化

本节对南京都市区统计范围内的就业岗位按照产业和行业的分类，对其在都市区内不同空间圈层的分布演化进行分析。

1）第三产业整体上升，第二产业逐步下降

首先，在第二、第三产业各自比重方面，南京都市区呈现出由中心区向郊区外缘梯度性的变化趋势。

中心区产业人口表现出第三产业主导，第二产业下降的特征。其中第三产业从业人数在整个都市区中的比重始终大于 50%，而第二产业从业人员降至 20%以下。第二产业从业人员降幅较慢，主要是由于中心区诸多建设工程的需要，还存在大量的建筑业从业人员。内城外缘两个区的从业人员的变化特征是第二、第三产业均衡，第二产业下降。虽然内城边缘的从业人员在整个都市区内占的比重较小，但是其在第二、第三产业方面分布比较均匀。郊区内沿三个区经过八年的变化，呈现出第二、第三产业均衡，第三产业上升的特征。该区从事第二、第三产业的人员各自的比重差距基本控制在 10 以内。郊区外缘的三个区呈现出第二产业主导，第三产业上升的特征。特别是第二产业从业人员

的比重始终占到整个都市区的41%以上,第三产业从业人员比重由16%上升到18%,增速缓慢(表5-11)。

表5-11　各圈层第二、第三产业从业人员数量在都市区内的比重一览表　(%)

区域	2001年		2004年		2008年	
	第二产业比重	第三产业比重	第二产业比重	第三产业比重	第二产业比重	第三产业比重
中心区	23	58	23	60	19	54
内城外缘	9	11	9	12	8	11
郊区内沿	27	15	22	12	18	16
郊区外缘	41	16	46	16	55	19
合计	100	100	100	100	100	100

其次,在四个圈层内从事第二产业与从事第三产业人数的比重虽然始终大于1,但是整体走向却在持续下降,这说明第三产业从业人数增速要快于第二产业从业人数。位于中心区与内城外缘的几个区,二者从业人数的比重始终小于1,并且呈现逐年下降趋势,显示出内城第三产业从业人员比重上升的趋势。郊区的六个区二者从业人数的比重始终大于1,并且在2001—2004年该比重有明显的上升,2004年郊区内沿和外缘分别达到2.217和3.203(表5-12),这也与当时政府确定郊区以制造业为主导的发展思路相印证。而在2005年后,各级政府力求转型发展,注重服务业发展的思路开始占据上风,服务业的从业人数增长又超过了第二产业。

表5-12　第二产业从业人数与第三产业从业人数比重一览表　(%)

区域	2001年	2004年	2008年
中心区	0.430	0.426	0.367
内城外缘	0.895	0.853	0.754
郊区内沿	1.947	2.217	1.181
郊区外缘	2.781	3.203	3.152
都市区平均	1.082	1.072	1.056

通过对2004—2008年分产业从业人员增加率的计算结果可以发现(表5-13),四个圈层第三产业从业人员均呈现出增长趋势,并且增长率均超过10%,但是第二产业从业人员中只有郊区外缘大幅增长,其他三个圈层表现为负向增长(图5-5)。

表5-13　2004—2008年分产业从业人员增长率

区域	第二产业从业人员增加率(%)	第三产业从业人员增加率(%)
中心区	−2.88	12.70
内城外缘	−1.56	11.43
郊区内沿	−2.28	64.55
郊区外缘	39.63	41.21
都市区平均	17.00	23.50

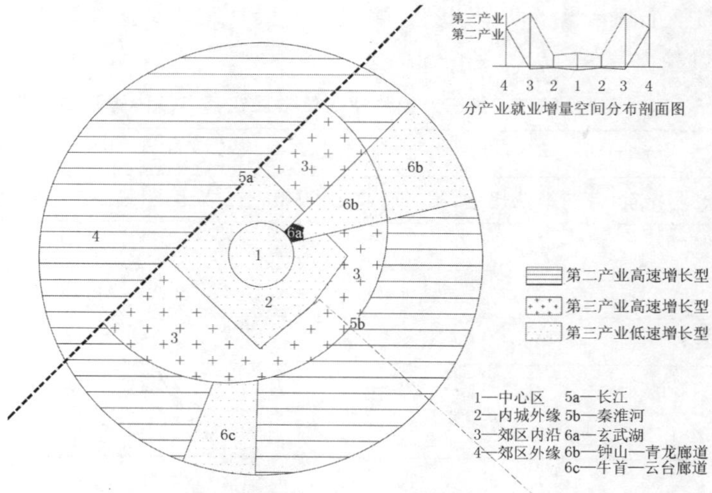

图 5-5 南京都市区分产业就业岗位分区增长模型图

2）主导行业内城不断变化，郊区维持稳定

从前三名的行业类型变化来看，内城区的变化比较大，特别是中心区，而郊区行业排名比较稳定。

中心区变化比较大，三个年份就业人数首位的行业更换了三次。先从制造业变成批发零售，再变为建筑业，只有批发零售行始终在前三甲的行列（表 5-14）。由于中心区近年来建设工程量的增多和长期优秀教育资源的集聚，建筑业和教育成为目前从业人员较多的行业。内城外缘内制造业从业人数最多，交通运输和批发零售两个行业是交替领先。郊区内沿从业人数前三名的行业比较稳定，始终是制造业、建筑业、批发零售行业。郊区外缘从业人数前两名的行业比较稳定，分别是制造业和建筑业，而排名第三的行业由批发零售变成了教育。因为随着郊区化的发展，主城区的高校在政府的推动下纷纷向中远郊的浦口、江宁等区设置分校，从而带动了当地教育从业人员的大幅增长。

表 5-14 都市区四个圈层具体年份从业人员数量前三名的行业变化表

年份 区域	2001	2004	2008
中心区	制造业、批发零售、交通运输	批发零售、建筑业、教育	建筑业、批发零售、教育
内城外缘	制造业、批发零售、交通运输	制造业、建筑业、交通运输	制造业、批发零售、建筑业
郊区内沿	制造业、建筑业、批发零售	制造业、建筑业、批发零售	制造业、建筑业、批发零售
郊区外缘	制造业、建筑业、批发零售	制造业、建筑业、教育	制造业、建筑业、教育

注：对于前三名的行业只能统计单位从业人员，个体工商户无法细分。

5.2 就业用地分布演化

就业岗位的增长带动了就业空间用地的增加，自 2000 年以来，南京都市发展区的建设用地面积持续快速增长。以南京市区 11 个区的城镇建设用地为例，2000 年为 375 km^2，2005 年为 575 km^2，至 2007 年达到 682 km^2（不含已批未建用地）。2000—2007 年七年间城市建设用地年均增长达到 40 km^2，这七年是历史上增长最快的时期（南京市规划设计研究院，2009）（图 5 - 6）。因此，有必要对就业用地的演化进行系统分析，通过研究近年来的用地变化情况，为就业空间的发展判断提供数据支撑。

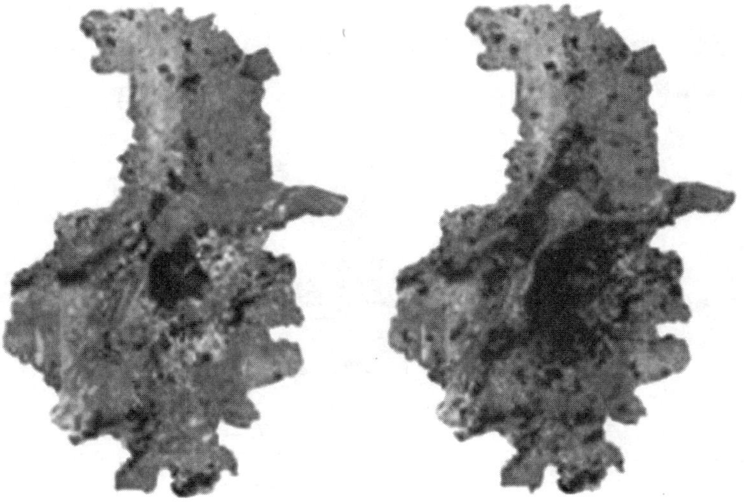

(a) 2000 年　　　　(b) 2007 年

图 5 - 6　2000 年、2007 年南京都市区建设空间扩展卫星图

注：图中深色区块为城镇建设用地。

根据《城市用地分类与规划建设用地标准》（GBJ 137—90）中的城市建设用地分类，考虑各项用地产生就业岗位的对应关系，本书对南京具有代表性的就业行业所对应的用地进行了相关的演化分析（表 5 - 15）。从 2004 年和 2008 年的就业岗位统计情况来看，其中比重达到 5%以上的有制造业、建筑业、批发零售业、住宿和餐饮业五个行业。与此相对应的用地类型分别是工业用地、商业金融业用地。同时考虑到南京市科研教育有较多的特色，本书另选取了教育科研设计用地一并进行分析。

表 5 - 15　南京市具有代表性的就业行业及其用地类型列表

就业人数排名	就业行业	对应用地类型
1	制造业	M 工业用地
2	建筑业	—
3	批发和零售业	C2 商业金融业用地
4	教育	C6 教育科研设计用地

5.2.1　工业用地分布演化分析

在都市区整体建设用地急剧攀升的情况下，南京都市区的工业用地面积也在快速的增长。据有关资料的统计，南京都市区建设用地中工业用地比重由 2000 年的 18.5%增至 2007 年的 25.91%（图 5 - 7），用地面积达到 176.8 km^2，超过了居住用地面积的 156.9 km^2，并在整个都市区中属于比重最大的建设用地类型。

然而，主城区内工业用地的面积并未伴随着都市区内工业用地同比增长。现实的数据显示，其用地面积在 1999 年后就逐步的缩小。其面积在 1999 年约为 31 km^2，2006 年降至 28 km^2 左右（图 5 - 8），其中鼓楼区、玄武区和建邺区减少比较明显。

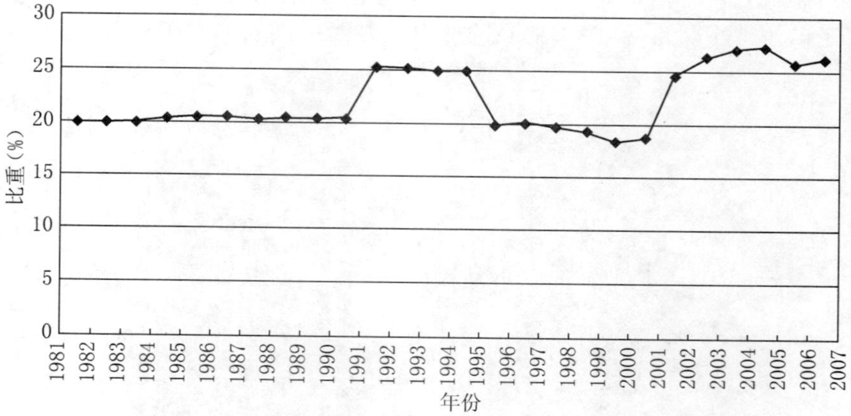

图 5-7　南京都市区内工业用地比例的变化统计图

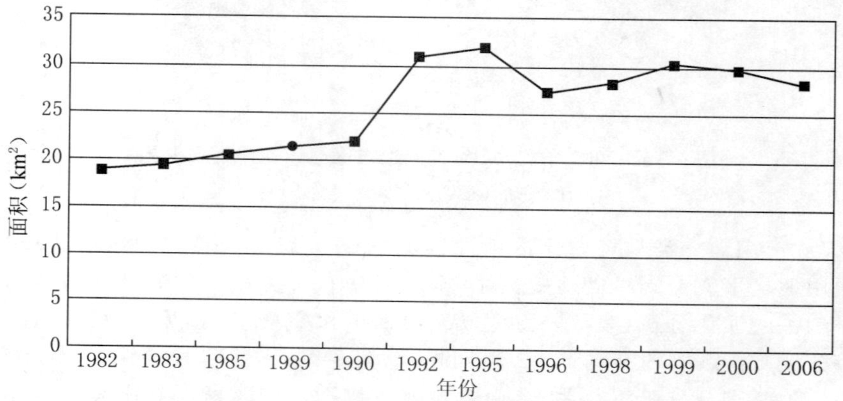

图 5-8　南京主城区工业用地面积变化图

所以,2000 年以来,南京都市区的工业用地增长主要体现在主城以外的空间,即南京都市区的郊区部分。从七年来分别位于不同圈层的行政区内工业用地面积和比重的变化来看,也能体现这一特征(图 5-9)。如位于中心区的鼓楼区工业用地大幅减少,而位

(a) 2000年　　(b) 2007年

图 5-9　南京主城区工业用地现状图(2000 年、2007 年)

于郊区外缘的江宁东山新市区工业用地面积却在迅猛增长(表 5-16)。

当前工业用地主要分布在五大郊区县，即六合、浦口、栖霞、雨花台和江宁，共占当前都市区工业用地的 90%以上，而城区工业用地比例很小。

表 5-16 鼓楼区、下关区、雨花台区、江宁东山工业用地变化表

面积 年份 区名	2000		2008	
	用地面积(hm²)	所占自身比重(%)	用地面积(hm²)	所占自身比重(%)
鼓楼区	280.00	12.52	37.23	1.61
下关区	269.39	11.88	240.10	10.59
雨花台区	1 431.26	29.00	1 858.48	29.59
江宁东山	1 607.92	26.10	2 248.24	37.10

郊区中的工业园区则成为承载都市区工业发展的重要载体。2008 年底，南京都市区范围内有南京高新技术开发区、南京经济技术开发区、南京出口加工区、南京化学工业园区等四个国家级开发区园区，及包括南京经济技术开发区等在内的七个省级开发区园区(图 5-10)。工业园区用地主要沿长江束状交通走廊和宁高、机场高速公路呈带状分布在主城外的市区范围内(规划二环路周边地区)，合计占全市的 87%左右。

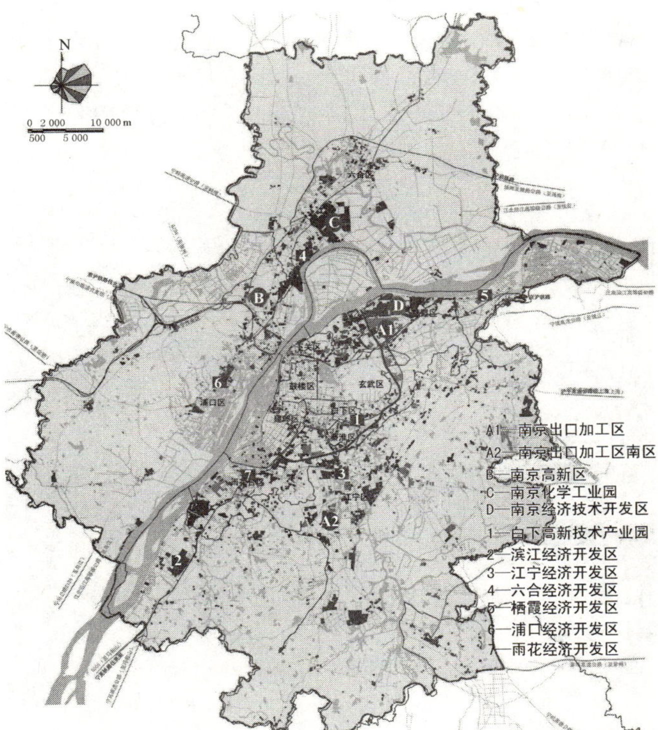

图 5-10 2007 年南京都市区工业用地及工业园区分布

5.2.2 商业金融用地分布演化

商业金融用地也是南京市主要的就业用地类型之一。经过七年的发展，无论是在内城还是郊区，其规模演化都是呈现上升趋势，但空间分布在城郊呈现出不同的特征。

从分别位于不同圈层的鼓楼区、下关区、雨花台区和江宁东山新市区的商业金融用地来看，各圈层的建设用地面积和比重七年来也在不断上升（表 5－17）。

表 5－17 各区县商业金融用地面积统计表

区名＼面积＼年份	2000		2008	
	用地面积（hm^2）	所占自身比重（%）	用地面积（hm^2）	所占自身比重（%）
鼓楼区	130.00	5.61	177.96	7.68
下关区	53.72	2.37	113.75	5.02
雨花台区	110.11	3.01	219.22	3.42
江宁东山	132.35	12.83	190.00	13.09

从空间分布上看，在内城层面，商业金融用地形态由线状模式向片状聚集发展；在郊区层面，郊区内沿区域的商业金融用地基本上是沿内城放射出的主要道路发展，但在郊区外缘会形成某个比较大的节点。

郊区的商业金融用地在用地面积上要高于内城，这主要是和各自的辖区面积大小有关，而影响这一类就业人数的关键因素并非只有用地面积一个，还有用地范围内建筑开发强度的高低。内城虽然建设面积低于郊区，但是其用地开发强度高，因此承载的就业岗位多，而郊区则恰恰相反（图 5－11、图 5－12）。

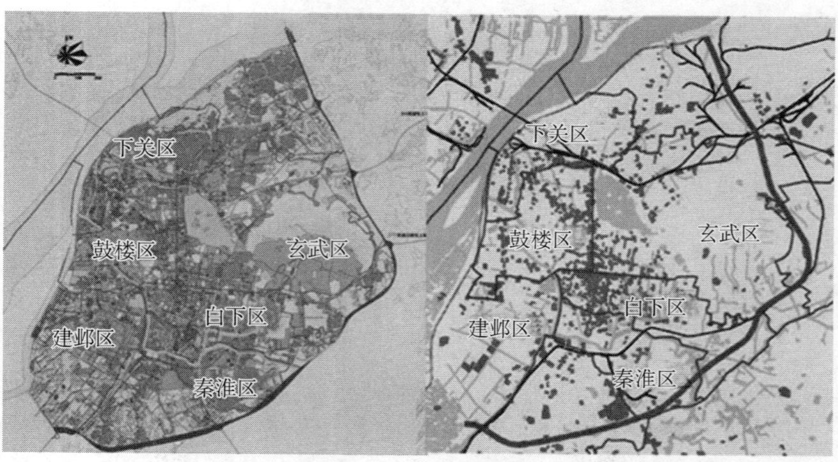

图 5－11 2000 年、2007 年南京主城区商业金融用地现状图

5.2.3 教育科研设计用地分布演化

对于教育科研设计用地而言，其用地规模也呈现增长趋势。在空间分布上，其用地增量主要集中在郊区，主城内部的教育科研设计用地数量和分布保持稳定，没有太大变化（图 5－13）。2000 年以来南京都市区教育科研设计用地的增长主要体现在江宁大学城

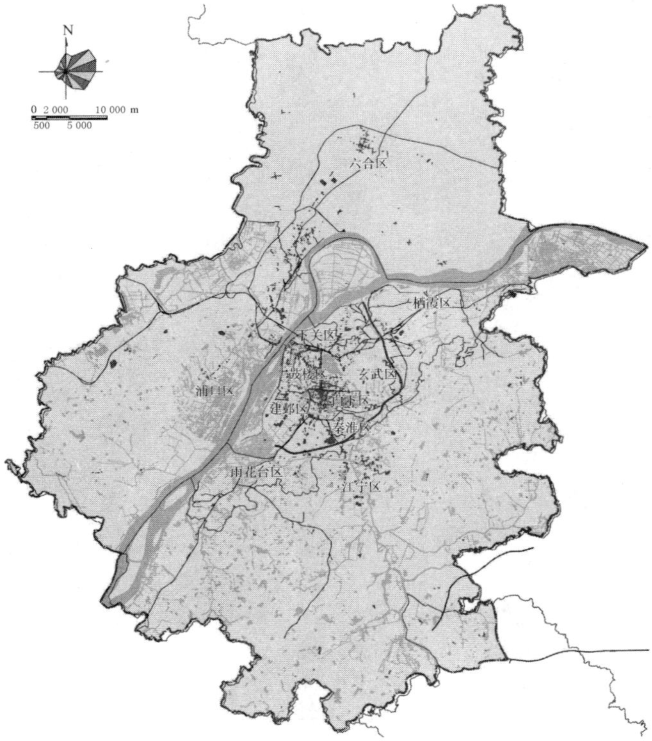

图 5 - 12　2007 年南京都市区商业金融用地现状图

和仙林大学城的建设上(图 5 - 14)。

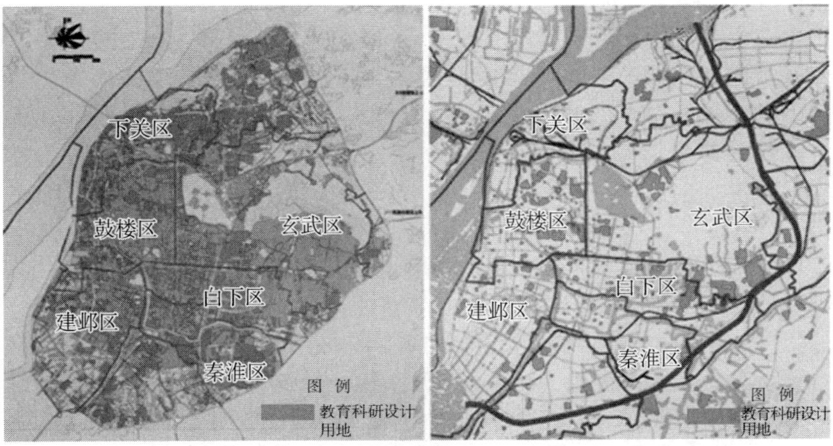

图 5 - 13　2000 年、2007 年主城内部教育科研设计用地现状图

按照当前的情况来看,教育科研设计用地主要分布在内城的鼓楼区、玄武区和白下区,郊区的仙林、江浦和江宁的三个大学城。

大学城及高校的建设大大带动了当地的就业,郊区的三座大学城目前招生规模约为 40 万,这就需要大量的服务人员来进行服务配套,从而产生了众多的就业机会,使大学城成为一种新的就业密集空间。

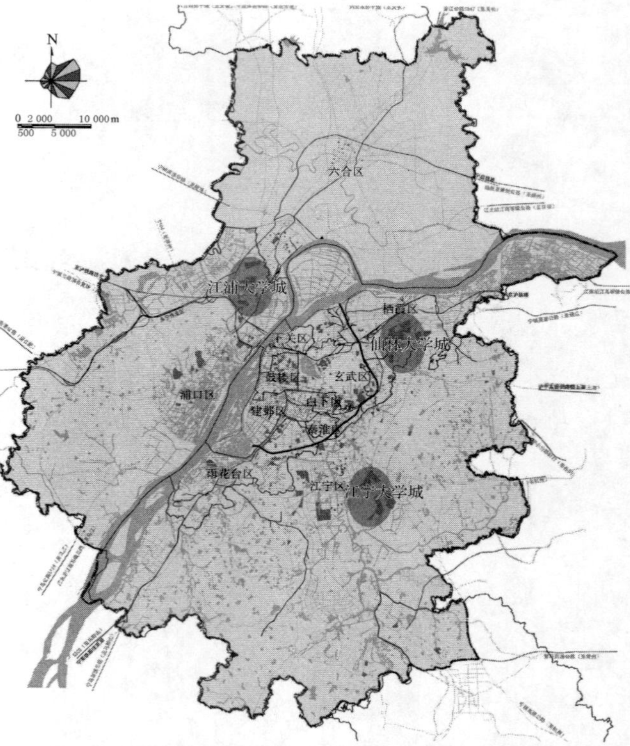

图 5-14 2007 年都市区教育科研设计用地空间分布图

5.3 就业空间组织演化

就业空间组织的演化是指就业空间与居住、服务等其他空间之间的组织方式和组织结构的变化。考虑到数据的可获取性，本书主要关注就业空间与居住空间在数量平衡上的变化和二者之间通勤情况的变化两个方面。

5.3.1 职住偏离指数的计算

对就业与居住空间均衡分析，以南京都市区行政区县为单位，前提假设是各区县内部居住人口与就业岗位的配置若实现区域均衡，则通勤交通趋于在区县内部完成，跨区交通减少，城市整体交通压力降低。对就业与居住均衡的分析可以从总量和结构两个层面进行。前者是分析就业岗位与居住人口总量之间的均衡关系，后者是分析就业岗位与居住人口之间结构上的真实对应和均衡。因为数据获取的原因，本书在这里主要检验其总量的均衡，为此引入了就业—居住偏离度指数 Z_{ij}（孙斌栋等，2008），并在 2001 年、2004 年、2008 年三个时间节点上对其进行追踪。

$$Z_{ij}=\frac{e_{ij}/e_i}{E_{ij}/E_i}\quad (i=2001,2004,2008;j=1,2,3\cdots,11) \tag{1}$$

其中，Z_{ij} 为 j 区第 i 年份的就业—居住偏离指数；e_{ij} 为 j 区第 i 年份的就业岗位数；e_i 为全市第 i 年份的就业岗位；E_{ij} 为 j 区第 i 年份的常住人口数；E_i 为全市第 i 年份的常住人口数。某区若是偏离指数等于 1，说明该区就业与居住空间匹配相对均衡;指数大于 1 或者小于 1,说明该区居住与就业匹配失衡。指数大于 1,表明就业人口比重高于居住人口比重,表示该区就业功能强于居住功能;反之则居住功能强于就业功能。

测度全市的就业与居住均衡性可以通过各区片度指数的标准差来衡量,标准差越大,表明就业与居住关系离均衡状态越远。

分析的样本为南京都市区内的 11 个区。根据江苏省单位普查及全国第一次、第二次两次经济普查的数据基础,本书采取了 11 个区的 2001 年、2004 年和 2008 年的第二、第三产业就业岗位数。但 2001 年和 2004 年缺乏常住人口的分区统计,故采取就近原则,分别以可获得的 2000 年第五次全国人口普查常住人口和 2005 年的常住人口替代。

1) 整体层面:状态趋向均衡

根据上述公式计算出各区三个年份就业—居住偏离度指数,进而通过统计产品与服务解决方案(Statistical Product and Service Solutions,简称 SPSS)软件计算出各年的标准差。结果表明,南京都市区就业与居住的偏离度标准差随着时间的推移呈现减小趋势(表 5 - 18),这说明南京都市区的就业与居住均衡度在上升。并且按照前文对都市区划分的内城与郊区进行分类计算,其结果也呈现出标准差下降的趋势。

这一结果反映出,近年来各区就业空间与居住空间在数量上呈现出平衡的趋势。然而,职住状态实际的发展趋势也许与之相反,这也与前文职住状态由平衡走向分离的假设相悖。这是因为标准差计算的结果只是反映了南京都市区近年来在居住人口和就业岗位二者之间数量上的差距在逐渐缩小,无法体现实质上的职住空间距离的缩短(表 5 - 18)。下文仍会结合通勤时间和通勤流量的数据进行具体的分析。

表 5 - 18　南京就业—居住偏离度指数的标准差计算表

年份	都市区	内城与郊区
2001	0.308 96	0.294 49
2004	0.297 50	0.268 08
2008	0.241 19	0.223 55

2) 四区层面:两种反向态势

虽然南京都市区整体层面的职住状态表现为数量上趋于平衡,但是就中心区、内城外缘、郊区内沿和郊区外缘四个空间部分而言,职住平衡变化上呈现出两种不同的态势,即中心区和郊区外缘向 1 靠拢,而内城外缘和郊区内沿圈层向 1 远离。

这表明中心区和郊区外缘的职住平衡性加强,不过中心区属于居住加强型,其职住偏离度由 1.40 降至 1.25,而郊区外缘则是就业加强型,其职住偏离度由 0.73 上升到 0.95。相反,内城外缘和郊区内沿表现出平衡性减弱的特征,二者就业职能的增加相对居住职能都在下降。这与近几年来内城外缘和郊区内沿的建邺、下关、雨花台、栖霞等几个区房地产开发市场兴旺有着巨大关联,特别是 2008 年建邺区职住偏离度仅为 0.57,属于都市区最低水平(图 5 - 15、图 5 - 16)。

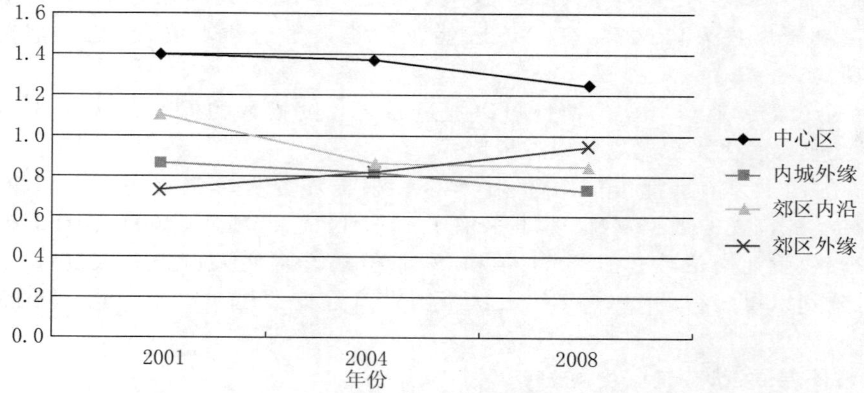

图 5-15　都市区四个圈层职住偏离度

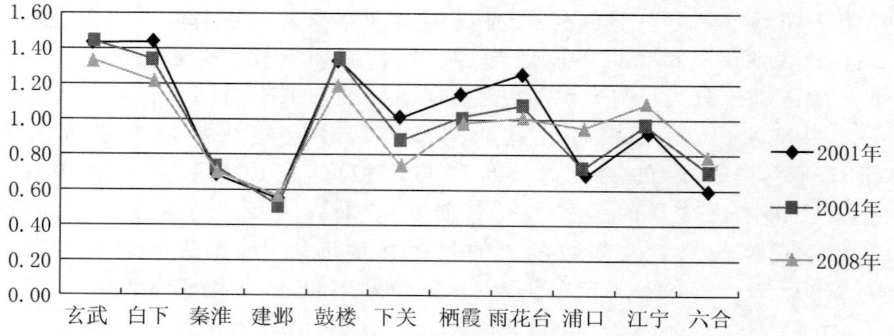

图 5-16　都市区 11 个区职住偏离度

5.3.2　近年来的通勤变化

通勤是指从业人员因工作和学习等原因往返于住所与工作单位或学校的行为。由于直接数据获取的有限性，本节从居民出行结构、出行时间的变化来反映南京主城和外围居民在通勤上的变化，从而间接说明南京市居民就业空间与居住空间的互动态势的变化特征。

1）通勤方式变化

南京市居民出行结构的变化主要体现在以下两个特征上面。

（1）非机动交通为主，比例居高不下

通过对近几年数据的整理可以发现，南京市主城区和外围地区占据主导的交通出行方式还是以步行和自行车为主，其比例始终高于 60%，当然在自行车出行中，电动自行车占据了一定的比重（表 5-19、表 5-20）。

表 5-19　南京市主城居民出行结构变化表　（%）

年份	非机动	机动
2001	67.50	32.50
2004	64.01	35.99
2008	64.76	35.24

表 5－20　南京市外围居民出行结构变化表　（%）

年份	非机动	机动
2005	68.7	31.3
2008	62.8	37.2

注：外围地区包括栖霞、江宁、浦口、六合四个地区。

（2）机动车交通稳中有升，私家车出行增加迅速

相对于非机动交通的主导地位，南京市机动车出行的比重也是稳中有升。其中主城区的机动出行交通比重由 2001 年的 32.5%上升到 2008 年的 35.24%。外围地区的机动出行比重也由 2005 年的 31.3%上升到 2008 年的 37.2%。相对于主城，外围地区的机动化出行上升更快，特别是私家车的出行三年间由 2.9%激增到 9.6%，远高于主城的水平（表 5－21、表 5－22）。

表 5－21　南京市主城居民机动车出行结构比例表　（%）

年份	公交	摩托	私家车
2001	24.40	2.70	0.42
2004	24.30	4.06	2.48
2008	21.56	1.50	4.99

表 5－22　南京市外围居民机动车出行结构比例表　（%）

年份	公交	摩托	私家车
2005	3.90	17.80	2.90
2008	13.03	5.46	9.60

注：外围地区包括栖霞、江宁、浦口、六合四个地区。

此外，就郊区和主城的区别而言，郊区的个体交通强于主城，而主城的公共交通则优于郊区。根据 2008 年的数据显示，南京市主城居民乘坐公交的比重为 21.56%；而郊区仅为 13.03%，而且 2005 年这一指标仅为 3.9%，与主城区差距明显。

2）通勤时间变化

本节对南京都市区居民出行的步行、自行车、公交等方式出行耗时的变化进行了分析。无论主城还是郊区，其主要出行方式的耗时均持续增长，尤其是公共交通的出行耗时已接近 1 小时，远远高于其他出行方式。然而，主城与外围地区的同一种出行方式的耗时并不存在较大差距（表 5－23、表 5－24）。

表 5－23　主城居民出行时耗表　（分钟）

年份	步行	自行车	公交	私家车
2001	15.5	21.0	43.0	—
2004	18.8	25.1	48.3	—
2008	19.5	23.3	54.2	28.5(2009 年)

表 5－24　外围城区居民出行时耗表　（分钟）

年份	步行	自行车	摩托	公交
2005	14.92	17.01	16.40	—
2008	20.30	22.10	19.97	54.92

注：外围地区包括栖霞、江宁、浦口、六合四个地区。

3）通勤数量的变化

从《2010 年南京交通发展年度报告》中对主城内部关键通道高峰小时机动车交通量的统计数据来看，2005 年以来，南京内城区与周边地区在上下班高峰时间的机动车交通量持续增长，2009 年交通量达到136 389.6 pcu/h（pcu 即指标准车当量数），较 2005 年增长率达到 127.28%。由此可以说明，南京主城与郊区之间的通勤数量呈现上升趋势（图 5－17）。

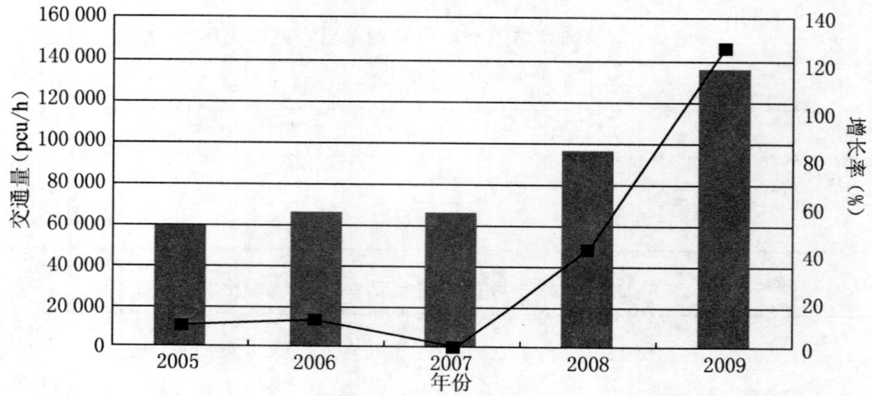

图 5－17　内城与郊区关键通道高峰小时机动车交通量历年变化图

从内城与郊区四个方向的交通量来看，各个方向基本上都是呈现随时间递增的趋向。五年来，四个方向的交通量分配格局并未改变，与内城机动车来往数量多少依次排序分别是：内城向北、内城向西、内城向南和内城向东（图 5－18）。再者，在内城与外界车流量最大的北向，通过车辆在不同时间经过长江大桥时的车速也可以发现（表 5－25），内城与江北郊区的通勤主要方向是早高峰时由内城向郊区、晚高峰时由郊区向内城。

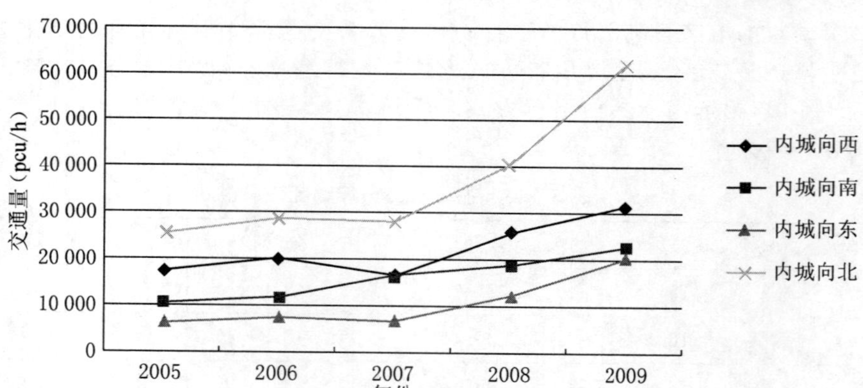

图 5－18　主城区四个方向关键通道高峰小时机动车交通量变化

表 5-25　2009 年南京长江大桥平均车速　(km/h)

方向	路段	早高峰	平速	晚高峰
由北向南	北工字堡—北堡	17.11	31.20	12.85
	北堡—南堡	18.20	40.26	15.49
	南堡—南工字堡	17.57	34.96	13.93
由南向北	南工字堡—南堡	13.50	33.76	15.44
	南堡—北堡	14.08	40.17	18.27
	北堡—北工字堡	14.11	34.79	18.54

5.4　小结

在近 10 年里，南京都市区就业空间在就业岗位分布、就业用地分布及就业空间与居住空间之间的联系上表现出不同的特征。

(1) 就业岗位的空间分布呈现出由中心到外围波浪线式差异增长的规律

本书在就业岗位的规模分布、类型分布和行业分布上对就业岗位近 10 年来的空间变化进行分析，可以发现其由中心到外围波浪线式的差异增长，中心区和郊区外延地带通常作为波峰地带，而内城外缘和郊区内沿作为波谷地带。

在就业总量增长上，中心和郊区外缘是两个波峰，而内城外缘和郊区内缘则是波谷。同样，在分类型就业分布变化上，中心和郊区外缘在单位从业人员增长方面也呈现出波峰的特征。而在分行业分布的变化中，第二产业从业人员的增长在中心区呈现出波谷，在郊区外缘为波峰；而第三产业人员在内城外缘表现为波谷，在郊区内沿呈现波峰增长的特征。

(2) 就业用地的空间分布表现出中心质化提升，外围量化扩张的态势

近 10 年来，就业用地的空间分布在总量上表现出大幅增长的特征，无论是工业型就业空间还是商业服务型就业空间，其用地都有了大幅的提升。中心区的增长体现为质化提升，在"退二进三"政策的推动下，众多的工业型就业用地开始向商业服务型就业用地转换。郊区的工业用地类型呈现大幅增长的趋势，并且借助"开发区"的平台在空间上形成较大的规模集聚。同时，郊区的商业服务业在规模上也得到较大的扩张，大型专业型的商品卖场开始出现，从而带动了郊区的就业。

(3) 都市区就业与居住功能总体匹配性上升，但空间内部两种相反的演化方向并存

从南京市关键通道交通量的统计来看，内城与郊区二者之间的联系程度日渐增强。通勤时间增长，机动化程度上升，这表明了居民通勤的空间距离也有延长的趋势。从职住偏离度的计算结果中，可以发现都市区的四个圈层上面表现出两种相反的演化方向：中心区和郊区外缘地区趋向平衡，二者之间的过渡地带则趋向偏离。

6 南京都市区就业多中心的验证

在西方关于就业空间的文献中，其空间结构研究多是围绕“就业中心”展开，后期衍生出的“就业次中心”也从属于这一研究范畴。美国的都市区发展到一定阶段，在其区域范围内多会出现就业多中心的空间结构。也可以这么说，就业多中心结构的形成是都市区发展到成熟阶段的标志性产物之一。

由于城市发展阶段和统计数据的限制，一直以来国内在就业中心及多中心格局方面的研究并不多。目前仅有的少量成果也是以北京、上海和广州等特大城市为研究对象，并有部分学者提出广州、北京具有多中心的就业格局或者趋向（蒋丽等，2009；谷一桢，2009）。

南京作为国内较早明确提出发展都市区的城市，经过近 10 年的发展，在人口规模等指标的水平上进入了都市区化发展的阶段。至此，南京是否存在一个多中心的就业格局，或者是否存在一个就业多中心的倾向，这是一个值得关注的问题。再者，如果存在这么一种格局，其就业中心构成与西方的是否一致？

同时，从空间结构的角度来看，对就业多中心的验证还是对南京都市区就业空间整体格局的剖析。

本章从数据获取的现实出发，以街道、镇级行政单元的从业人数统计数据为基础，对南京市的就业多中心格局进行识别尝试。

6.1 就业多中心的概念及识别方法

6.1.1 就业中心的概念

西方文献多把都市区的 CBD 作为就业的主中心，而对次中心的定义尚未统一。朱利亚诺等人（Giuliano et al，1991）在与城市中心比较的基础上定义就业中心，并研究了洛杉矶都市区就业的空间分布。他们提出洛杉矶都市区的 CBD 共有就业岗位 49.6 万人（占总就业岗位的 11%），还有 28 个次中心，共吸纳都市区 23%的就业人口，平均就业密度为4 500 人/km^2。麦克迈林和史密斯（McMillen et al，2003）认为就业次中心是“一个拥有比周边地区就业人员密度高得多的区域，它应该可以对整个城市空间结构产生影响”。希尔默等人（Shearmur et al，2002）提出就业次中心不同于企业密集的工业区。麦克迈林（McMillen，2004）认为“一个就业次中心是公司集聚足够多，以至可以对都市区人口、就业和土地价格的空间结构具有显著的影响”。然而，理盖勒等人（Riguelle et al，2007）认为就业次中心不如 CBD 强大，而是从属于 CBD，它们成长的动力是多元的，可与传统的 CBD 竞争。阿瑟·奥沙利文（2008）从一些文献中得出西方都市区次中心的一些特征如下。

（1）在新旧都市区内都有数量众多的次中心。

（2）许多次中心都有高度专业化的特征，它暗示着次中心就是一个巨大的地方性经济体。

（3）次中心的存在并不能削弱主要中心城区的地位。

（4）在典型都市区内部，虽然市中心就业人数占总数的比重较小，但是就业密度仍会随着到市中心距离的增加而下降。

(5) 次中心的企业与市中心有紧密的联系,靠近中心城市的企业附近的土地价格相对较高。

(6) 次中心之间的企业有着相互联系,这意味着次中心有不同的职能,而且它们之间存在着互补性。

国内也有少量的学者对就业中心进行了解释,蒋丽、吴缚龙(2009)认为就业次中心在密度、功能、区位和与 CBD 关系上具有四层含义。并且,根据相关的研究,中国目前的就业中心在特征方面也与西方发达国家存在差异。首先,就格局而言,中国当前的城市就业多中心的格局尚不明显,到目前为止,国内尚无一个城市在就业多中心格局上面形成定论;其次,在就业次中心内含行业的类型方面,西方是以第三产业为主,特别是高级服务业,而中国当前就业次中心形成的主要驱动力是制造业。

综上,本书认为:第一,就业中心首先应该是就业要素集聚(或者是就业岗位或者是就业单位)的高地,其分布的密度要显著高于周边地区;第二,该中心需要对就业的整体布局具备一定的影响力,这一影响力主要体现在其对整个都市区的带动和辐射上面;第三,就业主中心与就业次中心之间需要一定的空间距离间隔开来。

6.1.2 就业多中心的识别方法

就业多中心的识别是西方,特别是美国地理学者长期关注的重要内容之一,众多的学者在这一方面进行了大量探索。根据麦克迈林(McMillen,2001)的归纳,当前西方对就业中心研究的方法主要分为三类,即集聚模型法、非参数模型法和参数模型法。

集聚模型法是指通过就业人数在空间单元的集聚规模的大小来判断就业中心,通过就业总量和就业密度两个门槛的设定来确定都市区的就业中心。朱利亚诺等人(Giuliano et al,1991)通过对洛杉矶地区的研究定义了两种就业中心规模门槛:CBD 就业密度为 9 000 人/km^2,次中心定义为就业密度至少为 2 500 人/km^2,总就业总量为 10 000 人以上。蒋丽、吴缚龙(2009)也通过该方法分析了广州市的就业次中心,划定广州市的就业次中心门槛值为 5 000 人/km^2。这种方法简便易行,但也存在一定的缺陷。首先,它难以发现郊区就业密度较低的次中心;其次,分析单元的大小对结果影响很大;第三,它要求研究人员了解当地就业分布情况。

非参数模型法是指利用技术软件,通过对各单元就业情况进行图形模拟的方法,形成对都市区就业空间梯度的直观识别。克里斯琴和佩林等人(Christian,2007; Pelin et al,2008)通过对洛杉矶地区的研究,构架了相应的图形来对就业中心进行识别(图 6-1、图 6-2)。国内的冯健(2005)也通过人口密度等高线的方法对北京、杭州两地的多中心发育程度进行了判别研究。这种分析方法在分析单元数量较多时不太适用,且分组的标准对分析结果有一定的影响。

参数模型法是指利用已有的单中心和多中心城市的参数模型对研究城市的情况进行回归分析,通过获取参数的情况来判断城市就业多中心的格局是否形成。麦当劳等人(McDonald,1987; McDonald et al,1990)均基于单中心城市的假设,拟合了城市的就业密度与空间距离的函数,并将就业密度的实际值与拟合值的残差显著大于零的地块作为候选的就业中心。国内的谷一桢(2009),秦波等(2010)分别采用参数模型法对北京、上海等地的就业中心和生产性服务中心进行了识别尝试。这种方法总体上有利于消除分析单元大小的影响,并且通过引入客观的统计标准,减少了由于研究人员分组标准等主观上的差别所引起的结果不一致现象。

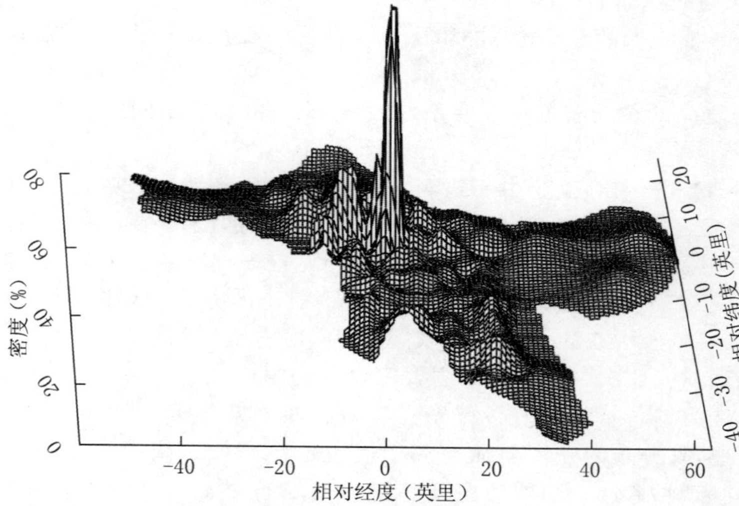

图 6-1　洛杉矶地区的就业密度分布图

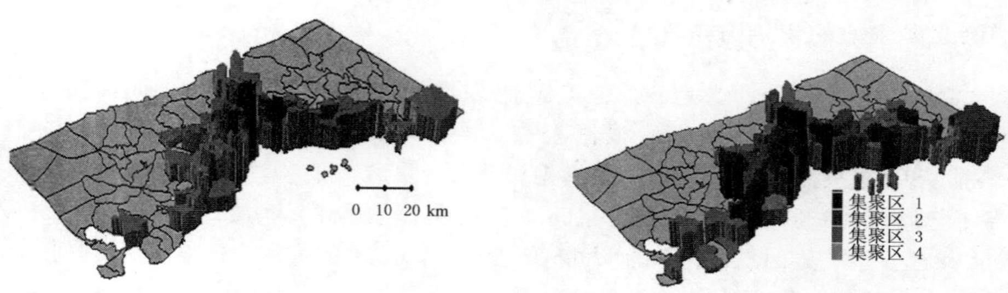

(a) 1985 年　　　　(b) 1997 年

图 6-2　城市就业密度变化的三维(3D)视图

6.1.3　本章的方法和数据来源

本书运用综合判定的方法，通过完善以往两阶段识别法来对南京的就业中心格局进行识别。第一个阶段通过设置一定的就业要素集聚的门槛或者通过直观图形观察方法，选出一定数量的候选中心；第二个阶段再通过相关的参数模型对识别出来的中心进行进一步的甄别，来验证其空间影响力。

1）就业主中心的识别

首先，考虑到城市就业中心对城市就业整体格局的影响，本书引入莫兰(Moran)指数来辅助选择就业主中心。Moran 指数是被用来检验要素分布的空间自相关性。正的空间自相关意味着相邻单元拥有相似的值，也就是空间集聚；而负的空间自相关则表示空间扩散。

Moran 指数包括全局 Moran 指数和局部 Moran 指数。

全局 Moran 指数可以检测整体空间格局的自相关强度，其公式为：

$$I = \frac{N \sum_{i=1}^{N} \sum_{j=1, j \neq i}^{N} w(i,j)(x_i - \overline{x})(x_j - \overline{x})}{\left[\sum_{i=1}^{N} \sum_{j=1, j \neq i}^{N} w(i,j)\right] \sum_{i=1}^{N} (x_i - \overline{x})^2}, \quad \overline{x} = \sum_{i=1}^{N} x_i / N \qquad (1)$$

其中，x_i 是地理单元 i 的变量值（就业密度）；$w(i,j)$ 是空间权重矩阵。本书中如果 i 单元和 j 单位相邻，则 $w(i,j)=1$；如果不相邻，则 $w(i,j)=0$。如果全局 Moran 指数大，则要素分布的空间正自相关越明显，集聚态势越强。

在局部层次上，空间自相关性由局部 Moran 指数来检验，也称区域型空间自相关系数（Local Indicator of Spatial Autocorrelation，简称 LISA）。对于地理单元 i，LISA 值的计算公式是：

$$I_i = Z_i \sum_j w(i,j) z_i = \frac{x_i - \overline{x}}{\dfrac{\sum\limits_{j=1,j\neq i}^{N} x_j^2}{N-1} - \overline{x}^2} \sum_{j=1}^{N} w(i,j)(x_i - \overline{x}) \tag{2}$$

其中，Z_i 是 x_i 标准化之后的形式；$w(i,j)$ 同全局 Moran 指数计算中一样，LISA 之和等于全局 Moran 指数。通过分析 LISA 和 Z_i 可以绘制 LISA 集聚图，包括两个步骤：第一步是确定显著的 LISA 值，一般用条件转置法检测 LISA 值的显著性水平；第二步是将 LISA 值显著的地理单元归入四类，即每一个单元都被放到一个四象限的 Moran 散点图中。图的纵坐标是每个单元标准化的空间滞后值，横坐标是标准化的原始密度值。右上（第一）象限包含的是高—高（H—H）地理单元，这些高密度的单元和它们相邻的高密度单元形成显著的空间正相关；左上（第二）象限包含的是低—高地理单元，这些低密度的单元和它们相邻的高密度单元形成显著的空间负相关；左下（第三）象限包含的是低—低单元；右下（第四）象限包含的是高—低地理单元。根据 LISA 的定义，相邻高—高地理单元的集聚即被认为是一个“高地”。如果有多个，取 LISA 值最大的作为第一“高地”，也就是就业要素集聚度最高的单元。

2）候选次中心门槛的设定

根据测算单位的就业总量和对就业密度整体情况的观察，设定就业中心的门槛值。同时，运用地理信息系统（Geographic Information System，简称 GIS）工具对研究区域内单位地块内的就业密度进行二维和三维显示，从而对就业空间的格局形成直观地显示，为就业门槛的设置提供依据。

对于遴选的标准，可从各地块距离就业主中心的空间距离、地块的就业密度和地块内就业总量三个方面出发进行考虑。

（1）各地块距离就业主中心的空间距离

多数研究指出就业次中心应该与就业主中心之间有一定的空间距离。这个因素的设置可以和都市区空间圈层的划分结合起来，所谓的就业次中心在西方的概念中多产生于郊区，结合南京都市区的实际情况，其空间层次又可以规整为内城、近郊和远郊三个部分。内城之内应该是围绕就业主中心进行组织，而郊区层面则在理论上有可能出现就业次中心。所以，应该在三个空间范围内分别设置不同层次的就业中心遴选标准。

（2）就业密度

就业密度是表示就业岗位空间分布均匀性的指标，能较真实地反映各地块的就业强度，是候选中心门槛设置的关键因素。可结合都市区空间圈层的划分，考虑不同地域的实际情况进行门槛设置。并且，无论在哪个圈层，候选就业次中心的就业密度值需要明显高于周边所有相邻街道的数值。

（3）就业总量

在存在多个单元空间距离与就业密度相近的情况下，再考虑各个单元的就业总量，如果总量偏大则其成为候选中心的几率就会上升。

3）候选中心的影响力验证

这需要选取适当的回归模型进行验证，主中心和次中心分别需要用不同的模型进行回归验证，本书运用 SPSS17 软件进行了这一过程的操作。其中对于主中心的验证，应用城市单中心的曲线模型进行拟合；而对于次中心的验证，需要在就业主中心确定后，再运用城市多中心模型进行验证。

西方的文献提出了多种城市人口密度的模型，其函数关系多集中在人口密度与距离中心空间距离两者上面。城市就业岗位密度的模型也可以参照城市人口密度的模型，分为单中心和多中心模型两种。

常见的单中心模型包括对数模型、克拉克(Clark)模型和斯米德(Smeed)模型三种；多中心模型是 20 世纪 80 年代末期发展起来的。各种模型的表达式、参数的限定及其意义如表 6－1、表 6－2 所示。

表 6－1　本书拟采用的城市就业单中心模型列表

模型类型	对数模型	Clark 模型	Smeed 模型
模型表达式	$D(r)=a+b\ln r$	$D(r)=ae^{br}$	$D(r)=ar^{b}$
参数意义	r 为距城市中心的距离；$D(r)$为 r 处的就业岗位密度；a 和 b 为参数	r 为距城市中心的距离；$D(r)$为 r 处的就业岗位密度；a 和 b 为参数	r 为距城市中心的距离；$D(r)$为 r 处的就业岗位密度；a 和 b 为参数
参数限定	$a>0$，$b<0$	$a>0$，$b<0$	$a>0$，$b<0$，$c<0$

表 6－2　本书拟采用的城市就业多核心模型表

模型类型	多中心模型
模型表达式	$D(r)=\sum_{n=1}^{N}a_n e^{b_n r_{mn}}, m=1,2,\cdots,M$
参数意义	N 为城市中心数量；M 为街道数量；r_{mn} 为街道 m 到中心 n 的距离；a_n 及 b_n 为针对 n 的参数；$D(r)$为 r 处的就业岗位密度
参数限定	$a_n>0$，$b_n<0$

本章数据来自南京市各区全国第二次经济普查资料，其统计时间为 2008 年 12 月。统计单位以行政区划的街道、镇为主，包括单位从业人数和个体商户从业人数两个部分。此外，还有风景区、农场等街道之外的统计单位。本章共有有效统计单位 99 个，平均每个单位从业人数和密度情况如表 6－3 所示。

表 6－3　2008 年南京都市区就业岗位数列表

	各单位平均值	最大值	最小值
就业岗位(人)	25 597	214 610	353
就业密度(人/km^2)	3 968.0	49 784.0	8.3

此外，由于研究范围内的国家级开发区在管辖权上与街道不一致，其从业人员数并未划入所占据的街道内，本章对此按照开发区所占据各街道的土地比重进行了相应地就业岗位分配修正。因此，相关街道的从业人员数有了一定的提高(表 6－4)。

表 6-4　国家级开发区所涉及街道情况列表

国家级开发区	涉及街道
南京高新技术产业开发区	泰山、盘城、沿江
南京化学工业园	长芦、玉带
南京经济开发区	燕子矶、尧化、栖霞
江宁经济开发区	秣陵

6.2　南京都市区就业中心的识别及验证

按照前文所述，南京都市区就业中心识别应该包括主中心的识别和次中心的识别两部分内容。

6.2.1　就业主中心的识别和验证

就业主中心的识别是就业次中心识别的基础，国内外的相关研究多是在识别就业主中心后，构建与候选中心在空间距离和就业密度上的模型来进行拟合。

在西方的文献中，城市就业主中心多与其城市的 CBD 重合。同时，根据众多学者的研究成果（杨俊宴等，2008），新街口地区为南京城市 CBD 所在地。因此，南京都市区的就业中心也应该在新街口附近。

运用 ArcGIS 软件对都市区内的街道、镇的就业密度因子进行 Moran 指数的运算，其包括全局 Moran 指数和局部 Moran 指数两部分。

首先计算全局 Moran 指数，结果为 0.34，表明街道就业密度呈现空间自相关，很可能存在"高地"。图 6-3 是街道就业密度的 LISA 图，其中灰色区域是就业密度很高，同时在 5% 置信度下显著的正 LISA 值区域（即高—高地理单元）。

白下区的五老村街道在灰色涂实区域具有最高的 LISA 值（69.94），远高于第二位的新街口（44.74），可设其为城市就业主中心。这一结果也与五老村 49 784 人/km^2 的都市区最高就业密度值相匹配。

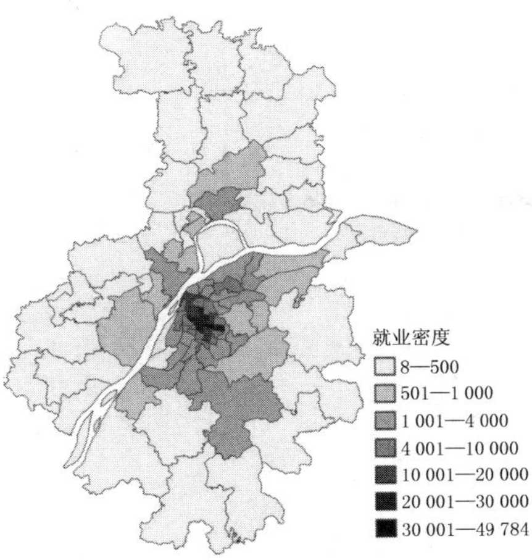

（a）就业密度分布图

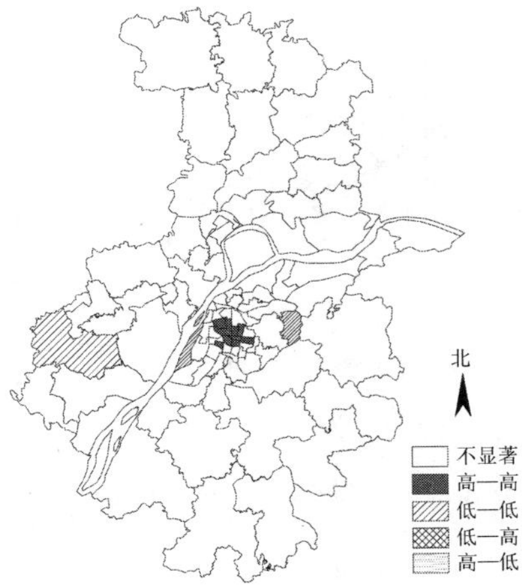

（b）LISA 分析图

图 6-3　南京都市区分街道就业密度分布图和 LISA 分析图

取五老村街道的几何中心点与其他街道几何中心点之间的直线距离，运用对数模型、Clark 模型和 Smeed 模型三种单核心曲线模型对南京都市区的就业岗位分布情况进行曲线回归，回归结果如表 6－5 所示。

表 6－5　2008 年南京都市区各街道就业岗位空间分布模型回归计算表

模型类型	参数 a	参数 b	修正 R^2	F 检验
对数模型	17 461.02***	−5 487.85***	0.697	230.83***
Clark 模型	6 287.97***	−0.144***	0.620	164.48***
Smeed 模型	21 687.39***	−1.33***	0.642	180.59***

注：*** 表示在 1%置信度下显著；** 表示在 5%置信度下显著；* 表示在 10%置信度下显著。

根据 SPSS 输出结果中方差分析（Analysis of Variance，简称 ANOVA）表的显示，三个方程均有统计意义。通过对统计量的分析与比较，对数模型的修正 R^2 值和 F 检验值都高于其他两个函数模型，再辅之以三种模型图形的观察，也可以看出对数模型曲线对现有数值的拟合程度稍好一些（图 6－4）。

由此，南京都市区就业岗位空间分布的最佳模型应该是对数模型：

$$D(r) = 17\,461.02 - 5\,487.85\ln(r) \tag{3}$$

其中，r 为街道距离就业主中心的直线距离；$D(r)$ 为该街道的就业密度值。

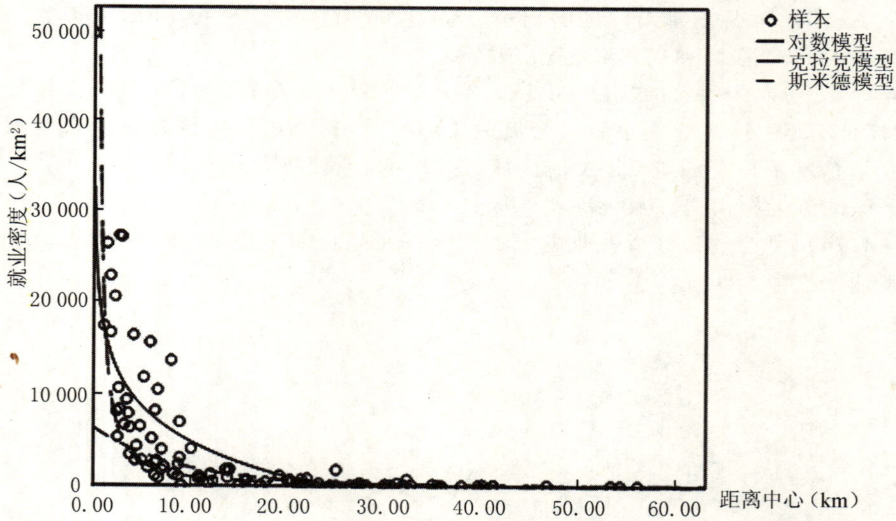

图 6－4　三种模型的曲线拟合图

通过单中心模型的验证也说明了本书以五老村及其附近地块为南京市的就业主中心是具有一定依据的。

6.2.2　候选次中心的选取和验证

1）次中心的选取

次中心的选取需运用观察比对的方法来进行操作。首先根据前文南京都市区各街道就业密度的数据，从三个圈层对这一数据着手分析，再结合单位就业总量进行进一步的选择确认。

在内城圈层，就业密度的降落梯度层次性较好，基本上都是从就业主中心的五老村向外下降，内城范围内除五老村外并未发现高于附近所有相邻单元的特殊街道。

在近郊圈层，北部栖霞区的迈皋桥街道就业密度值存在异常，高于相邻的其他街道。

在远郊圈层上，有三个街道的密度值存在异常，皆高于相邻的其他街道。它们分别是浦口区的泰山街道、六合区的长芦街道和江宁区的秣陵街道。

然后再考虑到各候选次中心就业规模的大小，经过验证进一步被明确的候选就业次中心只有四个街道，分别是栖霞区的迈皋桥街道、浦口区的泰山街道、六合区的长芦街道和江宁区的秣陵街道（表 6－6）。

表 6－6　初选就业次中心列表

候选中心	就业密度（人/km^2）	就业规模（人）
迈皋桥	4 059	50 572
秣陵	1 179	214 610
泰山	1 836	67 633
长芦	1 789	41 139

综上，南京都市区候选就业次中心的门槛值为就业规模达到 4 万人和就业密度达到 1 000 人/km^2，并且其密度值要明显高于相邻的所有街道。这一门槛值明显要低于 1991 年洛杉矶都市区的就业次中心平均密度 4 500 人/km^2 的水平（Giulinano et al，1991）。

2）候选中心对所在区域就业影响力的评价

由相关的数据来看，候选中心对包括周边街道在内的区域就业具有一定的影响力，是区域性的就业高地。

首先，以候选中心为圆心，以其周边相邻街道为基础，并继续向远离主中心方向选取街道，为每个候选次中心选取一个与周边 10 个街道共同构成的区域（表 6－7）。

表 6－7　2008 年候选中心及其选择区域情况

候选中心	选择区域涉及街道
迈皋桥	小市、幕府山、燕子矶、红山、玄武湖、尧化、仙林、栖霞、龙潭、靖安
秣陵	东山、铁心桥、谷里、淳化、湖熟、禄口、横溪、江宁、汤山
泰山	沿江、盘城、顶山、珍珠泉、永宁、珍珠泉、老山、江浦、汤泉、星甸
长芦	八卦洲、葛唐、山潘、西厂门、瓜埠、雄州、玉带、东沟、马鞍、程桥

其次，运用单中心模型对候选中心与周边共同构成的区域进行单中心曲线回归分析。在这里，本书依然选取前文拟合程度最好的对数曲线进行回归，结果如表 6－8 所示。

表 6－8　2008 年候选次中心及其所在区域就业岗位分布模型回归计算表

候选中心	参数 a	参数 b	修正 R^2	F 检验
迈皋桥	2 171.42***	−530.80***	0.513	11.52***
秣陵	699.35***	−136.54**	0.368	6.25**
泰山	883.09***	−22.97***	0.752	37.44***
长芦	901.97***	−235.94***	0.770	57.85***

注：*** 表示在 1%置信度下显著；** 表示在 5%置信度下显著；* 表示在 10%置信度下显著。

通过验证可以发现，迈皋桥、泰山和长芦街道均对周边街道、乡镇产生了显著的影响；而秣陵街道虽然也产生了预期的结果，但是其对周边街道、乡镇就业密度的影响并不如其他三个街道显著。这说明南京都市区从就业中心向南到秣陵附近区域的变化梯度变化平缓，而在北部却相对剧烈。

3）候选次中心对都市区就业影响力的评价

运用 SPSS17 软件，采用非线性回归命令，按照多中心模型进行回归拟合。

$$D(r) = a_1 e^{b_1 r_{m1}} + a_2 e^{b_2 r_{m2}} + a_3 e^{b_3 r_{m3}} + a_4 e^{b_4 r_{m4}} + a_5 e^{b_5 r_{m5}} \quad (4)$$

其中，r_{m1}，r_{m2}，r_{m3}，r_{m4}，r_{m5} 分别代表都市区内各个单元到五老村、迈皋桥、泰山、长芦和秣陵五个街道的空间距离。

在利用 2008 年的数据进行回归拟合的过程中，发现其结果无法收敛，显然多核心模型不适用于描述当前南京都市区就业岗位密度的空间分布。

这一结果说明候选次中心对整个都市区的影响力较弱，当前还无法起到影响全局的能力。所以，至 2008 年，南京都市区的就业空间的多中心格局尚未形成，郊区虽然存在一些稍有影响力的小区域就业集聚，但对整个都市区的就业空间格局无法产生较大全局式影响。

6.3 南京都市区就业空间特征

南京都市区就业空间结构呈现出“单中心主导，郊区零星突起，圈层式梯度下降，交通走廊引导”的空间特征（图 6－5）。

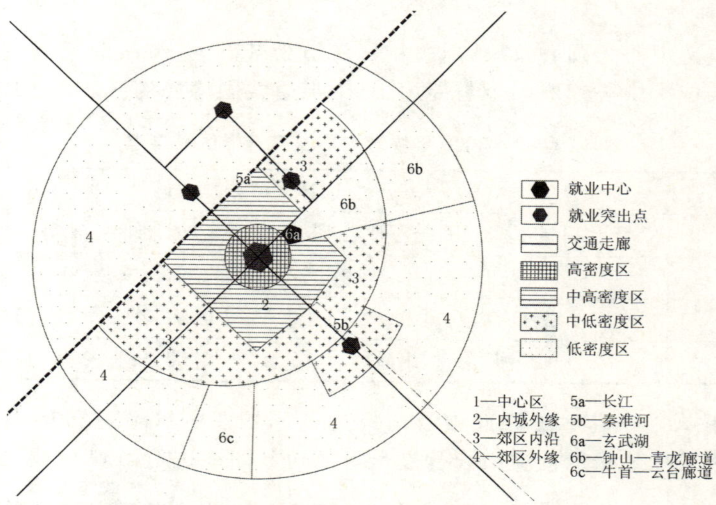

图 6－5　南京都市区就业空间结构模式图

6.3.1　就业空间整体格局：单中心主导

通过前文对就业多中心的验证，我们可以发现，南京都市区当前还是呈现以“单中心领衔”的就业空间格局。

所谓的“单中心”，即五老村街道，其就业密度为近 5 万人/km²，远远高于其他街道，以此为中心，则单中心的对数模型具有极强的解释能力。如果再从更大的空间范围来说，其就业中心区域应该是以五老村、华侨路、湖南路、新街口、朝天宫和瑞金路六个街道共同组成的区域。该区域内就业人数约为 40.31 万人，就业密度平均值为 2.71 万人/km^2，也涵盖了以往学者提出的南京市的 CBD 新街口地区空间范围(表 6-9)。

表 6-9　就业中心区域街道就业数量情况列表

街道名	从业人数(人)	就业密度(人/km^2)	街道面积(km^2)
五老村	58 745	49 784	1.18
华侨路	96 960	27 236	3.56
湖南路	71 094	27 135	2.62
新街口	68 548	26 365	2.60
朝天宫	64 636	22 840	2.83
瑞金路	43 099	20 523	2.10
合计	403 082	27 071	14.89

从就业密度的数值来看，郊区也存在一些就业的"突出点"。这些"突出点"虽然在密度值上高于周边的相邻街道，但是在规模上不一定具有优势，如泰山和长芦街道周边就存在就业规模超过它们的江浦街道和雄州街道。并且这些"突出点"的密度值与就业主中心相比相差悬殊，其值甚至小于主中心密度值的 1/40，实在难以与主中心相抗衡。

同时，运用 ArcGIS 工具生成南京都市区各街道就业密度的立体图形(图 6-6)，不难发现南京都市区单中心主导的空间格局。

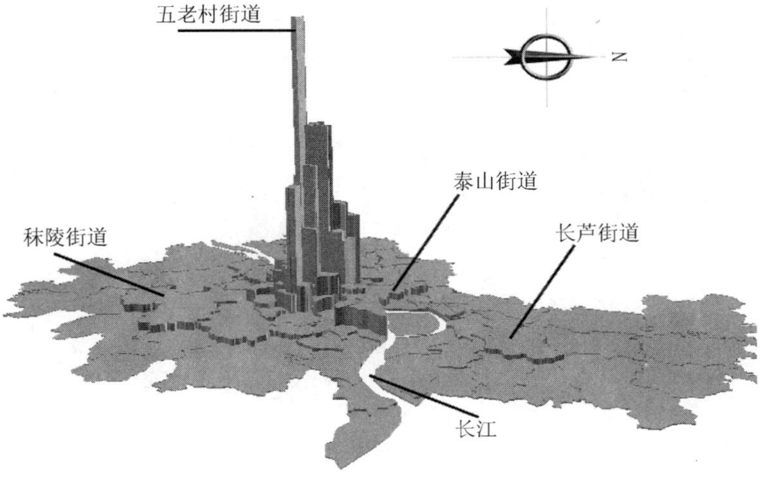

图 6-6　南京都市区就业密度 3D 显示图

注：中间最高的凸起为五老村街道，中间白色的分割处为长江。

6.3.2　就业梯度特征：四个方向上不均衡下降

从整个都市区的就业梯度来看，其变化并不均匀，在东、西、南、北四个方向上呈现出不同特征的下降趋势。这些梯度变化的差异与南京都市区内部的地形因素差异有着较大的关联性。

本书从就业主中心出发，分别向东、西、南、北四个方向上截取约 10 000 m 范围内的四个断面，对断面经过街道的就业密度值进行作图比较，不难发现四个方向上的梯度变化特征。

整体从中心到外围的变化来看，四个方向趋势相似，都呈现随距离增长而密度降低的趋势，但是四者在同等的空间距离段上降幅却不一致。

同等距离的空间尺度上，北向断面沿线街道的就业密度值显著高于其他三个方向断面上的街道。距离中心 10 km 处的街道，北向断面上就业密度均高于 1 万人/km^2，而其他几个方向的街道基本都在 2 000 人/km^2 以下。分段变化的情况如下所述（图 6-7）。

在 0—3 km 范围内，南向断面上街道就业密度值降低最快，由 4.97 万人/km^2 迅速降至 1 万人/km^2 以下。东向和西向两个断面上的降低幅度基本相同，均低于南向断面而高于北向断面。

在 3—5 km 范围内，北向断面上的街道上就业密度值仍然最高，但是也降低到 2 万人/km^2 以下。西向断面上的就业密度降至四个方向的最低值，南向和东向两个断面上的就业密度位于北向和西向之间。

在 5—9 km 范围内，四个断面上的就业密度下降率较低，各方向呈现一个较平缓的斜率值。

在 9—15 km 范围内，北向断面的就业密度值下降明显。这主要是因为这一距离段跨越长江所致，街道就业密度会在长江南北呈现出极大的数量差异。

超出 15 km 以外的范围，各街道就业密度值变化不大，其就业密度值基本都在 1 000 人/km^2 以下，唯有江北的长芦和江宁的秣陵两个街道大于 1 000 人/km^2。

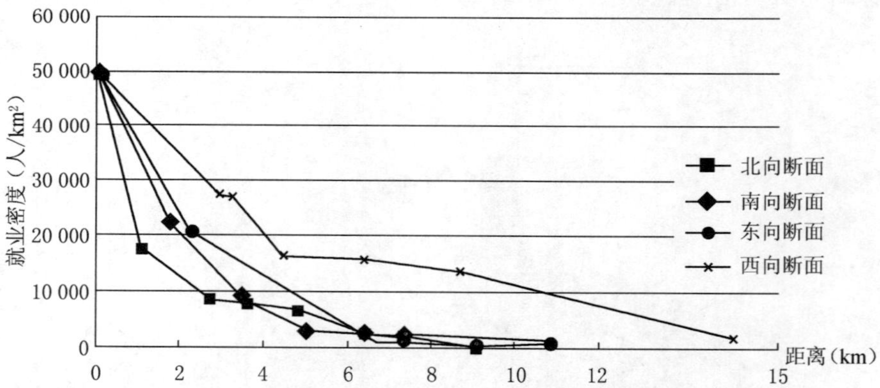

图 6-7　自五老村出发四个方向街道就业密度变化图

6.3.3　空间分布特征：交通引导和地形限制突出

南京都市区的就业密度较高的街道在空间分布上除受长期历史因素积累作用外，还受交通和地形因素影响明显。

1）就业密度较高的街道基本上都围绕着快速路、主干路和轨道交通线分布

首先从整个都市区的情况来看，目前的就业密集区，包括郊区的泰山、长芦和秣陵，都有快速路穿越而过。而城区具有高就业密度的街道基本集中在城东和城西两条快速路之间的内城区域内。

再从内城的层面来看，就业密度在 1 万人/km^2 以上的街道基本集中在两条主干路的沿线，它们沿南北向的中山北路—中山南路和东西向的中山东路—中山西路分布（图 6-8）。

此外，从当前开通的轨道交通一号线、二号线布局情况来看，这两条线的建设也与当前就业集聚空间的分布有着较高的一致性。

（a）中山路沿线　　（b）地铁沿线

图 6－8　中山路及地铁沿线街道就业密度分布图

2）就业密度由中心向外递减，不仅受到距离的影响，而且与南京都市区的地形特征有着较大关系

南京都市区就业密度的空间分布不均匀受到地形的限制。三国时期诸葛亮生动形象地描述了南京的地理特征——“钟山龙蟠，石城虎踞”，钟山和长江是构筑南京城市的空间框架的重要因素，也对南京都市区的就业空间梯度分布不均产生了重要影响（表 6－10）。

表 6－10　长江两岸及钟山两侧街道就业密度对比表

	长江两岸街道		钟山两侧街道	
区域	江南	江北	山西	山东
街道名	阅江楼	泰山	瑞金路	孝陵卫
就业密度（人/km²）	13 627	1 836	20 523	823
街道名	尧化	玉带	后宰门	马群
就业密度（人/km²）	1 796	158	5 304	816

长江南北两侧沿线地区的就业密度差异明显。江南下关区的阅江楼街道就业密度约为 1.36 万人/km²，其他街道就业密度基本上都在 1 000 人/km² 以上，而江北地区除泰山和长芦街道以外，其余街道都在 1 000 人/km² 以下。由此可见，长江对江南、江北地区就业梯度变化产生了重要影响。归根结底，这一现象的产生与江南、江北的交通便捷性有着一定关联，泰山和长芦街道分别位于长江大桥和二桥的通道沿线，也借此提升了自身的就业密度。

再者，位于主城西部的玄武湖和钟山由于其生态功能保育的需要，在就业功能开发上也远远低于同区位的其他街道，因此其就业密度呈现由中心至此骤降的现象。

秦淮河、紫金山等自然水体、山体也给南京都市区的就业空间梯度变化带来了一定的影响。

此外，郊区街道、乡镇等单位的行政区域面积过大也是造成城郊二者就业密度差异较大的原因之一（表 6－11）。如江宁区的街道平均面积是鼓楼区的近 46 倍，甚至是整个鼓楼区行政面积的6.6倍。过大的行政区划面积虽然在统筹资源、合理分配方面具有极大优势,但是也无法反映街道内就业空间集聚的真正情况,从而致使郊区街道就业密度值偏低。

表6-11　不同圈层的街道行政面积对比表

区域	行政区	街道平均面积(km^2)
内城	鼓楼	3.80
	白下	3.77
近郊	栖霞	39.44
	雨花台	19.20
远郊	浦口	83.00
	江宁	174.78

6.3.4　中心构成特征:多元引导

在这里,中心构成主要讨论两个方面:一个是产业构成,一个是景观构成。相较于西方国家就业中心内部以现代服务业为主的从业结构,国内的就业中心包括郊区的就业影响突出街道,在其从业人员结构中,第二产业仍然是不可小觑的力量。与产业相匹配,中心的景观也呈现出多元化的特征。

1) 在中心区的街道中,就业结构并不具有一致性

(1) 有些街道是以第三产业为主,而有些街道却以第二产业为主。

五老村(排位一)、湖南路(排位三)和新街口(排位四)三个街道是第三产业从业绝对占优的街道,其第三产业从业人数的比重超过70%,第二产业从业比重在7%—30%;华侨路(排位二)和朝天宫(排位五)两个街道的第三产业从业比重分别下降到56%和66%;瑞金路(排位六)街道的第三产业从业人数已经下降到34%,第二产业从业人数成为该街道的主导型就业类型。

(2) 在第二产业类型的就业中,建筑业成为主导的就业类型。

由表6-12可知,中心区内的街道工业从业人数比重较小,六个街道都控制在8%以下,但是建筑业从业人数却成为了第二产业中的主导。据统计,瑞金路(排位六)街道建筑业就业岗位达到58.01%,华侨路(排位二)达到40.03%,五老村(排位一)街道也达到19.19%。这表明就业主中心内部的街道近年来搬迁了大量的工业企业,相应地带来了大量的拆迁改造工作,这就为建筑业的发展提供了机会,由此也就产生了大量的从业人员。然而,大量的建筑业从业人数只是一个阶段性特征,从长久的发展来看,建筑业的从业人员数量将会减少。

表6-12　具有就业影响力的街道法人单位型从业人员产业结构表　(%)

街道	单位从业	第二产业	工业	建筑业	第三产业	批发零售、住宿餐饮	行政事业
五老村	100	25.30	6.11	19.19	74.70	44.84	4.49
华侨路	100	44.37	1.34	43.03	55.63	22.78	14.07
湖南路	100	16.08	1.36	14.72	83.92	25.84	26.96

续表 6－12

街道	单位从业	第二产业	工业	建筑业	第三产业	批发零售、住宿餐饮	行政事业
新街口	100	7.12	1.82	5.30	92.88	37.47	19.82
朝天宫	100	34.23	2.96	31.27	65.77	35.18	12.61
瑞金路	100	65.95	7.94	58.01	34.05	15.73	15.82
迈皋桥	100	59.59	37.32	22.27	40.41	10.02	—
泰山	100	59.27	34.91	24.36	40.73	17.68	—

（3）在第三产业类型的就业中，批发零售、住宿餐饮仍是主要的就业类型。

在中心区内的街道第三产业构成中，批发零售、住宿餐饮比重最大，其中五老村为44.84％，高于其他街道。最低的瑞金路街道虽然批发零售、住宿餐饮的从业人数仅为全体的15.73％，但是也占到了全部第三产业从业人数的一半。这说明就业主中心的就业功能类型还是以传统的服务业为主，新兴服务业的发展还相对落后。

现代服务业在就业中心的行业类型中还无法起到主导作用。以中心区现代服务业中具有代表性的信息传输、计算机服务和软件业，金融业，租赁和商务服务业，科学研究、技术服务和地质勘查业四个行业从业人数比重来看（表6－13），2008年玄武、白下和鼓楼三个区这四个行业就业岗位所占该区域的比重仅为14.60％，而金融业的比重更是仅为0.21％。

表6－13　中心区现代服务业从业人数比重表

行业类型	2008年比重（％）
信息传输、计算机服务和软件业	2.72
金融业	0.21
租赁和商务服务业	6.36
科学研究、技术服务和地质勘查业	5.31
合计	14.60

2）在就业密度值突出的郊区街道中，工业从业成为其主导就业类型

在就业密度比较突出的郊区街道中，第二产业从业人员数量上占优，其中工业的比重要大于建筑业。再者，从GDP的构成上来看，由于大型开发区的存在，街道内的第二产业的增加值要远远大于第三产业。

迈皋桥和泰山街道第二产业和第三产业从业人员的比重大概是6∶4，其中工业从业占到35％左右，为所有就业类型中比重最大的行业。

由于国家级开发区的介入，秣陵街道和长芦街道的从业人员类型难以精确细分，本书从其第二、第三产业GDP增加值方面进行了比较（表6－14）。同样可以发现两个街道第二产业强大的比重值，其中秣陵＋开发区＋大学城达到78.45％，长芦＋化工园达到97.27％。这也从侧面说明了第二产业从业岗位在郊区街道从业结构中的主导地位。

表 6-14　辖区内涉及国家级开发区的街道 GDP 结构表

统计单元	第二产业比重	第三产业比重
秣陵街道	53.49	41.04
秣陵＋开发区＋大学城	78.45	20.78
长芦街道	76.24	22.16
长芦＋化工园	97.27	2.67

此外，在中心物质景观构成方面，在中心区就业主中心内，就业景观呈现出大型服务业集聚区、沿路服务业街和零散就业单位相结合的形式；在郊区的就业突出点内则呈现出大型开发区与街道工业园区、街道商业区共存的景象。以五老村为例，其内部不仅有大型服务业集聚区新街口商业区，还有中山东路商业街等就业景观形式，其微观物质载体以高层的综合商务楼宇为主。在泰山街道内部，不仅有自身的街道工业园、街道商业区，更有南京高新技术产业开发区的存在，其微观物质载体以密集的工业厂房为主(图 6-9)。

图 6-9　两个区域主要就业空间景观分析图

6.4　南京就业中心演化简析

解放前，南京是一个消费型城市。根据 1928 年南京政调处统计结果显示，从业人口类型以服务业为主，比重接近 60%，其中商业为 38.18%，公务员为 7.69%(政界＋军界)，另外工业也占到 32.75%的比重(表 6-15)。至 1948 年，服务业从业人数比重上升到 72.3%，其中人事服务型从业人员占到近 31.9%，公务员占到近 17.8%，工业从业人数比重下降到近 15.8%(表 6-16)。可以发现，南京成为民国首都后，消费型特征更加突出。

1928 年，南京的从业人口主要分布在南京的南区(夫子庙附近区域)、西区(北至汉口路，南至升州路，东至中山路，西至城墙的区域）。后期，由于政治经济中心北移，使商业中心随之北移，新街口的兴起同时带来了夫子庙的逐渐衰败，至此，新街口迅速成为新兴的商业中心。1930 年建成国货银行、浙江兴业银行、交通银行、中央商场、大华大戏院、新都大戏院、福昌饭店等众多设施。至解放前，新街口商业中心已经初见规模（图 6－10）。

表 6－15　1928 年 6 月南京市在业人口职业构成

职业	东区（人）	南区（人）	西区（人）	北区（人）	中区（人）	下关区（人）	合计（人）	比重（%）
农业	689	3 846	966	6 126	531	4 515	16 673	7.94
工业	9 226	14 803	16 696	6 182	8 400	13 431	68 738	32.75
商业	6 003	32 915	11 381	7 297	9 906	12 641	80 143	38.18
学界	1 301	1 644	12 507	1 130	1 335	3 172	21 089	10.05
军界	1 246	980	719	2 137	1 181	1 152	7 415	3.53
政界	2 084	1 395	1 036	1 234	1 574	1 402	8 725	4.16
宗教	631	1 042	1 621	762	2 441	626	7 123	3.39
合计	21 180	56 625	44 926	24 868	25 368	36 939	209 906	100.00

表 6－16　1948 年 1 月南京从业人口职业构成

职业	数量（人）	比重（%）
农业	70 107	11.52
矿业	2 053	0.34
工业	96 012	15.76
交通运输业	35 433	5.82
公务员	108 297	17.79
自由职业	55 749	9.16
人事服务	194 049	31.87
其他	47 114	7.74
合计	608 814	100.00

图 6－10　南京新街口 1940 年、1960 年、1980 年实景照片

由于战争原因，1949 年南京的就业人口总数大量减少，由 1948 年 1 月的 60 余万人降至 1949 年 13.5 万人。此后，在中央政策的指导下，南京开始走向由消费型城市向生产型城市转变的道路。至 1980 年左右，南京不仅以长江、火车站、城墙以及秦淮河作为集聚点布局了大量的工业企业，也在郊区形成了较大规模的工业城镇，如江北的大厂区就是新中国成立后建成的工业卫星城。国家相继投资兴建扬子石化公司、南京钢铁（集团）公司、南京热电厂、华能南京电厂等一批大型、特大型企业。此时，工业从业成为了南京市主要的就业类型。据 1978 年的统计数据显示，当时工业从业人员占到总量的 54.30%（表 6－17）。这一时期，南京新街口进入了国营商业单位主导①的阶段，这时它依然是全市的商业中心。然而，虽然新街口商业氛围浓厚，但是建筑高度较低（见图 6－10），承载就业岗位有限，因此就业中心的地位并不突出。

在这一时期，南京城市的就业空间虽然有所扩大，但是政府为了控制人口的跨区流动，导致在就业分布上呈现出一种空间较为均衡的格局，因为单位大院体制的作用，跨区之间的通勤量较少。

表 6－17　1978 年南京市职工年末人数从业构成表

职业	数量（万人）	比重（%）
工业	46.74	54.30
基本建设	7.82	9.09
农林、水利、气象	1.99	2.31
交通运输和邮电	7.02	8.16
商业、饮食业、服务业和物质	8.88	10.31
城市公用事业	2.49	2.89
科学研究	1.89	2.20
文教卫生	6.85	7.96
金融	0.22	0.26
国家机关及人民团体	2.17	2.52
合计	86.07	100.00

1983 年，新街口建成当时江苏最高建筑——金陵饭店（33 层），并开始营业，这标志着商业中心的就业承载力开始发生改变。在 20 多年的发展中，南京市就业空间的发展开始呈现出以就业要素中心集聚为主的演化特征，新街口就业中心区得到了迅速的发展，从业人口规模激增。到 1995 年前后，新街口地区商务空间的聚集已经达到一定程度，新街口由 20 世纪 80 年代的零售商业中心逐渐演化成商务与商业混合的 CBD 雏形（杨俊宴等，2008）。但是郊区的工业园区也开始起步，南京都市区整体上处在从就业要素加速向以就业中心集聚为主的空间不均衡发展阶段。

进入 21 世纪，南京市服务业得到快速发展，在 2000 年以后逐渐超越工业成为主要的就业类型。南京新街口地区已经成为辐射江苏、安徽两省的区域商业中心②（图 6－11），并正在进一步由商业、商务混合中心区向 CBD 转型，该地区及其附近摩天大楼数量激增（表 6－18），其都市区就业中心的角色逐渐成形。同时，郊区的就业空间质量和数量也得到

① 直至 20 世纪 80 年代中期，国营商业单位在南京市商业网点中都占据 75%以上的比例。

② 据统计，新街口商业街区的销售额有 30%是南京都市圈的马鞍山、滁州、芜湖、镇江、常州等城市的消费者实现的。

一定提升，开始出现有一定地域影响力的就业突出点，向着就业空间演化的高层级均衡状态方向发展。

图 6－11　21 世纪后的南京新街口

表 6－18　南京市摩天大楼前 10 名统计表

排名	楼名	楼高（m）	楼层数（层）	所在区位	建成时间	用途
1	绿地广场紫峰大厦	450.00	88	新街口及其附近	2009	写字楼、酒店、商业
2	新世纪广场 A 楼	255.20	52	新街口及其附近	2006	写字楼
3	江苏电网调度中心大厦	253.00	35	新街口及其附近	2004	写字楼
4	新百・南京中心	249.00	60	新街口及其附近	2009	写字楼
5	第二通讯枢纽大厦	248.00	48	河西	2008	写字楼
6	江苏广播电视总台城	236.80	36	新街口及其附近	2008	写字楼
7	新地中心	232.00	53	河西	2009	写字楼
8	国际金融中心	228.00	51	新街口及其附近	2007	写字楼
9	商茂世纪广场	218.00	56	新街口及其附近	2002	写字楼、商业
10	金鹰国际广场	214.00	58	新街口及其附近	1997	写字楼、酒店

接下来，本书通过相关数据对南京都市区 11 个区法人单位就业密度突出的街道进行分析，主要是对该街道 2004 年、2008 年两个年份的就业密度进行比较，从而可以对南京就业中心的演化态势窥得一斑（表 6－19）。

表 6－19　南京各区就业突出街道密度值变化一览表

序号	区名	街道名	年份	密度（人/km^2）	增长率（%）
1	白下区	五老村街道	2004	38 282	10.76
			2008	42 401	
2	鼓楼区	华侨路街道	2004	22 046	17.57
			2008	25 919	

续表 6 - 19

序号	区名	街道名	年份	密度(人/km²)	增长率(%)
3	玄武区	新街口街道	2004	18 263	18.61
			2008	21 661	
4	下关区	阅江楼街道	2004	7 750	43.19
			2008	11 097	
5	秦淮区	夫子庙街道	2004	6 122	13.59
			2008	6 954	
6	雨花台区	雨花新村街道	2004	3 000	67.77
			2008	5 033	
7	栖霞区	迈皋桥街道	2004	2 020	49.26
			2008	3 015	
8	建邺区	南湖街道	2004	3 251	103.72
			2008	6 623	
9	浦口区	泰山街道	2004	477	107.34
			2008	989	
10	六合区	长芦街道	2004	420	128.10
			2008	958	
11	江宁区	秣陵街道	2004	500	95.20
			2008	976	

注:因为 2004 年经济普查数据中各街道个体从业人数指标欠缺,只能对法定单位从业人员密度进行统计,由此,本表采用的各街道就业密度值低于前文。

(1) 各街道的就业密度均在增加。通过表 6 - 19 的数据可以发现,南京都市区的 11 个典型街道,其就业密度在四年间均出现了增长的态势,并且增幅均在 10%以上,最高的超过 128%,特别是前文选出的几个侯选次中心,其增长率均达到 50%。这说明南京都市区的就业中心体系还处在不断变化之中,持续增长的就业密度不断催生典型街道的就业影响力,推动就业多中心体系的形成和完善。

(2) 郊区的街道就业增长更有活力。通过对各个街道增长率的计算可以得出,郊区的街道四年来的就业人口增长率要超过城区。特别是远郊区典型街道就业密度的增长率超过 100%,近郊区也超过 50%,远大于城区的街道。这也印证了城郊就业空间趋向平衡的特征,郊区就业人口的快速发展为新的就业中心的孕育提供了巨大的能量。

6.5 小结

按照最初的设想,本章将会对南京都市区 2001 年、2004 年和 2008 年三个年份上的街道就业岗位数据进行中心识别的验证计算,从而对都市区就业中心演化的进程进行认识。局限于数据获取的途径,本书仅能够对 2008 年的数据进行计算分析,幸亏目前的整体格局仍然是“单中心”主导，这说明七年间南京都市区的就业中心格局尚未发生巨大改变，由此也可以对以往的大致历程进行判断。

本章围绕南京是否存在一个多中心格局的问题展开，通过相关的数据和方法对南京都市区的就业空间结构、影响因素和就业中心构成等问题进行了探讨。

(1) “合理而科学”的“就业多中心”验证方法

“就业多中心”是成熟型都市区的标志性产物之一，科学合理的方法对就业中心进行识别及都市区发展状态的判断都具有重大意义。

本章在总结吸收国内外研究识别就业主中心和次中心相关研究方法的基础上，采取了综合判定法对南京的就业中心进行定量与定性相结合的识别判定。在考虑南京都市区实际情况的前提下，综合运用了 Moran 指数法、门槛值法、图形法和模型回归法等技术方法进行具体验证操作。最终，本书比较合理而科学地验证了南京市“就业多中心”的空间格局尚未形成。

(2) “单中心”模式主导的就业空间格局

南京都市区当前“单中心”主导的就业空间格局在前文已经被验证，其在空间分布、梯度下降等方面的特征也得到归纳。

南京都市区的就业主中心大致位于已有学者提出的南京 CBD 范围内，郊区虽然存在就业影响突出的街道，但是其影响仅限于周边的区域，未能影响全局。南京都市区的就业密度变化特征是随着距离就业主中心的距离增大呈现逐渐下降的特征，但是其下降的幅度在东、西、南、北四个方向上却存在差异。此外，在就业中心内部行业构成上，南京都市区呈现出多元产业共同引导的局面。整体而言，南京都市区就业空间呈现“单中心、不均匀”的特征。

(3) 就业空间格局的影响因素

对就业空间格局影响最大的两个因子是交通和地形。现有的就业密度较高的区域基本分布在南京主城两条最主要的主干路中山北路—中山南路和中山东路—中山西路沿线两侧。并且，在长江和钟山等地形因子的影响下，分布在其两侧的街道就业密度差距明显。

如果从通过构建就业密度值与空间距离之间的函数关系来验证就业中心分布的方法反向思考，怎样加快培育多中心的就业空间格局呢？这需要从以下两个方面出发。

第一，需要调整郊区行政区划，缩小单位面积，使得统计单位界限与就业集聚规模相匹配；第二，需要调整产业的结构，大力发展服务业。通过对南京市从业人数生产效率的计算可以得知，单位 GDP 需要的服务业人数要大于第二产业。同时，从用地面积上计算，解决同等数量从业人数的用地面积，服务业要远远低于工业。

7　南京都市区就业空间的职住平衡

改革开放以来，地方政府均以“发展”作为第一要务，大力追求城市扩张，生产性用地迅速增长。由此，开发区等城市就业空间迅速形成规模，但是由于思想意识和发展阶段性的限制，新兴就业空间的就业与居住功能却存在不平衡现象（郑国，2007；王兴平，2008）。同时，政府大力推进“退二进三”的产业调整政策，城市工业就业岗位在土地市场的作用下不断向郊区搬迁，单位大院式的居住—就业组织模式逐渐解体（柴彦威等，2011），传统城市就业空间的职住平衡开始被打破。

对于这一现象，也有学者提出空间错位、职住分离等名称。无论这些名称如何变化，都反映了同一个问题：随着都市区化的推进，城市空间的职住平衡问题越来越无法被忽视。

“职住平衡”是就业空间研究中极为重要的一个环节。前文我们对都市区的就业空间结构进行分析和探讨，多是涉及空间的静态部分，侧重于固定区位的研究。职住平衡的研究正是对就业空间通勤状态探索的深化，通过通勤这一触媒将就业与居住、服务等其他空间之间的组织联系起来，它属于就业空间研究中的社会空间内容，也是就业空间的动态部分。

从发达国家都市区的调查情况来看，职住平衡性较差的区域分布在郊区。相关学者分析，美国大都市区内，从郊区流出的通勤量占到64.2%。此外，从当前国内学者对都市区职住平衡的研究成果来看，职住平衡性较差的区域基本分布在郊区。冯健（2005）提出都市区近郊区的居民职住平衡性较差；郑国（2007）、王兴平（2008）等人在对北京和南京的开发区进行研究后，提出开发区类型的就业空间职住平衡性较差；刘志林等（2009）认为北京地区政策性住房社区的居民通勤距离最长，职住平衡性最差。由此来看，都市区郊区空间内职住平衡性低于中心区。

就业空间作为一种特殊的空间类型，其职住平衡现状是否也符合这一特征？本书将结合南京都市区的情况对此进行验证。

本章首先会对职住平衡的模式进行分类和界定，然后再根据现有的统计数据对南京都市区 2008 年的职住平衡状态进行界定，归纳都市区的职住功能空间结构模式，接着分别对中心区和郊区的典型就业空间进行问卷分析，剖析二者职住平衡的差异和影响因素。

7.1　职住平衡的内涵及测度

7.1.1　职住平衡的研究类型及特征

职住平衡观念源自新镇开发，其意是指在特定的空间单元中，所提供的工作岗位和住宅单元二者数量相当（王大立等，1999）。由此，大部分居民可以就近工作，通勤方式可采用步行、自行车等非机动交通工具，即使是使用机动车，其出行距离和时间也比较短，在一个合理的使用范围内。目前职住平衡研究类型的划分是“仁者见仁，智者见者”，尚未形成统一的标准。

根据职住平衡的实现程度而言，可以分为数量型平衡和质量型平衡两类（孟晓晨等，2009；赵虎，2009）。

所谓数量型平衡，多关注于固定空间内职住二者数量上的匹配和表象上的平衡，而对城市内部居民就业地点与居住地点分离（职住分离）的深层现象未能予以充分的重视。也就是说，在数量上形成了匹配，也有可能会存在在此居住人员不在此就业，或者在此就业的人员在异地居住的情况。

质量型平衡主要是基于都市区范围内职住分离引发的大量问题，是城市功能和结构协调下的平衡，是一种高于"量"层面的"质"平衡，这种平衡实现了居民在居住地附近就近工作的宗旨，最终做到减少资源浪费，营造怡人的生活、工作环境。

不同地理范围尺度是职住平衡研究的关键因素，尺度不同，研究重点也会存在很大差异。至于多大的尺度最合适，学者们至今也没有一个统一的答案。

彭仲仁于 1997 年按照职住平衡研究范围空间尺度的不同，将职住平衡分为三个不同的层次，即宏观、中观和微观。宏观层面指的是较大的行政单元，如县或者市，在这个层面上平衡度较高。但由于地域范围很大，即使平衡了，实际的通勤距离也可能很大。微观层面是指社区、邻里或人口普查小区，地域范围较小，虽然在这个层面上的平衡可以很大程度上减少通勤距离，但是跨出这个区域的通勤也不一定很远。所以宏观和微观两个层面的测量结果对于政策的制定都有较大的局限性。因此，大部分的研究还是集中在中观层面上，即一个给定的居住地或者就业中心以及它周围一个合理的通勤半径所构成的区域。在这个层次上的研究涉及了职住分离的概念，即"合理"通勤半径的界定。这里的"合理"是一个主观性的判断，如果职住距离超过这一半径，则可被认为是职住分离。有的学者认为职住两地间距离在 9.7—12.9 km 是合理的（Levingston，1989），还有学者认为应该是 4.8—16.1 km（Deakin，1989），还有学者认为应该把平均的或者中等程度的通勤距离作为合理的通勤半径，因为这个通勤半径反映了市场作用下就业和居住区位的形成情况。

王兴平等（2010）根据当前我国职住分离空间范围的大小差异，划分出国家、区域和城市三种尺度平衡模式（表 7-1）。

表 7-1　三种职住分离模式一览表

分类	分离周期	联系工具	发生范围
国土尺度	一年左右	火车、客车	东部工作地和西部户籍地之间
区域尺度	一周左右	动车、高铁、小汽车	区域内的不同城市之间
城市尺度	一天左右	地铁、小汽车、公交	城市中心与郊区、郊区与郊区之间

第一种国家尺度上的职住平衡研究，其研究范围是在东部沿海的工作地和西部户籍地之间，每年大量的西部务工人员离家到东部打工，通常是每年的春节后离家，过年前返家，其分离周期约为一年，这种分离通常也属于人户分离的一种。第二种是区域尺度上的职住平衡研究，其发生的范围是在区域内的不同城市之间，特别是东部沿海京津冀、长三角、珠三角等城市区域，其内部已经构架了动车、城际等高速的交通轨道，城市之间形成了快捷的联系，时距大大缩短。第三种是城市尺度上职住平衡研究，其发生的范围是在大都市区内部的中心与郊区，及郊区与郊区之间，就业地与工作地虽然在一个城市范围内，但是由于城市功能区的扩大，就业者一般是在早晨离家出门上班，晚上下班后才返回家中，分离周期约为一天。

此外，还有一种以某一种社会群体为研究对象的研究类型，如针对流动人口、制造业工人和不同类型居民，通过调研数据的统计分析来研究这一类人的职住平衡状况(高军军等，2010)。

从研究的类型而言，本书主要对都市区内部的职住平衡进行研究，以街道为就业空间的研究单元，以空间内就业者的调研数据为辅助，内容涉及了职住平衡的数量型和质量型测度两个方面。

7.1.2 职住平衡发展的阶段性规律

职住关系的发展是有一定规律可循的，它虽然受到多方面机制共同作用，但是从城市发展的脉络来看，它的发展是从平衡到不平衡，最后再趋于平衡的动态过程。

(1) 城市自身发展的阶段影响了城市职住平衡的特征，特别是在中国体现得更加明显。我国正处在一个城市迅速扩张的阶段，由于开发的阶段性(谢晖，2010)及公共服务设施配置的门槛效应，新区在开发的前期阶段，职住表现为强烈的不平衡。随着新区开发的深入，人口集聚规模的形成，社会服务需求成为不可忽视的问题，新区的职住关系开始得到缓解，最终随着新区就业、居住和服务功能的日渐均衡，在考虑成本均衡的前提下，就业者还是趋向于在自己的居住地附近寻找工作或者在就业地附近寻找住宅(表 7-2)。

表 7-2 开发区与城市动态整合演化过程分析表

<table>
<tr><th colspan="2">发展阶段</th><th>外溢</th><th>带动</th><th>提升</th><th>整合</th></tr>
<tr><td colspan="2">功能机制</td><td>城市功能产生分化，生产功能向城市外围扩散，形成开发区</td><td>开发区产业功能集聚，工业化带动开发区的城市化发展。主城与开发区互动频繁</td><td>开发区进入“后开发区”时期，向城市综合功能空间转型提升，出现居住人口集聚</td><td>开发区形成城市新区，并与主城形成一体化发展</td></tr>
<tr><td rowspan="3">整合主体</td><td>母城与开发区</td><td>√(主导)</td><td>√(主导)</td><td>√(辅助)</td><td>√(弱化)</td></tr>
<tr><td>开发区与城市边缘区</td><td>—</td><td>√(辅助)</td><td>√(主导)</td><td>√(弱化)</td></tr>
<tr><td>母城与新区</td><td>—</td><td>—</td><td>—</td><td>√(主导)</td></tr>
<tr><td colspan="2">公共产品配给类别</td><td>基础性设施</td><td>交通设施，尤其是公共交通的完善</td><td>教育、医疗等设施的完善</td><td>提升能级，配置高水平公共产品</td></tr>
<tr><td colspan="2">配置重点</td><td>可建性</td><td>可达性</td><td>均等化</td><td>一体化</td></tr>
<tr><td colspan="2">人口集聚</td><td>招商引资</td><td>吸引就业岗位</td><td>吸引居住人口</td><td>实现人口—空间—服务的三位一体</td></tr>
</table>

(2) 从就业者的工作时间来看，其职住平衡变化也呈现一定的规律性。就业者居住和工作的前后关系大致有两种情况。第一种情况是在已有住处的情况下寻找工作。这种情况下，就业者开始时在工作地与居住地选择上的主动性较差，职住距离可能会较长，但是随着就业者经济条件的改善，其职住距离会缩短。或是通过就近重新选择住宅的方式，或者加大交通成本，或者在居住地附近再重新找一个工作。第二种情况是在确定现有工作的情况下，尚未有住处。这种就业者一般会在就业地附近寻找住所，或者就业单位提供一定量宿舍性质的住房。随着就业者经济实力的好转或者结婚等家庭因素的作

用，就业者的职住距离会相应的增加。自此开始，职住距离的变化就会与第一种情况相类似。总之，无论第一种情况还是第二种情况，最终就业者职住距离都会处在一个比较合理的值上，按照就业者心理上的评判应该是一个既不太远也不太近的中间位置。这也是市场经济调节的最终结果，达到一种动态上的平衡状态，它是就业者在通勤成本和住房质量之间的一个博弈值。

中国的职住关系发生改变的转折点是改革开放。新中国成立后至改革开放前，我国城市政府以"单位大院"体制组织城市居民的就业—生活关系，在空间上形成了良好的功能互动关系，减少了不必要的交通出行（柴彦威等，2011）。伴随着改革开放的推进，我国的社会主义市场经济逐渐建立起来，土地、住宅和劳动力等要素开始走市场化的道路，从前需要依靠单位计划供给的资源开始由市场来进行分配，这也打乱了职住功能原有的结合关系，开始走向分离。

在市场经济中，劳动力等经济要素偏好形成集聚，因此就业岗位在某个区域上汇集形成"高地"，从而更好地发挥市场的作用，这一集聚在中心区和郊区同时作用。而房地产市场受到土地级差地租的影响，逐渐向郊区转移。但是，就业岗位的集聚与居住人口的转移在时间和空间上并不是同步的，二者存在一定的错位。并且，根据城市功能开发的阶段性规律，城市结构的形成总是滞后于城市功能的变化，由此带来了就业者的居住地与工作地空间上的不匹配。

职住关系目前是呈现分离的态势，但是从长远发展的态势来看，二者最终还是会趋向平衡。最终的平衡不同于前一个阶段的平衡，它必将摆脱通勤距离的限制，空间距离的增长会被时间距离的缩短所弥补，从而达到职住时间上的平衡。

7.1.3 职住平衡的度量方法

界定职住平衡状态的度量方法及值域对清晰认识都市区的职住平衡具有一定的科学价值。当前在衡量空间职住平衡的程度上面有职住偏离指数的计算和通勤指标门槛值设定两种方法值得关注。

1）职住偏离指数的计算

职住比例通常被美国地方政府用来衡量当地的就业与居住均衡的程度，并提出针对性的政府发展策略。它的计算公式是：

$$L = J/R \tag{1}$$

其中，J 为当地的提供的就业岗位数；R 为当地提供的住宅数量。

对于其值，马戈利斯（Margolis）于 1973 年建议在实务操作时，当计算所得 J/R 比值介于 0.75 和 1.25 之间时，应可推论所分析之空间单元处于工作—居住平衡的状态；切尔韦罗（Cervero，1989）建议空间单元处于平衡状态的 J/R 比值之临界范围应修正为介于 1.0 和 1.5 之间；王大立等（1999）在考虑中国台湾地区的情况下，提出工作—居住平衡时的指标比值应为 1.5，而临界范围则应介于 1.25 和 1.75 之间。

这一指标计算公式虽简便，但在国内城市职住平衡研究中却很少使用，其原因在于我国城市对就业和住宅统计数据的缺失。

孙斌栋等（2008）对这一指标进行了修正，将其转化为就业—居住的偏离指数，利用固定区域内就业岗位和常住人口的数据，结合区位熵的公式能得到指定区块内的相对职住分离程度。这在实际应用中取得了不错的效果，本书在第 5 章有过应用。

$$Z_{ij} = \frac{e_{ij}/e_i}{E_{ij}/E_i} \tag{2}$$

其中，Z_{ij}为 j 区第 i 年份的就业—居住偏离指数；e_{ij}为 j 区第 i 年份的就业岗位数；e_i为全市第 i 年份的就业岗位；E_{ij}为 j 区第 i 年份的常住人口数；E_i为全市第 i 年份的常住人口数。某区若是偏离指数等于 1，说明该区就业与居住空间匹配相对均衡；指数大于 1 或者小于 1，说明该区居住与就业匹配失衡。指数大于 1，表明就业人口比重高于居住人口比重，表示该区就业功能强于居住功能；反之则居住功能强于就业功能。

这种方法在研究范围内统计数据健全的对象上简便易行，适用于数量型职住平衡测度的计算要求。但是这种方法要求研究范围大小尺度适宜，如果研究对象空间范围尺度过大，其测度值就会失去意义。

2）通勤指标的门槛值

通勤指标包括时间、距离和花费等多个方面，当前经常被使用的是通勤时间和通勤距离。二者具有一定的相关性，如果乘坐同一类通勤工具，则通勤时间与通勤距离呈现正向增长的关系。

如果以通勤时间作为职住平衡测度的指标，可以把低于全市平均通勤时间的样本作为职住平衡。例如，据 2007 年北京市居民的活动日志问卷调查活动的统计，北京市居民当年的平均通勤时间为 35 分钟，一般认为低于这个时间即为职住平衡（刘志林等，2009）。但是这种界定方法会使职住二地的空间差距被人为的削弱。因为在 35 分钟的通勤时间内，小汽车的通勤距离会远远大于步行，所以同样的通勤时间不能准确反映两种通勤者在空间上的距离差别。

为了达到真实反映职住空间差别的目的，以通勤距离作为衡量职住平衡的指标比较合适。同样根据北京的调查数据，其居民的平均通勤距离为 6.4 km，则此值可以作为职住平衡的门槛值。但是根据问卷调查得来的数据也存在缺陷，如居民自身的空间距离感较差，则其所得数据的可靠性就得不到保证。

以上两项指标都存在一定的缺陷，本书根据南京都市区的实际情况，参照居住区公共服务半径的规范提出以下职住平衡测度的关键值。

如果要界定这一指标值，需要解决的第一个问题是：界定标准的标准是什么？

“以人为本，从人的生理需求出发”是本书用来界定这一指标的标准，即通勤者在超过哪个门槛值上就会感到不舒适，或者身心疲劳或者心理抵触。

根据交通部门和作者对南京都市区就业者以往的调查数据显示，通勤者一般认为交通时间在 30 分钟之内可以接受，在 50 分钟以上难以接受，最佳的通勤耗费时间是在 10—20 分钟。同时，参照《城市公共服务设施规划规范》中服务半径的设置方法，以居民单位时间内步行的距离为依据，则就业者以步行 4—7 km/h 的速度，20 分钟能达到的最大的直线距离为 2.5 km。在此，本书将研究单元内职住距离在 2.5 km 内的就业者比重归为理想型职住平衡度。

以此类推，南京市的平均通勤时间为 37 分钟，则此时的职住二地空间直线距离为 4.32 km，取整为 4.5 km。在此，本书将研究单元内职住距离在 4.5 km 内的就业者比重归为现实型职住平衡度。同样，再取 50 分钟的通勤时间进行计算，得到职住二地的空间直线距离约为 6 km，同理，本书将研究单元内职住距离在 6 km 内的就业者比重归为接受型职住平衡度；通勤距离超过 6 km 以上的则称作忍受型职住平衡。

因此，本书对职住平衡的程度又可继续细分为四种类型，各个门槛值设置如表 7 - 3 所述。

表 7-3　职住平衡模式分类门槛值列表

模式小类	门槛值
理想型职住平衡度	$D \leqslant 2\,500$ m 的从业者比重
现实型职住平衡度	$D \leqslant 4\,500$ m 的从业者比重
接受型职住平衡度	$D \leqslant 6\,000$ m 的从业者比重
忍受型职住平衡度	$D > 6\,000$ m 的从业者比重

注：D 代表职住二地间的空间距离。

通勤成本关键值的方法适用于调查问卷分析的空间对象，但如果要反映相关空间范围内的职住情况，还需要看样本数量是否符合要求。

本章的关注点与已有研究的区别是，首先，从宏观角度出发，运用街道、乡镇层面的就业岗位和常住人口数据对南京都市区职住分离的状态进行评价；其次，再从微观角度出发，选择具有典型代表性的就业空间，运用调查问卷从就业者的角度出发，对典型空间职住平衡状态进行评价；最后，再通过就业者的职住属性出发，对影响其职住分离的因素进行分析。

7.2　宏观验证——南京都市区职住平衡测度

都市区整体层面的职住测度，在其层面运用数量型职住平衡测度方法进行计算，其数据来自 2008 年全国经济普查中街道、镇从业人员数据和各街道常住人口数据。

7.2.1　都市区就业空间职住偏离指数的计算

运用职住偏离指数的方法对 2008 年南京都市区各个街道就业—居住偏离情况进行测算，将本章公式(2)中的“区”替换为“街道”即可。

$$Z_{ij} = \frac{e_j / e_i}{E_j / E_i} \tag{3}$$

其中，Z_{ij} 为 j 街道 2008 年的就业—居住偏离指数；e_j 为 j 街道 2008 年的就业岗位数；e_i 为都市区 2008 年的就业岗位数；E_j 为 j 街道 2008 年的常住人口数；E_i 为都市区 2008 年的常住人口数。

在这里，本书还是采取职住偏离指数的公式对 2008 年南京都市区分街道、乡镇的情况进行计算，其结果如表 7-4 所述。

表 7-4　南京都市区就业—居住偏离指数计算分类表

名称	指数值	单位名称	比重(%)
居住优势型	0.0—0.90	卸甲甸、南苑、山潘、汤泉、江心洲、西厂门、八卦洲、龙池、幕府山、湖熟、仙林、凤凰、红山、永宁、小市、南湖、秦虹、宝塔桥、靖安、葛塘、大光路、老山、石桥、兴隆、桥林、双塘、竹镇、光华路、滨湖、淳化、玄武湖、冶山、东沟、马集、赛虹桥、孝陵卫、锁金村、龙潭、中央门、汤泉农场、玉带、横溪、八百桥、程桥、雨花新村、红花、禄口、新篁、星甸、江东、板桥、梅山、热河南路、月牙湖、夫子庙、洪武路、建宁路	58.2
职住平衡型	0.90—1.10	梅园新村、盘城、马群、双闸、马鞍、中华门、谷里、江宁、铁心桥、瑞金路、珍珠泉、乌江、汤山	13.3

续表 7-4

名称	指数值	单位名称	比重（%）
就业优势Ⅰ型	1.10—2.50	雄州、燕子矶、宁海路、瓜埠、横梁、朝天宫、迈皋桥、龙袍、阅江楼、东山、后宰门、顶山、宁南、挹江门、江浦、新街口、泰山、栖霞、湖南路、尧化、玄武门、华侨路、西善桥、秣陵、五老村	25.5
就业优势Ⅱ型	>2.50	沿江、长芦、沙洲	3.0

由表可见，南京都市区58.2%的街道，其职住偏离指数都小于0.9，为居住优势型；居于第二位的是就业优势Ⅰ型，都市区25.5%街道职住偏离指数值在1.10—2.50，就业职能稍强于居住职能；居于第三位的街道是职住平衡型，都市区13.3%街道职住偏离指数在0.90—1.10，街道的就业功能与居住功能基本持平；居于第四位的街道是就业优势Ⅱ型，其职住偏离指数在2.5以上，就业功能远远高于其街道的居住功能。有三个街道属于这个范畴，它们分别是沿江、长芦和沙洲街道。

从分区计算的结果来看，整个都市区内城和郊区的职住平衡度大致属于平衡的范畴（表7-5）。如果进一步细分的话，可以发现，中心区的就业功能明显高于其他区域，内城外缘和郊区内沿居住功能较高（图7-1）。这一结果显示，中心区的就业者职住平衡性较差，而内城外缘和近郊区的居民而非就业者的职住平衡性应该较差。

表7-5　都市区不同空间圈层职住偏离指数值计算表

区域	职住偏离指数	区域	职住偏离指数
内城	1.11	中心区	1.25
		内城外缘	0.73
郊区	0.92	郊区内沿	0.85
		郊区外缘	0.95

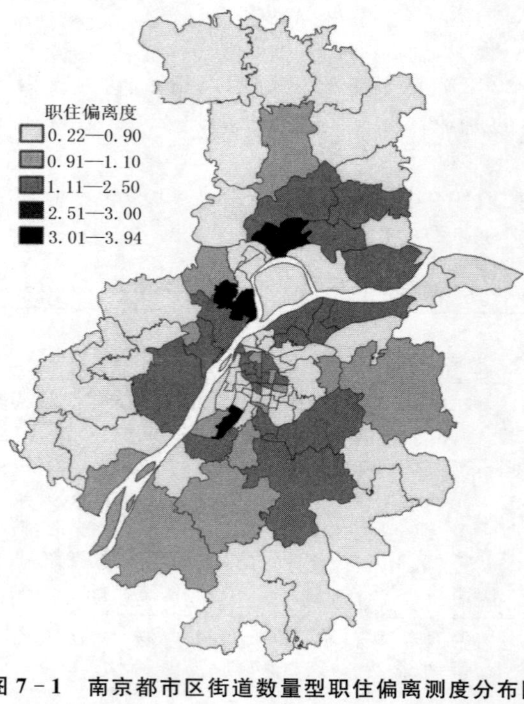

图7-1　南京都市区街道数量型职住偏离测度分布图

7.2.2 都市区整体职住空间结构

整体来说，南京都市区就业与居住功能呈现出由中心向外围圈层式分布的规律，职住平衡街道多分布在远郊区地段。

就业优势空间是带状＋环带式的分布。所谓带状，是沿长江分布的就业空间，包括江北沿线的长芦、泰山等郊区的核心街道，江南沿线的中心区和近郊区外缘的沙洲、西善桥等街道，此外还有郊区外缘呈环带式分布的秣陵、东山街道。

居住优势空间呈现楔形＋成片式布局。在长江北部主要是分布在远郊空间，在长江南部区域，以内城圈层和近郊圈层空间为主，向东楔形延伸至远郊区（图 7－2）。

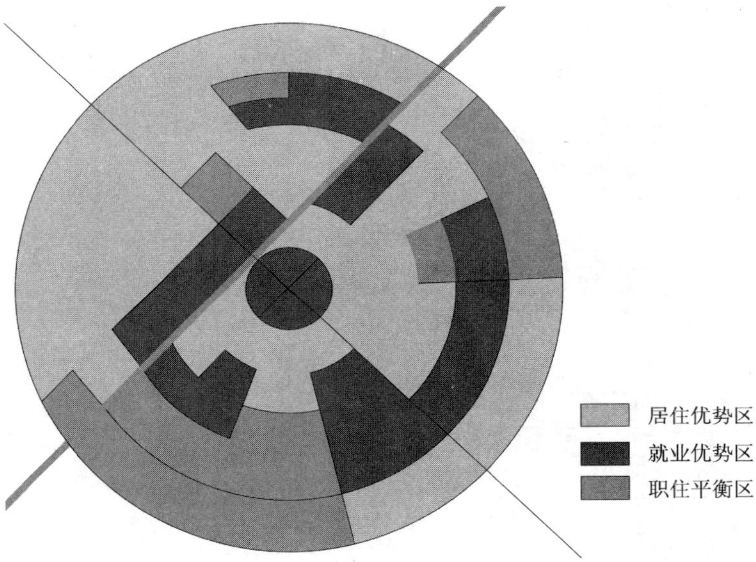

图 7－2 南京都市区职住空间分布模式图

7.3 微观验证——典型就业空间职住平衡测度

微观层面是都市区典型就业空间的职住平衡测度，本书中主要关注中心区和郊区两个不同区位就业空间的职住平衡情况，在这个层面运用通勤距离指标作为测算门槛，其数据来自 2010—2011 年国家自然基金（编号为 51078071）课题组所发放问卷的统计资料。

7.3.1 典型就业空间的选取

典型的就业空间是分别位于中心和郊区代表性的就业空间，本书通过以下步骤进行了系统地选取工作。

第一步，根据前文对南京都市区就业影响突出区域的界定情况，以就业主中心和郊区四个就业突出区为选择基础。

第二步，结合职住数量型评价，在其值大于 1.1 的街道中分类选择，按照覆盖两个职住平衡层次的原则进行街道选取。

第三步，将两者按照空间相近的原则进行组合，选择出的典型街道是泰山、沿江、五老村和新街口四个街道。其中，将泰山和沿江作为郊区的典型就业空间进行评价，将五老村和新街口作为中心区的典型就业空间进行评价(表 7-6)。并且，泰山—沿江区划线内还涉及了南京高新技术产业开发区这一国家级开发区型的从业空间，因此更增加了其郊区就业空间的典型性。

表 7-6　四个街道的职住偏离指数计算表

街道名	偏离指数
泰山街道	1.66
沿江街道	2.73
五老村街道	2.22
新街口街道	1.62

7.3.2　街道概况和问卷发放情况

所选取街道的人口、从业人数情况及其各自空间区位如图 7-3 所示。

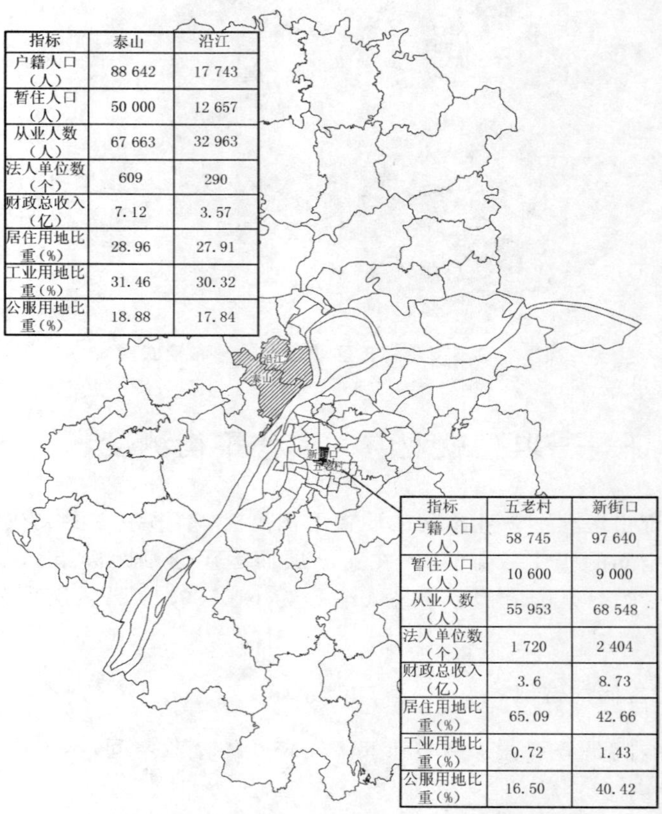

指标	泰山	沿江
户籍人口(人)	88 642	17 743
暂住人口(人)	50 000	12 657
从业人数(人)	67 663	32 963
法人单位数(个)	609	290
财政总收入(亿)	7.12	3.57
居住用地比重(%)	28.96	27.91
工业用地比重(%)	31.46	30.32
公服用地比重(%)	18.88	17.84

指标	五老村	新街口
户籍人口(人)	58 745	97 640
暂住人口(人)	10 600	9 000
从业人数(人)	55 953	68 548
法人单位数(个)	1 720	2 404
财政总收入(亿)	3.6	8.73
居住用地比重(%)	65.09	42.66
工业用地比重(%)	0.72	1.43
公服用地比重(%)	16.50	40.42

图 7-3　选取的典型就业空间区位及概况图

五老村街道地处南京市中心城区，隶属于白下区。其位于龙蟠中路以西，中山南路以东，中山东路以南，户部街—常府街以北，域内面积为1.18 km^2，现辖 8 个社区。

新街口街道地处南京市中心城区，隶属于玄武区。其位于太平北路以西，中山路以东，中山东路以北，北京东路以南，域内面积为 2.6 km^2，是南京市最繁华的中心地段之一，现辖 6 个社区。

泰山街道地处南京市的江北区块，隶属于浦口区。其位于南京长江大桥北端，与南京主城一江之隔、一桥相连，是江北的桥头堡，政区面积为 45 km^2，现辖 23 个社区。

沿江街道地处南京市的江北区块，隶属于浦口区。其位于浦口区北端，南与泰山街道接壤，北与六合区相邻，政区面积为 36.09 km^2，现辖 6 个社区。

泰山—沿江街道内有从业人员近 10 万人，从用地性质上来看，其就业空间主要包含南京高新技术产业开发区、街道商业区和街道工业区三种类型，其提供的就业行业主要是制造业。

五老村—新街口街道内有从业人员约 12.4 万人，从用地性质上来看，其就业空间主要分为新街口商业区和沿路商业街两种形式，其提供的就业行业主要是服务业。沿路商业街包括中山路、珠江路和长江路两侧的商业地块。

结合相关项目及课题，本书共发放问卷 700 份，其中有效问卷 535 份，发放时间从 2010 年 9 月至 2011 年 4 月（表 7-7）。

表 7-7　调查问卷发放情况一览表

发放区域	所在街道	发放时间	问卷数量（份）	有效数量（份）
中心区	玄武区新街口街道	2010-09	450	413
	鼓楼区五老村街道	2011-04	100	
郊区	浦口区泰山街道	2011-03	100	122
	浦口区沿江街道	2011-03	50	
合计	—	—	700	535

7.3.3　典型就业空间职住平衡特征分析

1）职住平衡测度：郊区职住平衡情况略优于中心区

首先，位于中心区的就业空间在理想平衡度、现实平衡度和接受职住平衡度三个指标的考核上均低于郊区的水平。统计结果显示，新街口—五老村的理想型职住平衡度、现实型职住平衡度和接受型职住平衡度分别为 25.7%、33.9% 和 44.6%，而泰山—沿江街道则分别为 34.4%、39.3% 和 53.3%（表 7-8）。这一结果与职住偏离指数的计算值也大致相对应：新街口—五老村街道（1.78）大于泰山—沿江街道（1.50）。

表 7-8　两个区域调查者职住平衡度计算表

	新街口—五老村		泰山—沿江	
指标	比重（%）	变化值（%）	比重（%）	变化值（%）
理想型职住平衡度	25.7	25.7	34.4	34.4
现实型职住平衡度	33.9	8.2	39.3	4.9
接受型职住平衡度	44.6	10.7	53.3	14.0

此外，就职住距离平均值的大小来说，郊区和中心区就业者的差别并不大，二者的平均距离分别为 8.6 km 和 8.7 km（表 7-9）。

表 7-9　两个区域整体职住距离统计表

区域	泰山—沿江				新街口—五老村			
	均值(km)	中分位	标准差	样本数(人)	均值(km)	中分位	标准差	样本数(人)
总计	8.6	5.5	8.1	122	8.7	7.0	6.8	413

在这里值得注意的是，郊区的就业者具有两套不同的职住体系。一套是高新区就业者的职住体系，一套是街道就业者的职住体系。前者的职住距离大于街道，并且样本之间的差距小于街道。街道样本的职住距离平均值为 7.7 km，高新区样本的职住距离为 9.6 km(表 7-10)。

表 7-10　郊区街道和高新区的就业者职住距离统计表

区域	街道				高新区			
职住距离	均值(km)	中分位	标准差	样本数(人)	均值(km)	中分位	标准差	样本数(人)
合计	7.7	5.0	8.3	68	9.6	7.5	7.7	54

此外，根据职住平衡度的计算，在理想型职住平衡度、现实型职住平衡度和接受型职住平衡度三个值的比较上，高新区的职住平衡度都低于街道自身的就业空间，但是二者在理想型职住平衡度上均高于中心区就业空间(表 7-11)。

表 7-11　郊区和高新区就业者职住平衡度计算表　(%)

指标名称	街道自身	高新区
理想型职住平衡度	41.18	25.93
现实型职住平衡度	47.06	29.63
接受型职住平衡度	58.82	46.3

2）跨区通勤情况：郊区就业、跨区通勤比重低于中心区

按照都市区空间圈层的划分，结合就业者居住地的行政区分布情况，南京都市区就业中心的就业者的居住地主要分布在中心区和郊区内沿，而郊区的就业者其居住地主要分布在江北地区(表 7-12)。

表 7-12　就业者的居住地分布情况统计表

泰山—沿江		新街口—五老村	
居住地	比重(%)	居住地	比重(%)
两个街道	47.54	两个街道	20.34
浦口区其他街道	27.87	玄武、白下其他街道	34.60
六合区	6.56	市区其他街道	36.10
江南九区	18.03	浦口、江宁、六合	8.96

郊区就业空间内户籍为本街道的从业人数比重远高于中心区的就业空间(图 7-4)。这说明了郊区居民的本地就业比重更大，就业者在从业后不会过多受到住房的约束，可以较好地实现职住平衡。而中心区就业空间内有众多的就业者远距离通勤至此就业，这从侧面反映了中心区就业空间的强大影响力，正是中心区就业中心具有强大的吸引力，才会吸引众多的非本街道人员在此就业(图 7-5)。根据问卷的统计结果显示，泰山—沿江街道内

户籍为本街道的从业人数比重为 43.4%，而五老村—新街口街道中仅为 11.1%。对非本市户籍的从业人员进行统计可以发现，中心区的比重达到 47.4%，郊区仅为 24%。

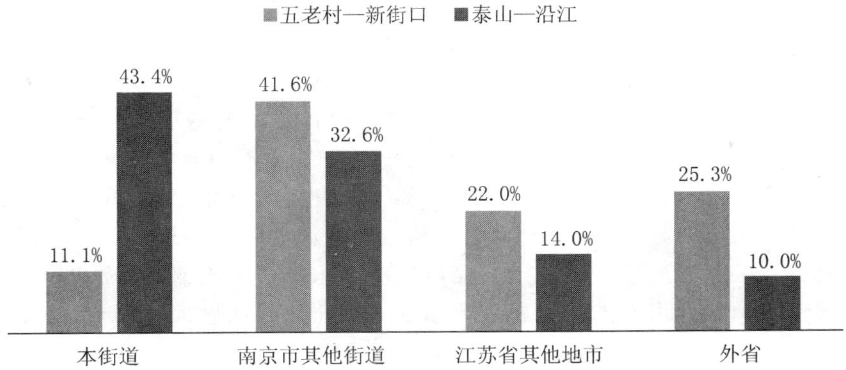

图 7-4　两区就业者户籍地分布统计图

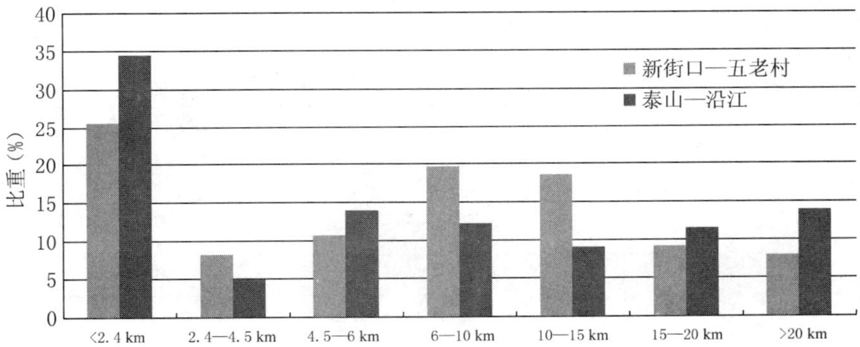

图 7-5　两区街道就业者通勤距离段的分布比重图

并且，相对于郊区就业者而言，中心区就业者的职住空间距离多分布在 6—15 km。

中心区的就业通勤人流主要居住在中心区、内城外缘和近郊区部分，这三个圈层的比重达到 90%。也就是说，中心区就业空间内的跨区通勤人数比较多，但是在中远郊区的还在少数。而郊区就业通勤人流主要居住在其所在郊区，这一比重约为 80%，另外内城和近郊区约有 18% 的人数，而其他中远郊区则所占比重较低，仅为 2% 左右。这说明郊区的跨区通勤人数比较少，但在内城及近郊区有一定的分量（图 7-6）。

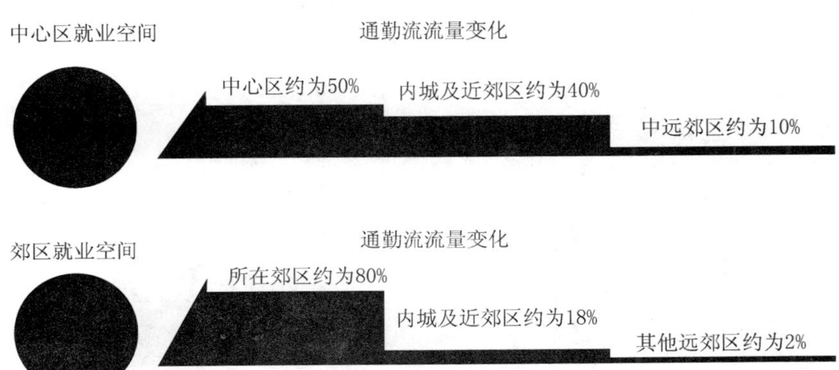

图 7-6　两区就业者通勤流变化统计图

7.3.4 环境因素对职住平衡的影响

城郊二区的就业空间在职住平衡测度结果上出现一定的差异，这其中与住房价格等外部因素有着密切的联系，而与空间的服务配套程度关联不大。

1）就业空间的职住平衡差异与住房价格差异有一定关联

经济学家认为在指定空间内实现职住平衡的有效策略就是提供给就业者能与之收入水平相匹配的住宅，这体现了住宅价位对就业者职住平衡的巨大影响。中心区地价最高，相对应的，房价最贵，而与中心区比起来，郊区的住房价格更低，同时中心区和郊区的工资差异并不太大，所以郊区的就业者更容易实现就近居住，达到职住平衡的目的。

从南京都市区各区的房价和城镇居民可支配收入统计情况来看，住房价格各区之间差别远远大于城镇居民可支配收入的差距。其中房价最高的白下区与房价最低的六合区之间差价为 16 204 元，六合区的房价仅为白下区房价的 25%左右，二者相差巨大。可支配收入最高的鼓楼区与最低的秦淮区之间差额为 5 187 元，秦淮区城镇居民的可支配收入约为鼓楼区的 81.5%。随着城郊交通条件的改善，面对房价的巨大差异，郊区的就业者更容易在郊区购买住房，从而缩短职住之间的空间距离（表 7－13）。

表 7－13 2009 年南京各区住房价格与城镇居民年可支配收入统计表

分区	住房价格（元/m²）	可支配收入（元）	分区	住房价格（元/m²）	可支配收入（元）
白下区	21 340	26 505	雨花台区	11 603	23 011
鼓楼区	20 618	28 018	栖霞区	11 547	23 553
玄武区	19 415	27 700	江宁区	9 990	24 750
下关区	18 728	24 398	浦口区	7 634	23 542
秦淮区	18 205	22 831	六合区	5 136	23 011
建邺区	17 993	22 981	—	—	—

这一影响差异在中心区和郊区就业者对靠近就业地居住的意愿选择上也能有所体现。从问卷对就业者就近居住意愿的统计情况来看，中心城和郊区都表现出了相同的趋势，即是愿意就近工作地居住的就业者占到多数，比重均超过 55%（图 7－7）。但是，郊区的就业者比中心城的就业者具有更强的就近居住意愿，其比重达到 71.3%。

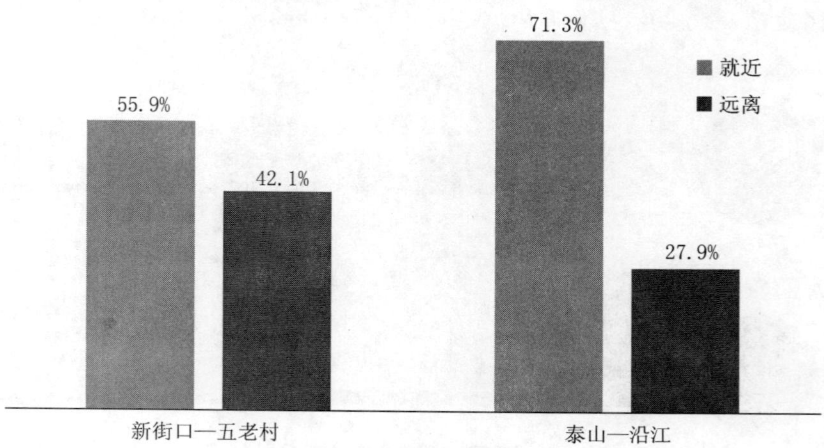

图 7－7 就业者就近居住的比重统计图

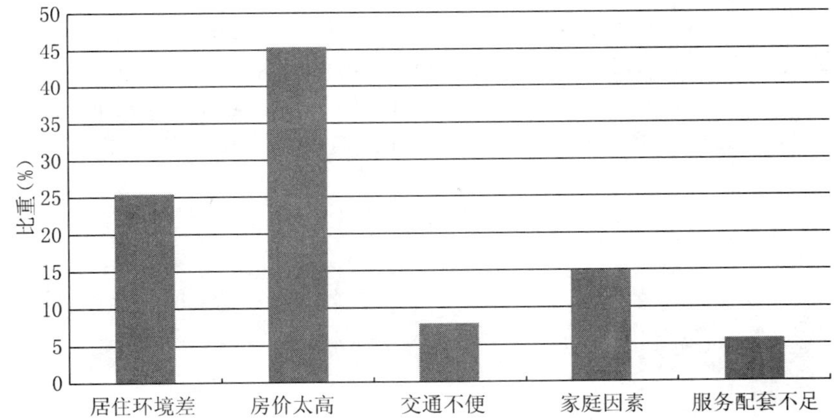

图 7-8　中心区就业者不就近居住的原因统计

我们进一步对两个区域就业者不愿意就近居住的原因进行分析，从中发现：中心区就业者不愿意就近居住主要有两个原因，第一个是房价太高，第二个是居住环境不理想。这两个答案也正好印证了住房价格影响职住平衡的假设(图 7-8)。

2）就业空间的服务配套优劣度与职住平衡度差异之间并不存在正向关联性

就业空间的服务配套优劣度与职住平衡度的差异之间并不存在正向关联性，中心区便捷的公共交通体系反而加剧了就业者远距离通勤的可能。

本书对两个区域的就业配套服务水平进行了调查。午餐的就餐方式统计是衡量就业空间服务配套质量的指标之一。更多可供选择的就餐方式说明该地区的日常服务配套水平较高，反之则说明配套水平较低。根据问卷统计显示，中心区就业空间内的服务配套水平高于郊区。从统计数据来看，中心区就业者用餐方式位于前三位的分别是外卖订餐(38.7%)、公共食堂(24.5%)和自己带饭(13.8%)。而郊区就业者主要依赖公共食堂来解决午餐，占到总调查数的 81%，其他就餐方式均低于 10%(图 7-9)。

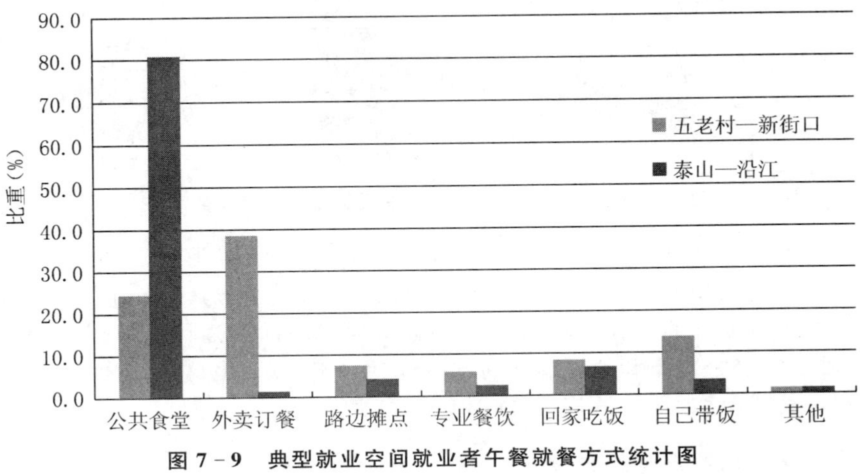

图 7-9　典型就业空间就业者午餐就餐方式统计图

再从就业者工作日 8—18 点之间除工作地点之外，常去地点统计情况来看，中心区和郊区的就业者也存在一定的差异。中心区就业者常去的前三位地点分别是商店(55.4%)、餐饮店(15.0%)和其他(12.5%)，郊区前三位的地点分别是商店

(44.3%)、无出行(18.1%)和银行(13.1%)(图 7-10)。商店是两个区域就业者的主要常去地点,中心区和郊区的主要差异在于郊区就业者无出行的比重偏高,并且生产性服务需求出行的比重高于中心区。这说明当前阶段郊区就业空间的服务配套质量较低,就业者的日常活动局限在就业场所内部,外出活动较少,即使有出行,也局限于低档次的生活和工作需求。同时,郊区就业者更高的配套服务不满意度也体现了这一差异(图 7-11)。

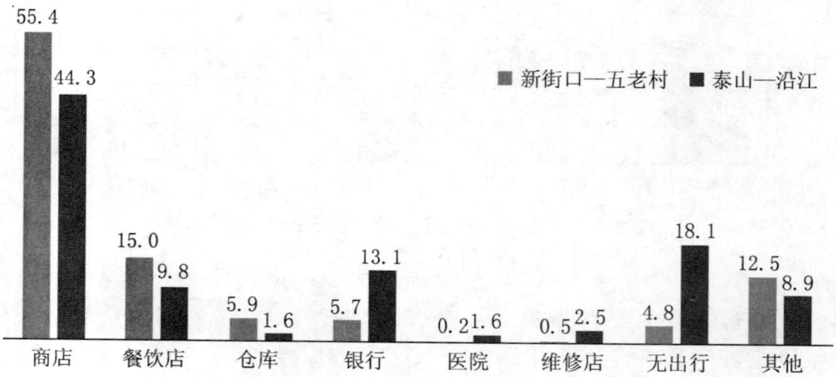

图 7-10 典型就业空间就业者工作日经常外出地点统计图(%)

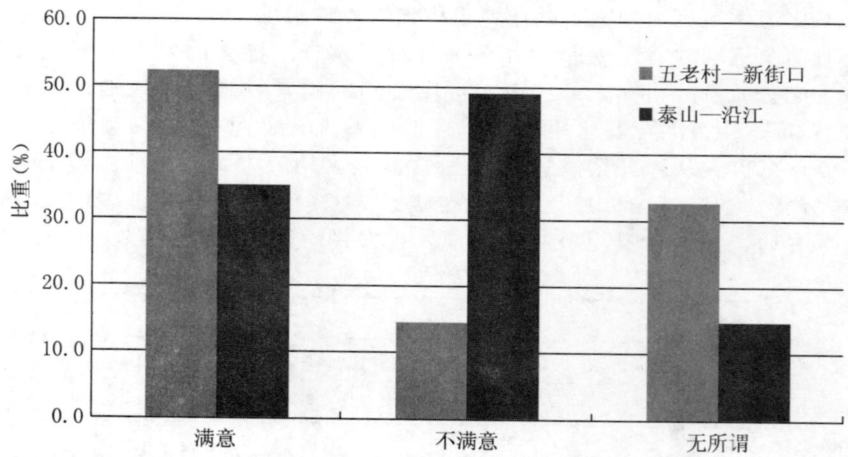

图 7-11 典型就业空间就业者周边配套满意度统计图

综上可知,中心区就业空间的服务配套水平高于郊区,但是中心区的职住平衡性却低于郊区,这不仅与中心区能提供更多的就业岗位有关,还与其便捷的公共交通条件有关,因为公交和地铁的通行大大增加了中心区就业空间的可达性。根据通勤工具统计,中心区就业者乘坐公交车和地铁通勤的比重远远大于郊区,也许正是便捷的公共交通成为了中心区就业者就近居住的替代品(图 7-12)。

7.3.5 个体属性对职住平衡的影响

在市场经济的环境中,就业者选择居住地点的影响因素主要是通勤成本和住房质量。城市经济学中的住房选择模型认为,居民在进行住房选择时,会在住房质量与通勤成本之间进行权衡(Trade-Off),即如果选择宽敞的住房,要搬到郊区居住,同时承受

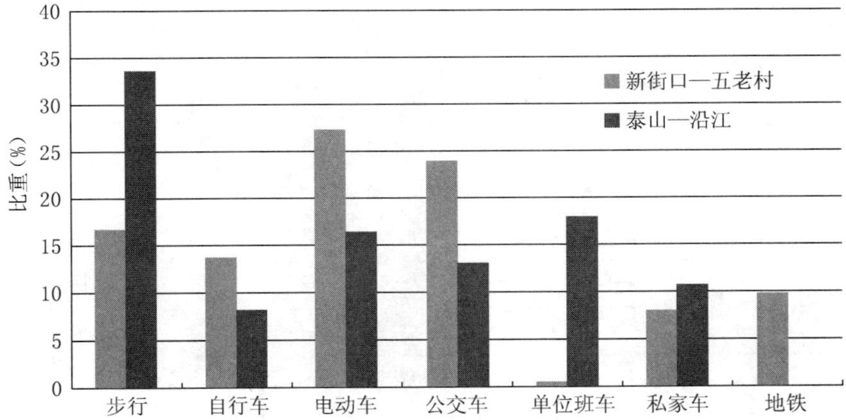

图 7-12　典型就业空间就业者通勤工具统计图

长距离通勤。然而，柴彦威等学者(2011)认为在由计划经济向市场经济转型的中国城市中，市场化的力量与旧有制度的历史惯性相互作用，使得居民的住房选择和城市居住与就业的空间组织更加复杂。刘志林等(2009)，柴彦威等(2011)学者通过对北京城市居民问卷的分析，提出居民的社会经济属性、住房情况和社区类型对职住距离有显著影响。

本书从就业者个体属性的角度出发对影响城郊二区就业空间职住平衡的进行分析，将问卷中涉及的属性划分为生物属性、职业属性和居住属性三个方面的内容。其中性别、职位、住房类型和产权状况四个因素在城郊空间产生的作用方向都是一致的，而其他属性因子的影响并不一致，如表 7-14 所述。

表 7-14　就业者个人属性对职住平衡影响分析表

属性	分析因素	区域影响差异		影响程度评价
生物属性	性别	中心区	两性差异不大，男性通勤距离稍长于女性	影响一致
		郊区	男性通勤距离长于女性	
	婚姻	中心区	未婚者通勤距离长于已婚者	影响不一致
		郊区	已婚者通勤距离长于未婚者	
	年龄	中心区	22—30 岁通勤距离最长，50 岁以后最短	影响不一致
		郊区	50 岁以上通勤距离最长，22 岁以下最短	
	学历	中心区	大专通勤距离最长，初中以下最短	影响不一致
		郊区	本科及以上通勤距离最长，中专、高中最短	
职业属性	职业	中心区	公司职员通勤距离最长，个私业主最短	影响不一致
		郊区	公司职员通勤距离最长，农民工最短	
	行业	中心区	生产和市场服务通勤距离最长	影响不一致
		郊区	制造业通勤距离最长，服务业最短	
	职位	中心区	管理者通勤距离长于非管理者	影响一致
		郊区	管理者通勤距离长于非管理者	

续表 7-14

属性	分析因素	区域影响差异		影响程度评价
职业属性	工作收入	中心区	3 000—5 000 元收入者通勤距离最长	影响不一致
		郊区	5 000—10 000 元收入者通勤距离最长	
	工作年限	中心区	3—5 年工作年限者通勤距离最长	影响不一致
		郊区	5 年以上工作年限者通勤距离最长	
居住属性	住房类型	中心区	买房者通勤距离最长,单位宿舍最短	影响一致
		郊区	买房者通勤距离最长,单位宿舍最短	
	产权状况	中心区	有产权者通勤距离长于无产权者	影响一致
		郊区	有产权者通勤距离长于无产权者	
	住房面积	中心区	数据缺失	影响不明确
		郊区	住房面积越大通勤距离越长	

1）性别属性与职住平衡

从性别上来看,两个区域的样本表现出男性通勤距离高于女性的特性。郊区的就业者中,男性的职住距离为 9.4 km,女性为 7.8 km,而在中心区的就业中,男女就业者的职住距离分别是 8.8 km 和 8.7 km。这些样本与部分国内外研究呈现出类似的共性,一般认为男性的职住距离大于女性,因为男性的出行能力要强于女性,并且女性更喜欢在居住地附近工作(表 7-15)。而中心区由于公共交通便利的原因,男女性就业者通勤距离差距不大。

表 7-15　两个区域不同性别从业者职住距离统计表

区域		泰山—沿江				新街口—五老村			
职住距离		均值(km)	中分位	标准差	样本数(人)	均值(km)	中分位	标准差	样本数(人)
性别	男	9.4	6.0	8.6	63	8.8	7.5	6.9	207
	女	7.8	5.0	7.6	59	8.7	7.0	6.8	206

不过,样本中女性对通勤现状不满意的比重要高于男性,特别是郊区女性就业者不满意率达到 40.68%,远高于男性从业者(图 7-13)。

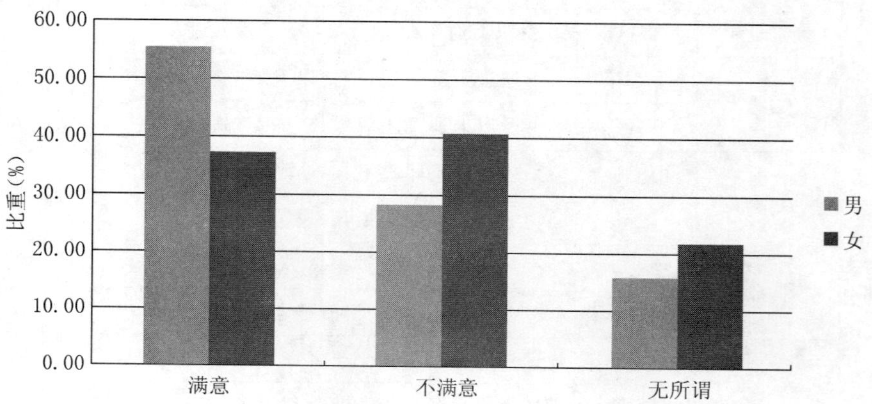

图 7-13　泰山—沿江不同性别就业者通勤满意度统计图

2）职位属性与职住平衡

从调查问卷统计的数据情况来看，多种职业和行业的类别并未表现出显著的职住距离趋势和特征，这是因为职业分类并不能体现出从业人员的社会地位。

在中心区和郊区两个区域的就业空间中，作为管理人员的就业者职住距离平均值均超过一般员工，在郊区表现尤为明显，管理者的职住距离平均值为 10.3 km，非管理者仅为 7.9 km（表 7－16）。这是因为管理者具有更高的通勤机动性，乘坐交通工具中小汽车的比重更高（表 7－17）。

表 7－16　不同职位从业者的职住距离统计表

区域		泰山—沿江				新街口—五老村			
职住距离		均值（km）	中分位	标准差	样本数（人）	均值（km）	中分位	标准差	样本数（人）
职位	管理者	10.3	8.0	8.7	44	8.8	7.5	6.6	74
	非管理者	7.9	5.0	5.0	78	8.7	7.0	6.9	339

表 7－17　不同职位从业者的私家车通勤率统计表

区域	新街口—五老村		泰山—沿江	
职位	管理者	非管理者	管理者	非管理者
私家车通勤率（%）	18.92	7.99	13.51	11.99

3）居住属性与职住平衡

从就业者的住房类型来看，不难发现，职住距离与住房类型之间存在一定的联系。买房的就业者职住距离最长，郊区和中心区分别为 10.9 km 和 10 km；住在单位宿舍的就业者通勤距离最短，郊区和中心区分别为4.3 km和 4.6 km；租房的就业者职住距离位于二者之间（表 7－18）。

接下来对是否拥有住房产权这一因素的统计也验证了上述观点。在两个区域中，拥有住房产权就业者的通勤距离平均值皆高于无产权者。可见，租房比买房的就业者具有更短的通勤距离。

表 7－18　不同住房类型、产权拥有情况的就业者职住距离统计表

区域		泰山—沿江				新街口—五老村			
职住距离		均值	中分位	标准差	样本数	均值	中分位	标准差	样本数
住房类型	单位宿舍	4.3	1.3	5.8	28	4.6	3.0	4.8	33
	租房	10.0	8.0	9.2	27	8.2	7.0	6.7	200
	买房	10.9	8.0	7.9	61	10.0	9.0	6.7	147
	其他	8.9	6.0	9.1	6	9.8	13.6	7.7	33
产权	有	10.7	8.0	8.4	55	9.4	8.0	6.6	167
	无	6.8	5.0	7.4	67	8.4	7.0	6.9	246

7.4 小结

本章在辨析了职住平衡概念的基础上，尝试从两个层面利用两种不同的计算方法对南京都市区的职住平衡状态进行衡量。通过综合分析判断，得到如下结论。

（1）南京都市区职住空间分布状态整体上呈现出沿江＋环带式的空间结构。中心区的就业空间职住平衡度低于郊区，其就业者居住地主要分布在内城区和郊区内沿，而郊区就业者的居住地主要分布在郊区。此外，郊区还存在街道和高新区两种职住体系，高新区就业者的职住平衡性要弱于街道自身就业空间。结合以往调研统计结果，南京都市区中心区及郊区街道内的就业者忍受型职住平衡度约在50%。

（2）郊区就业平衡度高于中心区，主要原因有以下几个：第一，就业者心理上对职住结合的期盼不同，郊区就业者就近居住的期盼度更高一些；第二，郊区相对中心区较低的房价使得就业者就近居住的可能性上升；第三，中心区便捷的公共交通体系提高了就业者的通达能力，也降低了职住平衡的程度。从经济学的角度讲，公共交通成为中心区就业者无法实现就近居住形式的替代品。

（3）就业者的个人属性对其职住平衡性会产生影响。通过对南京都市区中心区及郊区两个区域的验证，男性就业者的通勤距离要长于女性，管理者的通勤距离要长于普通劳动者，买房者的通勤距离要长于租房者，而有住房产权的通勤距离从业者要长于无产权者。

8 南京都市区就业空间演化机制

《辞海》中"机制"原指机器的构造和工作原理。生物学和医学通过类比借用此词，指生物机体结构组成部分的相互关系，以及其间发生的各种变化过程的物理、化学性质和相互关系。"机制"现已广泛应用于自然现象和社会现象，指其内部组织和运行变化的规律。本章内容主要侧重于对南京都市区就业空间格局近10年来的演化机制进行分析。

对于就业空间格局影响机制的研究，国内还缺乏系统的成果可借鉴。张庭伟(2001)、冯健(2005)等国内外众多学者在以往城市空间结构影响机制研究中，多是从政府和市场的视角出发，对影响机制进行分析。通过前文的分析，2000年以来，南京都市区就业空间格局演化的突出特征是就业空间在向郊区扩散的同时，还会在中心区继续积聚。这种积聚与扩散并存的状态是由政府—空间系统、企业—空间系统和就业者—空间系统三方在行政机制、市场机制和社会机制共同作用下发生耦合而成的。本章将在此基础上对这些演化机制进行系统地梳理和探究。

8.1 演化机制体系构架

演化机制的分析与就业空间结构演化模式的状态有着密切的关系。在不同的演化阶段，都市区就业空间结构呈现出不同的外在形式。由此，在构架演化机制体系之前需要对都市区就业空间结构演化阶段进行判定(图8-1)。

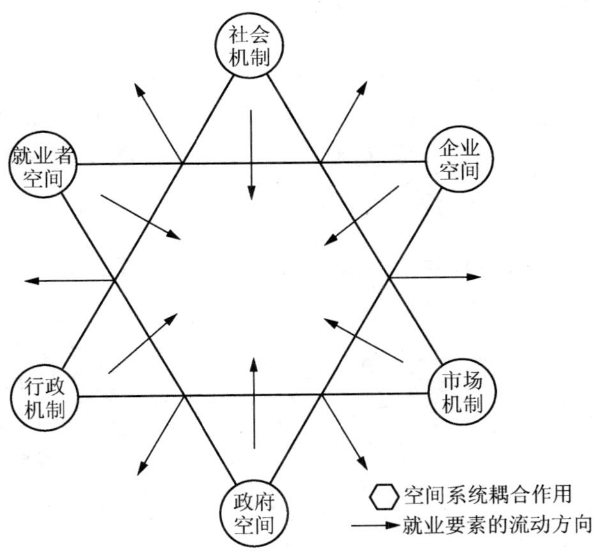

图8-1 演化机制分析框架图

从前文的分析内容来看，近10年来南京都市区就业空间演化应该还处于起步阶段后期，稍微滞后于北京、上海和广州等国内一线城市的发育阶段。这一阶段，其就业要素在各个圈层均处在增长态势，郊区增速快于中心区，城郊就业岗位的比重基本持平，但是就业单中心主导的模式并未发生改变，通勤方向主要是由外围流向中心区。

按照扩散的等级规律来看，南京都市区化进程的推进主要是受到其他高层级城市产业转移的作用，这里面不仅有上海等一线国内城市的扩散影响，更有全球500强等跨国集团的扩散影响。整体而言，近10年来南京都市区仍处在一个承受外部就业要素转移，而自身不断集聚的状态之中，这在持续增长的就业规模中也能发现端倪。中心区在实现自身集聚的同时，还发挥一定的扩散作用，其扩散区域首先是其周边的区域，当然包括郊区在内，这与1990年以来的"退二进三"的运动相对应，但郊区在承受中心区扩散、加强自身集聚的同时，也在提升自身承受转移的品质。此时，传统的产业扩散已经难以满足其发展需求，于是郊区开始与中心区形成竞争，特别是在新型就业行业和高端就业岗位方面表现得尤为激烈，中心区的低端扩散开始绕过郊区向更远的地区进行，近几年安徽来安县汊河新城正是南京都市区扩散的受益者。

在"以人为本"理念逐渐被政府和市场接受的背景下，都市区就业空间的分布和组织不能只从政治、经济的视角去认识，社会机制的变化对就业空间的影响越来越无法被忽视，就业者对空间的诉求也应该得到尊重和体现。同时，前文理论构架部分也是从政府、企业和就业者三个子系统两两耦合的视角进行解释，因此，社会机制的分析也是本章的着重内容之一。所以，演化机制的问题就转化为耦合作用如何通过行政、市场和社会三种机制与集聚和扩散两种空间变化方向的对接。

综上，本章对都市区就业空间演化机制的分析主要集中在市场、政府和社会三个方面。这三种机制相互影响又相互作用，其中行政机制对就业空间的演化起到导引作用；市场机制对就业空间区位分布的空间格局形成影响巨大；而社会机制的主要影响则表现在就业空间职住平衡状态变化上面。行政机制直接影响都市区就业空间的布局，并通过相关政策的设定助推都市区就业空间格局的形成；市场机制则在行政机制的引导下对就业空间进行完善，通过劳动力、土地等资源要素的分配，间接地对就业空间进行充实；社会机制是在侧面对就业空间格局进行作用，其影响效果并不在短时间内突现出来，而是表现为长期时间内潜移默化的作用。

8.2 行政机制的导引

国内都市区就业空间演化的直接力量是政府行政力量，其他两项机制也是在行政力量的引导下运行的。这主要包括地方分权体制的影响、城市规划的空间引导、产业政策的调整落实和交通设施体系的完善四个部分。

8.2.1 地方分权体制的影响

地方分权体制打破了传统上下级指令式的发展模式，形成了就业空间发展在中心区和郊区双轮驱动的现实格局。

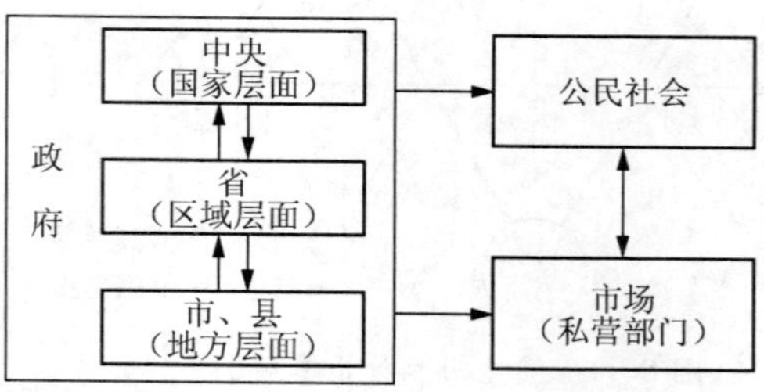

图 8-2 当代分权化改革的基本结构示意图

分权的实质是制度的调整，分权化改革实际上就是多种分权形式在不同政策领域以不同力度进行的政策组合。世界银行将分权化的概念界定为：因公共职能将权力和责任从中央政府向下一级或准独立自主的政府组织或私人部门的转移(Litvack et al，1999)。因此，分权化既包括纵向的中央向地方的分权，同时包括横向的政府向市场、社会的分权(Harald，2000)，见图 8-2。

罗震东等(2007)通过对分权的对象与权力调整方向的考察，总结出中国改革后的分权化进程大致以 1997 年为界，前后可以分为两个阶段。其中 1997 年之前的这一阶段，市(地区)一级政府因其在经济发展中的作用成为获得中央下放权力最多的层级。而 1997 年之后的阶段，县(县级市)一级政府谋求更多发展权力的要求日益增加，市、县之间争夺发展空间与资源的博弈日趋激烈。中央再集权化与分权，由于主体发展的多元化趋向和规范化的宏观趋势，市、县之间权力的调整成为影响都市区域发展最为重要的因素。本书着重讨论的影响机制正是基于后一阶段的发展现实。

这一机制的发展途径呈现“自下而上”的特征，其发展的结果势必会让下级政府对上级政府的整体规划意图产生冲突。这一冲突的直接表现就是用地规模超出初始规划的预测，产生了众多的非规划建设用地。而在这些非规划建设用地上建立起来的开发区、大学城等就业空间也恰恰是未来郊区就业中心发育的“胚胎”。

以南京市江宁东山新市区为例，将其前一版规划的用地规划图与新一版规划的用地现状图进行空间叠合比较，可以发现，虽然现状年限仅为 2003 年，但其用地已经远远超出规划期末 2010 年的规模。江宁区在 2000 年由江宁县改来，位于长江以南，紧邻南京主城。东山更是原县城所在，空间区位优越。其中在 1992 版总体规划中，规划 2010 年东山规划区面积为 41.2 km^2，人口 30 万人。实际情况到 2003 年，现状建设用地面积已经达到 51 km^2，另外还有 12 km^2 用地已批未建，此时东山新市区内居住人口约 29.91 万人。此外，还未包括当时规划区外正在开发建设的江宁大学城（图 8－3）。

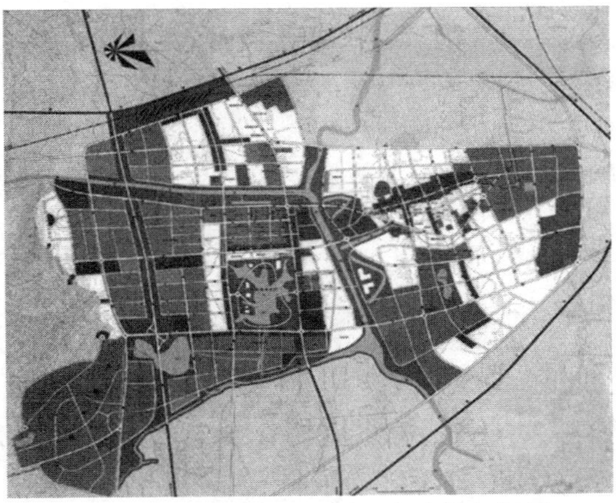

(a) 1992—2010 年东山城市总体规划图

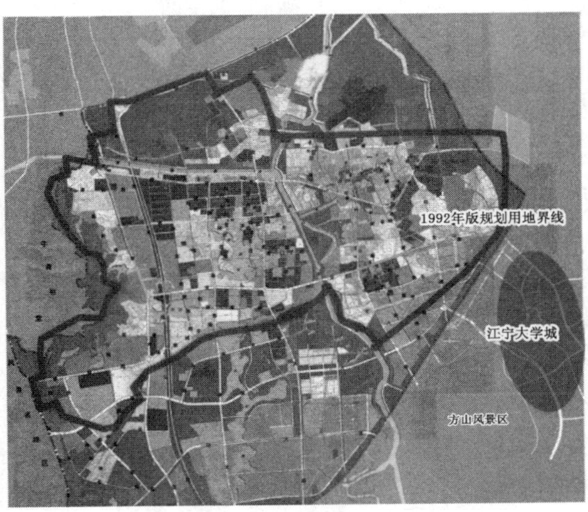

(b) 2003 年东山土地利用现状图

图 8－3　1992—2010 年江宁区东山建设用地规划与 2003 年现实版本比较图

本书经过分析，引发这一现象的内在原因有两个。

第一，都市区边缘的区县成为资源和区位的双优势发展区。在1997年之后阶段的分权化进程中，同时伴随着行政区划调整，一些以往独立的县级市被调整为区。虽然这些区在名义上成为市区的一部分，在行政级别和部门设置上进行了相应的变化，但是由于其原行政辖区界线内具有较多的空间资源和其大都市边缘区的空间区位，由县改区的这一级政府仍然具有强大的发展能量。

第二，以传统GDP为主的考核体制诱使行政官员不惜以违规换取政绩。以GDP为核心的政府绩效考核体制驱使区县政府直接作为"招商引资"的主体来参与城市之间，甚至城市内部的竞争，"诸侯割据"的经济现象层出不穷。在传统中央集权影响力不足、市场经济活跃的长三角、珠三角更是普遍。近年来，郊区成为各级投资的热点地区是与郊区各级政府的"亲商态度"分不开的。特别是在面对全球500强企业或者具有竞争力的行业时，地处一市的各区仍然会各显其能甚至恶性竞争，从压低地价到返还税收采取多方面优惠政策进行招商，以达成企业在本区落户的意图。

正是在这一分权体制的影响下，位于大都市区边缘的区县不甘于简单服从上层次规划的指导，而是利用自己的区位和资源，从发展经济促进GDP指标的基本目的出发，借助开发区、大学城、新城等功能载体的形式，大力招商引资，促进本区县经济的快速发展。由此，分权体制带来中心区和郊区的就业双轮驱动的作用。

自2008年全球金融危机以来，东部沿海城市积极寻求城市转型发展，在产业发展上面提出大力发展高新技术产业和现代服务业的战略思路。都市区内的各个区县更是在发展现代服务业上争相竞争，这种竞争促使新兴产业用地在行政区划范围上均匀分布，从而带来服务业就业空间在中心区和郊区的同步发展。

8.2.2 城市规划的空间引导

地方政府的分权体制是一种"自下而上"推动就业空间格局形成的合理机制，而城市规划的空间引导却是一种"自上而下"使得就业空间从中心向郊区扩散的合法机制。

都市区就业空间格局的变化在规划中主要体现为三个方面的调整，分别是产业空间的战略布局调整、城镇体系的结构调整和中心体系的布局调整。

产业空间的战略布局调整包括对规划期内都市区主导产业的选择和空间布局两个方面的调整。这里的就业空间还是属于经济空间的属性，主要包含工业和服务业的发展。

城镇体系的结构调整主要关注点在都市区重点发展空间的选择和中心城区与周边城镇在职能体系中承担分工的不同和联系。其对就业空间的影响体现在社会方面，城镇的不同功能定位不仅决定了该地区就业空间自身的特征，还影响了就业功能与居住及其他配套功能之间的联系。打个比方来说，综合新城定位开发的就业空间职住平衡性要优于单纯产业园区功能定位指导下的就业空间开发。

中心体系的调整在规划中主要是指公共服务中心的调整而不是就业中心体系的调整。众所周知，服务业具有集聚发展的偏好，完善的基础服务设施是形成集聚发展的重要因素。公共服务中心体系的规划表明了政府要在基础设施配套上进行投资和引导，它对服务业的发展具有强大的吸引力，对于这一类型就业空间的形成具有极大的促进作用。再者，如果就业中心与服务中心空间匹配的话，二者之间会形成较好的联系，这样不仅会增加位于此处就业单位的吸引力，吸引大量的就业人员来此就业，也会减少就业单位除工作生产之外的服务成本。

南京城市总体规划在20世纪90年代以来共经历了三次调整，分别是在1991年修编的《南京城市总体规划（1991—2010年）》、2001年调整的《南京城市总体规划（1991—2010年）》和2007年修编的《南京市城市总体规划纲要（2007—2020年）》。这三次的规划调整均在以上三个方面的内容上做了相应的变化，对南京都市区就业空间的布局产生了重要的影响（表8-1）。

表8-1　20世纪90年代以来南京城市总体规划中有关就业空间格局调整内容整理表

	《南京城市总体规划（1991—2010年）》	调整后的《南京城市总体规划（1991—2010年）》	《南京市城市总体规划纲要（2007—2020年）》
产业布局战略	主城以内一般不再新增工业用地，保留的工业以内涵发展为主，重点发展第三产业，强化金融、贸易、信息中心职能，只有在中央门以外的北片以工业区为主体；外围城镇重点发展第二产业，发挥沿江城镇的综合优势，发展基础工业、港口工业，加快形成沿江工业走廊。再在沿主城向南的城镇次发展轴上大力发展外向型加工工业	第二产业以高新技术产业为先导，强化石油化工、车辆制造和电子信息三个基地建设，以新市区和新城为主要发展空间。积极引导乡镇工业向新城和重点城镇的开发区和工业小区集中。主城是第三产业体系的中心。仙西安排教育科研和文化、休闲娱乐等各类高标准的区域性第三产业；浦口—珠江新市区要形成具有一定规模、相对独立、较高水平的江北地区综合服务中心；东山新市区要形成具有一定规模、较高水平的南部地区综合服务中心。其他城镇应在完善配套的基础上，充分发展各具特色的第三产业；重点城镇和一般城镇还应发展为农业服务的商业、物资、流通等第三产业	优化产业用地布局，引导主城内的工业和新增产业用地向副城和新城集中。主城（半径约为0—10 km）进一步推进“退二进三”，为现代服务业的发展腾出空间。绕城公路和二环之间（半径约为10—20 km）以现代服务业和高新技术产业为主，以国家级开发区为核心，加强工业发展空间的整合。二环（20 km以外）以外的地区以发展先进制造业为主。同时优化工业用地的内部结构，新增工业用地以一类、二类为主，严格控制污染性三类工业用地的增加。工业用地的布局要充分与发展条件相结合，优先保证港口、空港等工业发展条件好的地区的工业用地供应
城镇体系布局	以长江为主轴，东进南延，南北响应；以主城为核心，结构多元，间隔分布。城镇根据各自的职能分工，共同发挥中心城市的整体功能。主要城镇由主城和仙鹤门—西岗、浦口、板桥、西善桥、东山、沧波门、尧化门—栖霞、龙潭、大厂、珠江、六成、瓜埠等12个外围城镇组成，外围还有若干重点镇。规划期的城市建设重点将逐渐向主城外围城镇转移	市域城镇形成主城—新市区—新城—重点城镇——般城镇五级大中小级合理的城镇等级结构。新市区有三个：东山、仙西、浦口—珠江。新城七个：大厂、新尧、板桥、龙潭、雄洲、永阳、淳溪。另外玉带、桥林为新城发展备用空间。都市发展区是南京人口、产业、信息、技术和基础设施高度集中、城市化水平最高的区域，是未来南京社会、经济发展的重点地域。都市发展区外的城镇要改变分布散、规模小的现状格局，集中有限资源优先建设新城和重点城镇	在“两带一轴”城镇空间结构的基础上，规划南京市域2020年形成主城—副城—新城—新市镇—村庄的五级市域城乡空间体系。形成东山、仙林、江北三个副城，八个新城，新市镇34个，村庄2 000个左右。都市区内带动城镇建设重点向外围副城和新城转移，形成拥江发展格局，构筑一体化、高品质的轴向组团发展城市。都市区外的城镇重点建设新城、新市镇和规划保留居民点。重点加强副城和新城的综合服务能力，镇级发展单元原则上不再强调产业职能，而是强调其为乡村地区提供服务的能力

续表 8-1

	《南京城市总体规划(1991—2010年)》	调整后的《南京城市总体规划(1991—2010年)》	《南京市城市总体规划纲要(2007—2020年)》
公共服务中心	由市中心、副中心、七个地区中心及若干个居住区中心组成公共活动中心体系。其中市中心用地为20.5 km^2,副中心是茶亭副中心,七个地区中心是指中片热河路、中央门;西片中保、沙洲;东片孝陵卫;北片迈皋桥;南片光华门。在新街口附近地区开辟多种服务功能的中央商务区	由市中心区、一个副中心、七个地区中心及若干个居住区中心组成的公共活动中心体系。市中心区用地为20.5 km^2。副中心是河西副中心;七个地区中心分别位于热河路、中央门、卡子门、孝陵卫、迈皋桥、沙洲及中保	"城市中心—城市副中心—新城中心(地区)"中心体系。城市中心由"新街口—河西—南站地区"共同构成,分别规划形成江北(浦口)、东山和仙林三个城市副中心。规划原则上一个新城设置一个新城中心,主城、副城及规模大于30万人以上的新城,可增设服务20万—30万人的地区中心

(1) 产业布局战略:工业重点向外围布局,服务业逐渐从主城向郊区扩展

从三次规划成果的内容来看,南京市产业空间的调整方向变化主要体现在服务业上面;在工业发展上面的战略是一如既往地限制主城发展,鼓励外围发展。在服务业的空间布局上面,1991年版规划中只是强调主城区的发展,在外围城镇中侧重发展生活型服务业;到了2001年的调整版中,除延续了主城作为主要服务业发展区域的思路外,还突出了郊区东山、仙西和江北的终点地区特色服务业发展;到了2007版的总体规划中,则提出了圈层式产业发展的概念,使得服务业的发展在外围地区由点式开发向圈层展开转变。

(2) 城镇体系结构:建设重点从主城向外围转移,外围城镇功能走向综合

城镇体系结构的变化首先在分区建设层面,三版规划都体现了建设重点从主城向外围转移,由此,为郊区就业空间的开发带来了战略契机。此外,城镇体系中,郊区城镇的功能定位不断提升、综合,由最初的卫星镇变为新城、新市区,再到副城,功能定位的提升为综合就业空间的发展提供了可能。

(3) 中心体系:结构不断调整,多中心的内涵得到扩充

首先,中心体系的结构式随着时间推进而不断调整,重点地区中心层次升级,河西和南站地区被提升为市中心级别。其次,郊区的中心被纳入到整体框架之中,东山、仙林和江北地区作为郊区地区的服务中心被提升为副中心等级,这也表明都市区公共服务中心多中心蓝图的正式提出。

8.2.3 产业政策的调整落实

产业政策的调整落实主要体现在"退二进三"政策和新兴服务业政策两个方面。

国家从2000年以来出台多个政策、文件大力推行中心城区的"退二进三",为中心区服务业的发展留出空间。根据《国务院办公厅转发国家计委关于"十五"期间加快发展服务业若干政策措施意见的通知》(国办发〔2001〕98号)文件的内容,"退二进三"是指调整城市市区用地结构,减少工业企业用地比重,提高服务业用地比重。这是提高土地利用效益,完善城市功能,改善居民生活环境的重要措施,也是城市经济结构战略性调整的重要任务。这一政策的推行不仅影响了产业布局和经济结构,淘汰了一部分低效益的工业企业,近年来还大大地影响了城市空间及就业空间的结构调整进程。

"退二进三"的实施把中心区的工业人口外迁，使制造业从业人员在中心区减少。与此同时，中心区由于工业用地的改造又创造了大量的相关就业岗位。

当前阶段与之相对应的就业岗位变化有两类：一类是服务业从业人员，这类从业人员的增加也是工业用地改造的主要目的之一；另一类是建筑业从业人员，这类从业人员的增加主要是因为旧工业用地的改造而衍生出的中间态从业人员，但是随着改造阶段的完成，这类从业人员的数量必然会有所下降。

南京都市区在"退二进三"落实方面走在了全国的前列。20 世纪 90 年代以来，随着土地有偿使用以及主城区环境改善要求的不断提高，1994 年南京市政府出台了《南京市污染企业（项目）搬迁治理规定》等相关政策，提出"主城内一般不再新增工业用地，保留的工业以内涵发展为主，工业用地的调整以搬迁、转化和改造为主"的要求。随后几年又连续颁布了南京市政府《关于加快推进主城区工业布局调整工作的意见》、《关于落实科学发展观加快工业产业发展的指导意见》等政策、文件对"退二进三"加以深化落实（表 8-2）。

表 8-2　南京城市有关工业发展的相关政策及事件列表

年份	政策或事件
1994	主城内一般不再新增工业用地，保留的工业以内涵发展为主，工业用地的调整以搬迁、转化和改造为主
2000	推行经营性用地，实行招拍挂公开出让制，新增经营性用地一律纳入招标拍卖挂牌范围。第一幅土地"720 厂芦席营地块"成功招标出让
2001	主城内现有污染工业企业和规划搬迁转移的工业企业要逐步进行"退二进三"；鼓励其他加工工业向浦口、新港和江宁开发区以及其他省级开发区集中
2002	全市行政区域范围内，商业、旅游、娱乐和商品住宅等经营性项目用地必须实行招标拍卖挂牌方式出让土地使用权，并停止了"以地补路"、"退二进三"等协议出让用地
2006	政府出台多项文件，鼓励"退二进二"，即退出老旧粗笨的制造业，发展有就业、有税收、有环保、有形象（厂房出新）、有技术的都市产业；老厂房改造为"都市产业园"，房屋产权、建筑结构、土地性质不变

南京都市区在大力推行"退二进三"之后，中心区的工业企业逐渐向郊区搬迁，位于郊区的开发区成为主城传统工业外迁布局的重要基地。

本书对南京汽车集团等四家企业进行调研，2000 年以后四家企业共设置了八处新厂区，其中三处在南京高新技术产业开发区，三处在江宁经济技术开发区（表 8-3，图 8-4）。其老厂区的改造也逐步开展，改造后的用地性质更加多元化，从而影响城市就业空间的变化。

表 8-3　典型工业企业旧厂区改造统计表

工业企业名称	2000 年以前旧厂区位置	旧厂区改造性质
南京三乐电子信息产业集团	水佐岗东侧老菜市 8 号	居住及办公用地
南京北方信息产业集团	秦淮区秦虹路	城市居住用地
南京汽车集团	中央门地块	居住及商业用地
南京金城集团	西安门地段	生产、居住及商业用地

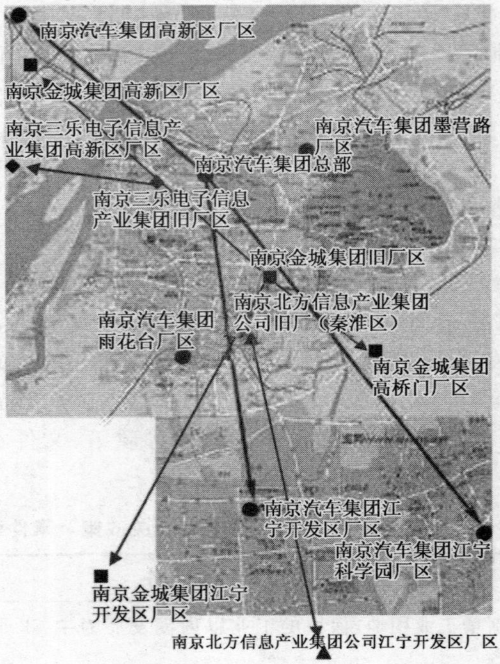

图 8-4　典型主城企业外迁位置示意图

此外，新兴服务业类型的引导规划对郊区发展服务业提供了契机。从南京“十二五”发展规划内容来看，服务外包、现代物流等生产性服务业的适存环境也不需局限在中心区和主城，这就为郊区的服务业发展创造了机遇（表 8-4）。以软件服务外包产业为例，南京规划逐步形成的国家级南京软件园、江苏软件园两个龙头分别位于浦口区和玄武区紫金山东侧，严格来说，这两个园区都位于郊区范围之内。从 2004—2008 年中心区和郊区外缘信息传输、计算机服务和软件业就业岗位的变化情况也能发现这一趋势。四年来，郊区外缘这一行业除就业岗位占据本区单位从业人数的比重指标超过中心区外，其增量指标（7 400 人）也超过了中心区（6 768 人）（表 8-5）。

表 8-4　南京“十五”至“十二五”规划服务业发展重点列表

规划名称	服务业发展重点
南京“十五”计划	商贸流通中心、科技研发中心和现代服务中心，金融保险、信息服务、房地产、旅游、社区服务
南京“十一五”规划	现代商贸、旅游会展、金融保险、现代物流、房地产、信息服务
南京“十二五”规划	软件研发与服务外包业、金融服务业、现代物流业、信息服务业、旅游会展业、文化创意业、商务服务业、商贸流通业

表 8-5　2004—2008 年中心区和郊区外缘信息传输、计算机服务和软件业就业岗位变化表

区域	中心区			郊区外缘		
指标	2004 年比重（%）	2008 年比重（%）	增量（人）	2004 年比重（%）	2008 年比重（%）	增量（人）
信息传输、计算机服务和软件业	2.06	2.72	6 768	0.28	1.16	7 400

8.2.4 交通设施体系的完善

都市区就业统一市场的建立使得城乡的劳动力具有了在都市区范围内自由择业的支撑基础，但是如果没有便捷交通设施的支撑，这一市场便失去了存在的前提。交通设施体系的建设促进了就业空间沿着主要交通干线向郊区扩散，同时也增大了原有就业中心区的区域吸引力。

交通环境的改善使得人们在单位时间内的活动范围不断扩大，这不仅促成了城市建成区面积的不断扩大，也使得就业者可以实现在更大空间距离上的就业，同时推进了就业密集区从中心区走向郊区的扩展。

政府在完善交通体系的工作中，需要突出两个重点内容，一个是城郊快速路网的建设，另一个是公共交通体系建设。

第一是城郊快速路网的建设，因为长距离通勤的通勤工具以机动车为主，快速路网的建设便于交通的流动和疏散，节省通勤时间。

2001 年《南京城市总体规划(1990—2010 年)》中确定了主城“井字加外环”的快速路体系。至 2007 年，主城“井字加外环”快速路系统已建设完成 40.7%，纬七路、城东干道、河西滨江大道、九华山隧道等快速道路相继建成，纬三路与玄武大道快速路正在建设中，内环线即将闭合，“井字加外环”快速路已具备了通行条件。在新一轮的规划中，快速路框架将由原规划的主城“井字加外环”扩大到在都市区范围内构筑“井字放射、绕城三环、沿轴三快、组团快联”的城市高快速路系统(图 8-5)。

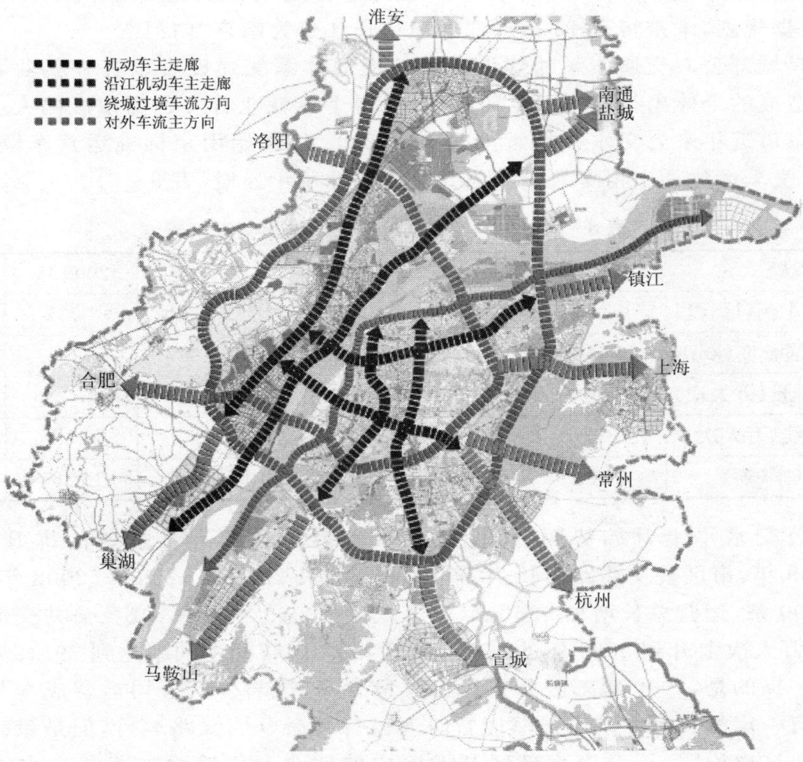

(a) 南京都市区快速路网规划图

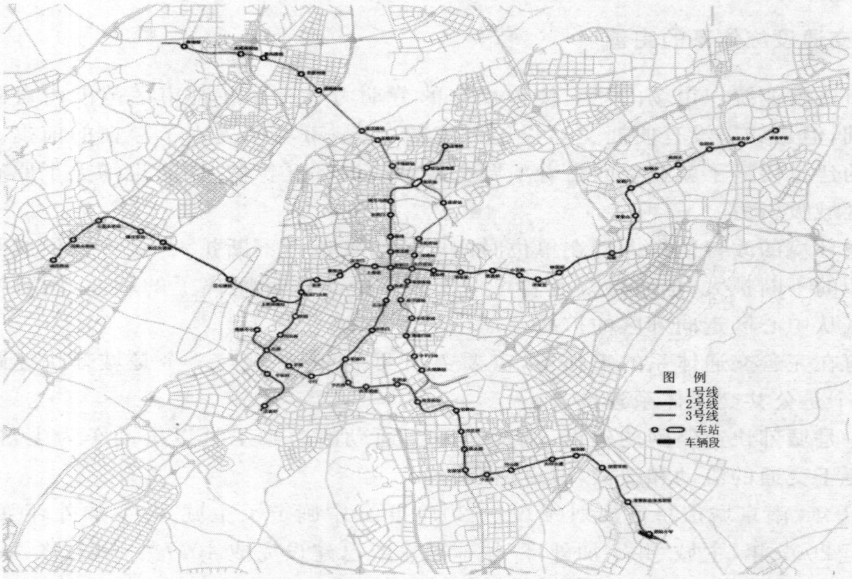

(b) 南京都市区轨道网现状

图 8-5　2007 年南京都市区快速路网规划及轨道网现状建设图

此外，构筑都市区快速路网框架的主要环节过江通道的建设也在近年来取得了巨大的成绩。截至 2007 年，长江二桥、三桥，纬七路过江通道相继建成通车，长江四桥正在建设之中，根据规划，未来将有 13 条过江通道让长江变为南京"内河"。

第二是城郊公共交通体系的建设。公共交通体系的建设可以弥补就业者因为经济实力因素造成的个体出行能力不足的缺陷，使得个体就业者实现都市区内大范围的就业流动。南京市近年来公交水平持续上升。自 2005 年开始南京标准运营车辆、运营线路网长度、公交车运量和出租车数量等公共交通指标每年递增(表 8-6)。

表 8-6　2005 年以来公共交通发展情况列表

指标	2005 年	2006 年	2007 年	2008 年	2009 年	2010 年
标准运营车辆(标台)	5 914	6 193	6 926	7 352	7 791	—
运营线路网长度(km)	2 656	2 575	3 080	3 194	3 141	—
公交客运总量(万人次)	96 920	100 827	106 481	112 712	125 200	—
地铁一号线(万人次)	357	5 798	8 016	10 379	11 535	21 400
出租汽车(辆)	9 055	9 262	9 997	10 151	10 364	—

地面公交水平上升趋势明显，设施水平和客运量都有了加速的提升。据统计，2003—2009 年，市区公交线路增长 70 条，总长增加 1 230 km。2003—2008 年，郊区公交线路增加 90 条，运营总长增加 926 km(表 8-7)。2005 年以来，城乡公共交通客运总量从 96 920 万人次上升到 2009 年的 125 200 万人次，四年间增加率达到 29.18%。

值得一提的是，2009 年郊区公交线路数量下降，这与公交公司运营成本与收益之间难以平衡有一定的关系。政府虽然能暂时通过行政命令使线路运行，但是最终也不得不停止运营。这也说明，至今南京郊区开发区内的就业者仍然面临着公交水平偏低的困难，南京都市区需要加大郊区公共交通建设水平，政府应该适当提高郊区公交线路的补助水平。

南京轨道交通建设也取得了一定的成绩。自 2005 年第一条地铁线路开通以来，轨道交通乘坐者的人数比重持续上升。根据全部公交乘坐人数的统计，地铁乘坐人数的比重由 2005 年的 0.37%增至 2009 年的9.21%，并且随着 2010 年地铁二号线和一号南延线的开通，当年地铁乘坐人数便翻了近一番。

此外，联动江北的地铁三号线也已经在建设之中，随着城郊轨道网络的进一步完善，城郊之间的通勤交通将会更加的便捷。

表 8－7　2003—2009 年南京市地面公交线路发展统计表

分类	单位	2003 年	2004 年	2005 年	2006 年	2007 年	2008 年	2009 年
市区公交线路	数目(条)	126	140	163	173	185	190	196
	总长(km)	1 626	2 104	2 218	2 405	2 591	2 704	2 856
郊区线路	数目(条)	91	97	85	171	177	181	96
	总长(km)	2 157	2 266	2 027	2 795	2 973	3 083	2 285

8.3　市场机制的推动

在解放后至改革开放前的阶段内，我国的经济发展模式是以计划经济为主。在这种模式的主导下，城市居民的住房、就业等众多物品都被当作公共产品由政府按照计划进行提供。

改革开放以后，我国逐渐确立了社会主义市场经济的体制。1982 年，中国共产党第十二次全国代表大会明确提出了有系统地进行经济体制改革的任务，并且指出这是坚持社会主义道路、实现社会主义现代化的重要保证。大会提出“以计划经济为主、市场调节为辅”的原则，这是经济体制改革中的一个重大突破。继第十四次全国代表大会提出建立社会主义市场经济体制的战略目标后，1993 年十四届三中全会通过的《中共中央关于建立社会主义市场经济体制若干问题的决定》，描绘了社会主义市场经济的框架和蓝图，成为改革的纲领性文件，为改革指明了方向。

在市场机制的作用下，有三种市场的运作要素对就业空间的演化影响最大，它们分别是劳动力市场、土地市场和住房市场。

8.3.1　劳动力市场的运作

真正都市区的构建离不开一个健全劳动力市场的运作，劳动力市场在引导就业、指导就业和匹配就业方面发挥了巨大作用，都市区就业空间格局的形成更是与劳动力市场有着密切的关联。如果说行政机制运用规划等手段指定了就业空间格局的外在形式的话，其内容则需要劳动力市场的运作为内在填充，劳动力市场的运作也为就业空间的市场化提供了支撑。

我国的劳动力市场经历了一个“从无到有，从有到全”的发展过程(张小建，2008)。在传统计划经济体制时期，我国不存在劳动力市场。随着改革开放的逐渐深化，作为传统计划经济体制重要组成部分的劳动力资源计划配置体制，逐步被与社会主义市场经济体制相适应的劳动力资源市场配置体制所取代。劳动力市场中介机构的建立，为劳动力供求双方提供了交易的场所和渠道，是劳动力市场逐步发育的重要标志。据统计，至 1993 年末，在全国 28 个省份就已建立职业介绍机构 1.8 万个，其中劳动部门建立 1.5 万所。到 2007 年末，全国参加基本养老保险、基本医疗保险、失业保险、工伤保险、生育保险人数分别达到 2.15 亿人、2.23 亿人、1.16 亿人、1.22 亿人、0.78 亿人，参加农村社会养老保险 0.6 亿人。截至当前，随着《中华人民共和国劳动合同法》和《中华人民共和国就业促进法》等法规的出台，我国劳动力市场的中介机构、法律法规、协调机制和配套制度等已经初步建立起来，适应社会主义市场经济体制要求的劳动力市场已经基本形成。

（1）劳动力市场的形成不仅为大量的劳动力提供了就业机会，在都市区就业空间与劳动力之间构建了有效的桥梁，更为就业结构的优化调整做出了贡献。

根据数据显示，10 年来南京市劳动力市场呈现“供需两旺”的态势，并且非农劳动力需求数量的增长率要快于劳动力供应的增长率。2000—2010 年，南京市劳动力人数增长率达到 37.2%（表 8-8）。同时，南京市提供的非农就业岗位数量增长率为 46.19%。虽然供需差值有所扩大，但是适龄劳动力就业的比重也在上升。

表 8-8 南京市劳动力市场的供需情况

年份	劳动力供应（人）	非农劳动力需求（人）	供需差值（人）	需供比值（%）
2010	6 507 221	3 900 000	2 607 221	59.93
2000	4 748 989	2 667 700	2 081 289	56.17
增长率（%）	37.2	46.19	—	—

注：本表以人口普查中 15—64 岁这一年龄段的人口作为劳动力供应统计数据，供需差值中还包括了大量的适龄学生和部分退休人员。如除去这两部分人员，其实际供需差值将会大大缩小。

此外，从中国劳动力市场信息网监测中心提供的历年数据来看，2001—2009 年南京城市劳动力市场的求人倍率①多大于 1，这也印证了南京劳动力市场持续旺盛的就业岗位供应能力（表 8-9）。并且，在这些用人单位中，私营企业逐渐成为劳动力需求的主体，其提供的就业岗位基本占到全部的 30%以上。

表 8-9 2001 年以来部分时段南京市劳动力市场职业供求数量情况

调查时间	求人倍率	第二产业需求比重（%）	第三产业需求比重（%）
2001 年第二季度	1.06	7.8	92.1
2003 年第二季度	1.41	14.5	85.5
2004 年第二季度	0.78	8.8	91.1
2005 年第一季度	1.00	14.1	85.9
2006 年第二季度	0.94	8.9	90.6
2007 年第二季度	1.21	5.94	93.48
2008 年第四季度	1.10	14.8	84.7
2009 年第二季度	1.15	23.0	75.3

同时，市—区（县）—街道三级的劳动管理机构加上各级职业介绍机构共同构筑了南京市的劳动力市场服务体系（表 8-10）。截至 2007 年底，南京都市区共有包括人才市场在内的登记职业中介 207 家。根据空间分布的情况来看，这些中介机构主要分布在中心区的玄武区、白下区和鼓楼区，还有近郊的雨花台区，这四个区的职业中介数占到整体的 57.5%。其中雨花台区的安德门劳动市场是华东地区著名的农民工职业介绍市场，内有登记中介机构 19 家。从单个职业介绍机构服务的人数情况来说，玄武区、白下区和雨花

① 求人倍率＝需求人数/（求职人数＋无要求的求职人数×需求比重）。

台区的职业介绍机构最为方便，其值均小于2万人/个。而远郊区的职介机构服务密度偏高，说明服务便利度不足。内城边缘的下关区该值也达到近5.5万人/个，同样存在就业服务不足的情况，也许与该区近年来较低的就业增长率有一定的关联性。

表8-10 2007年南京都市区各分区职业介绍机构统计表

分区	玄武区	白下区	鼓楼区	下关区	秦淮区	建邺区
数量	37	31	20	8	13	14
服务人数(人/个)	16 716	19 574	41 830	54 988	28 569	31 479
分区	雨花台区	栖霞区	浦口区	江宁区	六合区	合计
数量	31	17	10	15	11	207
服务人数(人/个)	10 787	29 282	58 740	63 433	81 736	31 807

通过这些中介机构与政府部门的联合运作，南京市新增就业人数整体呈逐年增长的态势，而城镇登记失业率却逐年下降。据统计，2001—2010年，南京市平均每年新增就业人数15.9万人，城镇登记失业率平均每年下降0.1个百分点(表8-11)。

表8-11 2001—2010年南京市新增就业人数和城镇登记失业率统计表

年份	新增就业人数(万人)	占当年从业人数的比重(%)	城镇登记失业率(%)
2001	2.92	1.10	3.59
2002	13.50	5.00	4.13
2003	7.50	2.67	4.18
2004	12.27	4.00	4.03
2005	19.74	6.23	3.35
2006	24.44	7.21	3.33
2007	19.80	5.38	3.26
2008	18.39	4.91	3.16
2009	19.96	4.90	3.02
2010	20.70	—	2.58

都市区的就业结构得到了巨大的改善，第三产业从业人员的数量得到了巨大提升，劳动力市场在其中发挥了巨大的作用。根据前表8-9显示，近10年来南京市劳动力提供的就业岗位结构中，第三产业型岗位的比重多数维持在85%以上。

都市区产业升级实质是实现就业人员行业分布的再分配，这一提升必然会带动就业结构的调整，最终使得都市区服务经济型就业者数量上升，而传统制造业型劳动力则会被动下岗而转向其他行业重新就业。都市区正是通过这一过程而实现了就业结构主导从第二产业向第三产业的转变，劳动力市场则通过对下岗再就业人员和外来务工人员的有效疏导保障了这一转变的顺利实施。

1999年国家大力推进国有企业改制行动，由此带来了大量的第二产业从业人员下岗，通过劳动力市场的运作，大量的下岗人员再次走上了工作岗位，并且从业类型从第二产业转向了第三产业，间接优化了产业结构。2000—2008年，南京市累计共有45.27万离岗失业人员通过登记招聘成功实现再就业，其中转向第三产业的占大多数①。

① 南京市劳动和社会保障局.2003.南京市劳动和社会保障工作总结(2003—2008年)[Z].南京:南京市劳动和社会保障局.

(2) 劳动力市场为外来劳动力提供了就业机会，同时也为郊区就业空间的形成提供了有效支撑。

外来人员在长三角劳动力市场中的地位越来越重要，在南京也是如此。根据人口数据显示，南京市暂住人口自 2000 年以来逐年递增，至 2008 年，暂住人口与户籍人口的比重已经接近 1：2。同时，巨大的人口数量蕴含了巨大的劳动力资源和就业人数，2005 年南京市登记的暂住人口就业率达到 71%左右(表 8－12)。

表 8－12　南京市暂住人口与户籍人口统计表

年份	户籍人口(万人)	暂住人口(万人)	暂住人口/户籍人口
2001	553.04	47.6	0.09
2002	563.28	63.0	0.11
2003	572.23	105.0	0.18
2004	583.60	130.0	0.22
2005	595.80	161.0	0.27
2006	607.23	210.0	0.35
2007	617.17	247.0	0.40
2008	624.46	286.0	0.46

与城镇职工相比，很多外来工从事的是劳动时间长、劳动强度大、待遇较低的低端制造业或者服务业。据江苏省公安厅 2009 年、南京市公安局 2003 年统计的数据显示，大部分外来就业岗位从事简单体力劳动，其中制造业、建筑业的从业人数最多，这两个行业的人口比重占到 60%以上，并且，这些工作岗位多分布在郊区。

劳动力市场在这些流动人口的就业中起到了巨大作用。以位于城郊结合部的南京安德门劳动市场为例，它是 2002 年南京市第一家由政府扶持创办的主要为农民工服务的专业人力资源市场，由劳动部门进行业务指导，实行企业化、市场化的管理运作模式。成立至今，年接待量已经从建立初期的五六万人上升到现在的 60 多万人，日接待量平均在2 500—3 500 人，至 2010 年共接待求职人员近 300 万人次(图 8－6)。如果按照成功就业比重为 10%计算，则其八年来共介绍成功就业岗位约 30 万人次。

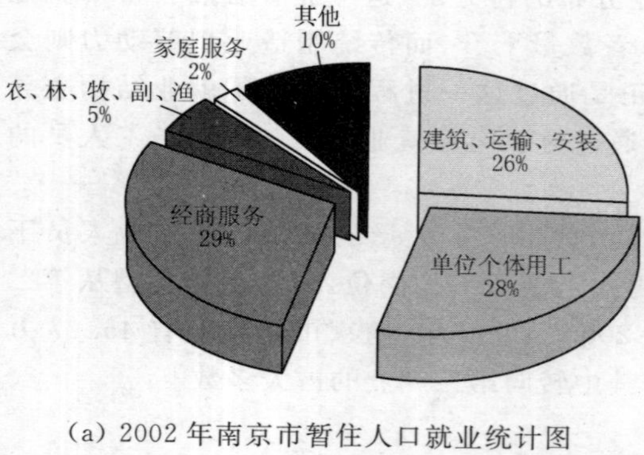

(a) 2002 年南京市暂住人口就业统计图

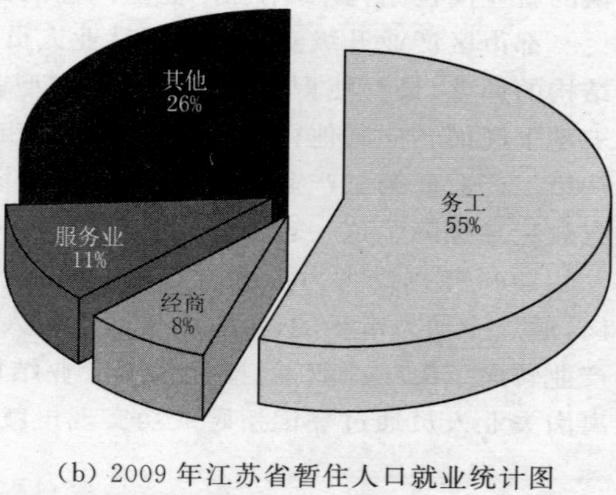

(b) 2009 年江苏省暂住人口就业统计图

图 8－6　南京市、江苏省暂住人口就业统计图

近年来，南京市政府根据国家、江苏省出台的劳动法规和政策配套了相应的实施法规、文件，从而完善了南京都市区的劳动力市场。劳动保障和社会保险体系的建立更为就业者在都市区就业空间内的自由流动提供了保障。

8.3.2 土地市场的运作

从就业空间经济属性的角度出发，同时结合前文理论的假设，对就业空间分布影响较大的因素应该是土地市场的运作。土地市场的运作在推动工业型就业空间从中心区向郊区转移进程中起到了极大的作用，并且还升级了中心区的服务业业态。

地租理论对单中心城市不同类型就业空间的空间区位布局进行了良好的解释，长三角都市区土地价格在空间区位上的差异也通过土地市场的运作显现出来。中心区的土地价格要远远高于郊区的价格，以南京都市区不同区位空间的住房价格差异来说，中心区的房价为 2 万元/m^2 以上，而郊区仅为 7 587 元/m^2，前者约为后者的 3 倍（表 8－13）。

表 8－13 2009 年南京各区住房价格差异表

区域（均价）	分区一（价格）	分区二（价格）	分区三（价格）
中心区均价（20 458）	白下区（21 340）	鼓楼区（20 618）	玄武区（19 415）
内城区边缘均价（18 467）	下关区（18 728）	秦淮区（18 205）	—
近郊区均价（13 714）	建邺区（17 993）	雨花台区（11 603）	栖霞区（11 547）
中远郊区均价（7 587）	江宁区（9 990）	浦口区（7 634）	六合区（5 136）

同时，参考国土资发〔2004〕232 号《工业项目建设用地控制指标（试行）》的内容，南京都市区内 11 个区的工业用地投资强度要求也存在差异，其中投资强度要求的规律也是从中心区向郊区梯度递降，中心区的地价最高，因此要求的投资强度也最高（表 8－14）。

表 8－14 南京都市区各区工业用地投资等别划分表

等级	包含区	投资强度
四等	玄武区、白下区、秦淮区、建邺区、鼓楼区、下关区、雨花台区	最高
六等	栖霞区	降低
七等	江宁区	降低
九等	浦口区、六合区	降低

如此大的土地差价使得企业在运作时不得不考虑其生产成本，再者，对于占地较大的工业企业来说，在寸土寸金的中心区扩大企业规模也成为不切实际的想法，因此，这使得中心区的传统工业企业开始外迁。而中心区原有的工业用地开始向居住和服务功能转变，从而推动了郊区工业就业类型和中心区服务业就业类型的增加。南京都市区近 10 年来的固定资产投资情况也明确地显示了当前阶段郊区已经成为工业用地扩张的主要空间，而中心区的工业用地已经逐渐停止增长甚者出现萎缩。以 2009 年全市工业固定资产投资情况来看，中心区各区的工业投资比重均低于全区总量的 1%，而中远郊区的投

资比重均超过10%(表8-15)。

表8-15　2009年各区工业投资比重表

地区	全社会固定资产投资(亿元)	工业投资(亿元)	工业投资所占比重(%)
玄武区	80.76	3.62	0.28
白下区	85.12	2.83	0.22
秦淮区	60.62	5.84	0.45
建邺区	135.28	2.62	0.20
鼓楼区	75.18	1.01	0.08
下关区	67.91	1.04	0.08
浦口区	290.98	149.73	11.51
栖霞区	240.42	127.38	9.80
雨花台区	185.02	63.08	4.85
江宁区	520.05	315.31	24.25
六合区	350.01	260.18	20.01

与工业投资走低趋势相对应的是中心区现代服务业从业人数的快速提升。根据全国经济普查数据显示,2004—2008年,以信息传输、计算机服务和软件业,金融业,租赁和商务服务业,科学研究、技术服务和地质勘查业四个具有代表性的现代服务行业为例,中心区的就业岗位所占该区域的比重由12.92%提升到14.60%,人口增加近2.38万人,远远高于郊区外缘的增长水平(表8-16)。

表8-16　中心区与郊区外缘典型现代服务业从业人数变化表

区域	中心区			郊区外缘		
指标	2004年比重(%)	2008年比重(%)	增量(人)	2004年比重(%)	2008年比重(%)	增量(人)
四个行业从业人数	12.92	14.60	23 789	3.56	3.77	9 936

8.3.3　住房市场的运作

1994年7月18日,国务院下发了《关于深化城镇住房制度改革的决定》,标志着我国全面推进住房市场化改革的确立。在此之前,我国的住房体制还停留在国家、单位统包的体制,居民住房以福利房和租赁为主。此文件的主旨就是改变这种现状,开启城镇住房商品化的大门。由此,将城市居民的住房解决问题推向了市场。

在各级地方政府的大力推动下,城市房地产市场得到了迅速发展,最终助推了近年来房地产市场火爆的情形(表8-17)。从房地产开发投资和各区常住人口变化的情况来看,郊区房地产市场的开发更加兴旺,在郊区居住的人口日渐增多,推动了郊区服务业就业空间的发展。

表 8-17　2009 年分区房地产开发投资情况表

地区	房地产开发投资(亿元)	各区投资比重(%)
玄武区	45.15	7.79
白下区	59.79	10.31
秦淮区	25.30	4.36
鼓楼区	44.87	7.74
下关区	29.03	5.00
建邺区	90.72	15.64
栖霞区	81.09	13.98
雨花台区	45.30	7.81
浦口区	61.15	10.55
江宁区	76.46	13.19
六合区	21.03	3.63
合计	579.89	100.00

2009 年郊区的房地产开发投资比重高于内城，所占总量比重超过 10%的五个区中，有四个区属于郊区范围。

郊区住房市场的运作形成了郊区人口的集聚，从而带来新的服务业就业空间的扩展。根据最新的第六次全国人口普查公布数据显示，2000—2010 年，郊区的常住人口数增加量为 850 871 人(表 8-18)。越来越大的人口集聚规模对原有的服务水平提出了挑战，由此，巨大的市场供需差值使得郊区的服务业发展起来，近年来郊区服务业从业人数不断上升，其 2004—2008 年的增长率远超过中心区(表 8-19)。

表 8-18　南京都市区第五次、第六次全国人口普查各区常住人口及增加量情况　(人)

分区	2000 年	2010 年	2000—2010 年增加量
玄武	491 364	651 957	160 593
白下	369 448	602 031	232 583
秦淮	292 260	405 891	113 631
鼓楼	633 188	826 074	192 886
下关	365 433	445 117	79 684
城区	2 151 693	2 931 070	779 377
建邺	358 966	426 999	68 033
栖霞	395 388	644 503	249 115
雨花	274 936	391 285	116 349
浦口	516 753	710 298	193 545
江宁	781 344	1 145 628	364 284
六合	1 056 300	915 845	−140 455
郊区	3 383 687	4 234 558	850 871

表 8-19　2004—2008 年中心区与郊区外缘传统服务行业就业岗位增长率列表　(%)

行业类型	中心区	郊区外缘
批发和零售业	8.55	24.58
住宿和餐饮业	17.91	118.30
房地产业	46.01	31.29
教育	−4.82	59.80
卫生、社会保障和社会福利业	27.18	55.00
平均增长率	12.00	49.80

另外，郊区服务业业态不断提升，大型品牌的服务机构也纷纷在郊区开设分店。如江宁的欧尚超市，是在原工业厂房的地盘上建立起来的。同时，一些适合郊区用地特性的商业设施也发展起来，如以综合卖场形式为主的购物中心(Shopping Mall)在浦口区的泰山街道开业。这都为郊区服务业的发展注入了新的活力(图 8-7)。

(a) 江宁欧尚超市

(b) 浦口红太阳华东 Mall

图 8-7　江宁欧尚超市和浦口的红太阳华东茂(Mall)

注：欧尚超市江宁店于 2008 年 7 月正式开业，该店是由江苏省交通建设集团有限公司和法国欧尚超市(中国)香港有限公司共同投资 2 980 万欧元兴建的，注册资本为 1 200 万欧元，总建筑面积 8 万 m^2，是集大型超市、运动器材销售、建材销售以及影院等服务项目为一体的综合商业中心。华东 Mall 项目分为四个区域：第一区域为家居建材板块，28 万 m^2 红太阳家居华东 Mall 店于 2008 年 10 月开业，拥有上百个国内外一线著名品牌；第二区域为华东 Mall 游乐板块，在建的国内最大室内主题乐园内拥有足以成为南京城市新地标的 116 m 摩天轮和全世界最长的摩托过山车；第三区域为餐饮美食、休闲百货板块，大洋百货、卢米埃(CMG)国际影城已纷纷入驻；第四区域为国际超市板块，沃尔玛超市已成功落户华东 Mall。

8.4　社会机制的变化

社会机制的变化主要是指就业者日常生活就业组织机制的变化，其变化也受到行政机制的影响。我国居民的就业与生活的组织主体由“单位大院”向市场转变，现有的企业和社区目前虽还各自承担一些较弱的组织职能，但是二者之间并未有效地联系起来，组织力量非常薄弱。

8.4.1　单位大院组织机制的解体

“单位大院”是我国计划经济时期形成的一种独有的社会组织模式，也是关系到就业空间与其他功能空间进行组织的模式。就业者由政府分配工作，由工作单位提供工资和住房（图 8－8）。这种机制产生的就业者之间“同事＋邻居”的双重社会关系在改革开放后向“同事”、“邻居”各自分离转变，同时二者之间的联系逐渐减少，加速了传统亲密的邻里关系走向解体。

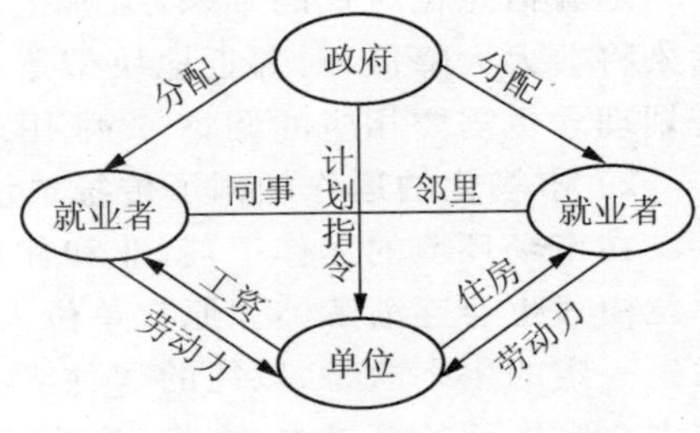

图 8－8　计划经济时期的职住组织关系图解

单位作为中国城市中一种基本的地域单元，属于国家或集体所有，具有一定自治权，独立财政预算，共享住房、医疗等生活服务设施（路风，1989；李汉林，1993）。单位的基本功能包括组织生产、保障生活、落实上级政治策略以及社会调控等。单位包括国有企业、事业单位、国家机关在内的工厂、学校、商店等各种类型（柴彦威，1996）。

沃尔德于 1986 年指出，在高度集权的计划经济时期，单位承担着生产和生活组织的双重功能，在空间形态上也呈现出“有墙封闭”的特征（沃尔德，1986）。在单位内部，封闭的围墙界定了单位大院的独立空间，生产、消费等经济活动和单位职工的日常活动也由此受到局限（揭爱花，2000）。

在 1990 年政策导向的研究中，单位大院体制“小一统”封闭运作的特性经常遭到批评。林毅夫（1998）、樊纲（1993）等经济学家针对作为经济运行实体的“单位”进行规范分析，指出其机构臃肿、效率低下、社会负担沉重、缺乏市场竞争力等问题，并提出了企业改制、转轨等方面的建议。

然而，单位大院这种就业—生活组织模式在减少不必要的交通出行、紧密就业空间与居住空间之间的联系方面具有极大的优越性。气候和能源问题越来越受到世界各国的重视，低碳城市理念在今天受到推崇，在就业者职住距离日渐增大、就业空间组织效率变低的情况下，传统单位大院式的就业空间组织模式又开始得到研究者的反思和重视（柴彦威等，2011）。

那么，今天的就业者已不能够返回到就业与生活有着良好衔接关系的单位组织模式中，恢复传统单位式就业—生活组织模式的障碍主要还是受到规划体制和市场体制的共同作用。

1）现行的法定城市规划不鼓励就业单位自行配套

自《雅典宪章》以来，城市的功能分区理念得到规划师的推崇，并在规划中加以实施。这是因为传统的工业由于生产工艺落后，不仅会产生众多的气体、水、废物污染，还会对就近的生活区产生危害。田园城市、工业城市、有机疏散等规划的理念便是在应对工业革命带来巨大污染的情况下提出来的。功能严格分区的理念对城市工业用地和生活用地进行分离，通过在污染性工业地区周边设置一定的绿化隔离带来减少工业生产对生活区的不良影响。城市规划具有严格的管理体系，在实施上会有规范和机构对这些用地进行空间管理，因此如无特殊情况不准改变规划用地的性质，即工业用地是禁止进行住房建设开发的。有些地方虽然做了工业企业适当配套宿舍的要求，但是对配套用地所占比重和公用进行严格限制。如江苏对工业项目的行政办公及生活服务用地比例要求不能超过规划用地面积的 7％①，这些宿舍实在难以满足现有职工的生活需求。再者，由于工业园区配套标准远低于生活居住区，所以大面积工业园区配套的公共服务设施只能满足就业者的最低生活要求，而无法对就业者形成强力吸引。

① 江苏省国土资源厅. 2007. 江苏省建设用地指标（2006 年版）[Z]. 南京：江苏省国土资源厅.

随着信息化时代的到来，工业生产的工艺也在不断改进，如今的工业生产所产生的污染将会大大降低，对邻近地块带来的干扰也会相应的减少，严格遵循城市功能分区的规划理念也需要相应的调整，产业用地和生活用地严格分开的局面将会有所改观。

2）市场化的运作加剧了传统单位大院式的组织模式解体

在市场环境的运作下，就业和住房之间的联系相对于大院时期变弱，同时已构成的单位模式也会逐渐解体。原有单位大院的就业岗位会迁往郊区，已有的居住空间内也会发生一定的生态演替，以往的居住者会有部分被替换。这部分人，一部分年长者为了规避中心区生活的高成本，在将房子租出获得高租金的情况下，把居住地搬到生活成本较低、环境质量较好的区位生活，如近年来有些退休工作人员搬到郊区居住。此外，一部分人跟随就业岗位的外迁，而搬到郊区居住。原有的住宅多会被附近新生就业岗位的年轻人所占据。以中央门南京汽车集团为例，这一特征就表现得很明显。

南京汽车集团的历史始于 1947 年，1958 年成功地制造出我国第一辆轻型载货汽车，其原始厂址位于中央门老工业基地。解放后，在工厂区附近建成了工人新村、建设新村及芦席营等工人居住区，改革开放前中央门南京汽车单位大院形成了良好的就业—生活组织关系。近年来，其厂区不断向郊区发展。位于中央门的南京汽车集团老厂区也进行了相应的用地性质调整，该地块职住平衡的格局开始解体。

根据 2008 年的调查显示，南京汽车集团的原有大片工业用地已经进行了改造，用地性质转为居住、商业多元混杂的情况。从图 8－9 可以明显看出，南京汽车集团中央门地块内工业用地已经大幅度减少，仅南部一块居住用地变成了工业用地，但在此用地上已经不再进行生产，仅仅作为东华集团及南京汽车集团的办公及第三产业用地。北部工业用地改成了居住用地及先锋广场办公楼。中间大块的工业用地主要有天正湖滨、凤凰和鸣两个居住小区以及一所配套小学，其中两个居住小区所在的用地被政府收储后，通过招拍挂，最终由开发商进行开发建成。1980 年南京汽车集团地块内已经有一大块居住用地，此用地主要为工厂职工的住房，现已为产权房。最南部一块工业用地现已被划分为四块用地：西北部为居住用地，东部为时代超市（租用关系，但土地已划入东华集团），东南部为一办公写字楼，西南部为南京汽车集团的办公大厦。

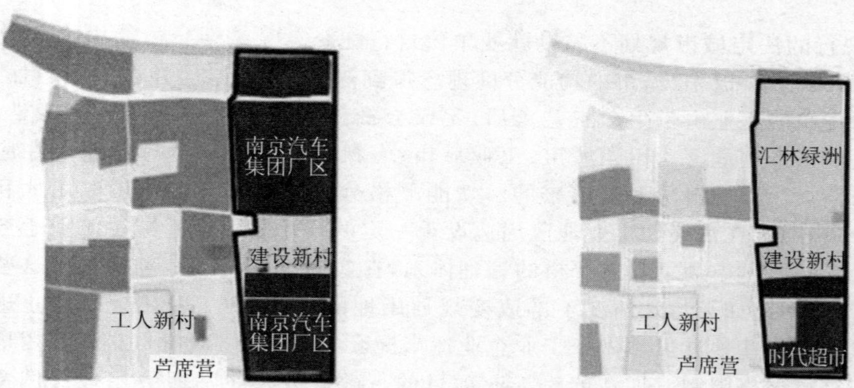

（a）1980 年南京汽车集团地块用地性质图　　（b）2008 年南京汽车集团地块用地性质图

图 8－9　南京汽车集团地块用地性质变化比较图

此外，以往与南京汽车集团配套的工人新村、建设新村虽原为家属区，近年来房屋出租、出售现象增加，小区人口结构更加复杂，居民职业多样化，已不是单一的南京汽车集团制造工人。并且，两个小区内居民工作地点差异较大。建设新村居民工作地点分布呈现两极化特征，约30%的居民在中央门街道内工作，46%的居民在主城区外工作；而工人新村则分布相对平均，中央门街道、主城区和主城区外分别占到约1/3(图8-10)。

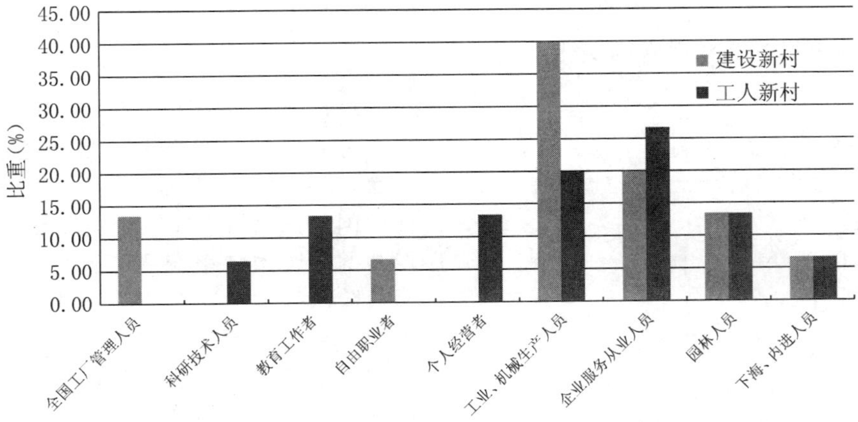

图8-10 建设新村、工人新村居民调查者职业分类

从通勤工具来看，自行车和公共汽车是主要的交通方式。建设新村步行、骑车和乘公共汽车的居民分别占40%和53%，工人新村居民小汽车的交通方式所占比重也较大(图8-11、图8-12)。

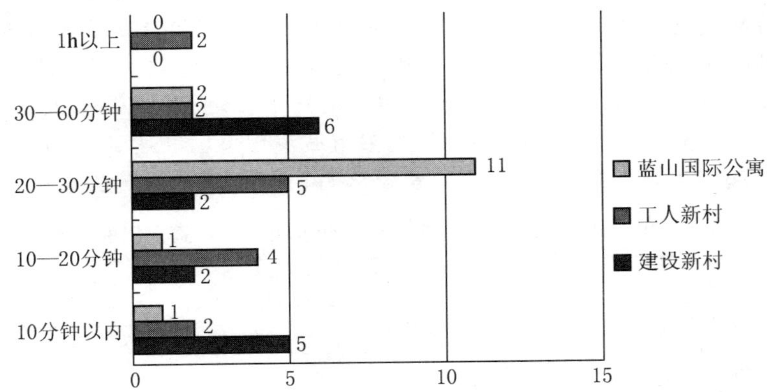

图8-11 蓝山国际公寓、工人新村、建设新村居民通勤时间统计图

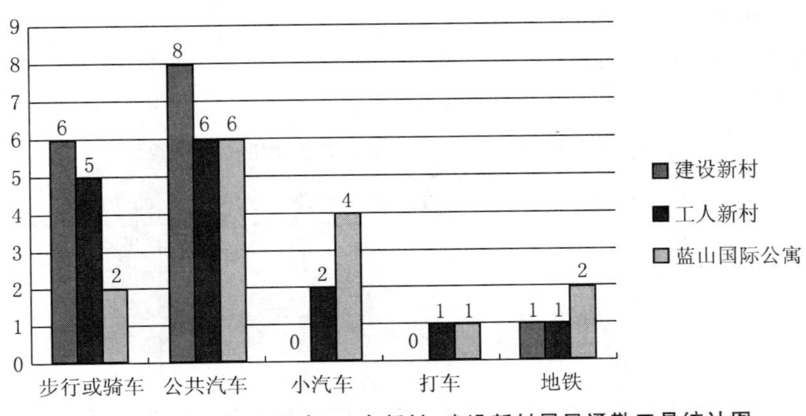

图8-12 蓝山国际公寓、工人新村、建设新村居民通勤工具统计图

再者，就业者在市场环境中具有更大的选择余地，现有的工作岗位并不一定为其终身从事的职业，这与计划经济时代工作岗位调动异常困难不同，现在就业岗位的流动性大大增加。

8.4.2 家庭职住组织模式的变化

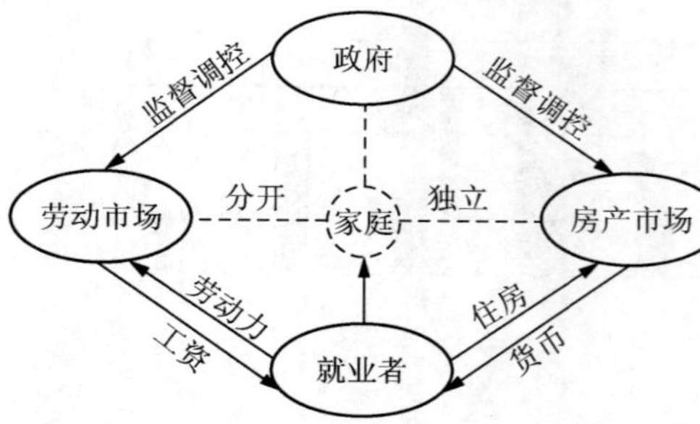

图 8-13 当前职住关系组织体制构架图

单位大院组织体制逐渐解体之后，就业者在劳动市场和房产市场分别寻求就业和住房，二者之间的联系已经分开。特别是当前中国的社区组织发展还不成熟，具有一定能力的社区团体组织尚未发展起来，因此，当前阶段我国生产和生活组织的社会基本单位应该是以家庭为主，社区和公司为辅。家庭就业结构和生活方式的变化成为影响就业空间变化的重要因素之一（图 8-13）。

1）家庭就业结构变化

都市区居民平均每户家庭人口数逐年减少，但是每户成员中从事第二、第三产业的人数增多。

首先来看每户家庭人口数的变化，在南京都市区内，2000 年第五次全国人口普查数据中每户家庭人口约为 3.04 人，到了 2005 年全省人口抽样统计数据中每户家庭人口约为 2.79 人，五年间每户减少了 0.25 人。同时，从《南京统计年鉴》每年的城市和农村家庭抽样调查数据可以发现，城市平均每户家庭人口的数据逐年递减，而农村平均每户家庭人口的数量有微量增长的特征，但是到 2009 年其增长量仅为 0.02 人，远低于城市的减少量（0.24 人）（表 8-20），同时 2000 年南京市城市化率已经达到 69.5%，现在城市人口的变化应该起到主导作用。因此，南京都市区每户家庭人口应当是下降的趋势。

表 8-20 2000—2009 年南京市城区和农村每户家庭人口变化表

指标	2000 年	2005 年	2006 年	2007 年	2008 年	2009 年
城市平均每户家庭人口（人）	2.92	2.86	2.79	2.74	2.69	2.68
农村平均每户家庭人口（人）	3.54	3.48	3.50	3.56	3.56	3.56

再看一下每户家庭从业人口比重的变化，2005 年南京都市区内每户家庭从业人数为 1.21 人，其中城区为 1.37 人/户，郊区为 1.13 人/户，较 2000 年的统计数据都有了相应增长。虽然就平均每户女性就业面大小而言，男性仍高于女性，但是从二者增加值的情况来看，女性要高于男性，其五年间增长值为 0.1%，高于男性的 0.05%（表 8-21）。

表 8-21 城郊区家庭第二、第三产业就业指标比较表

指标	每户从业人数（人）		平均每户男性就业面（%）		平均每户女性就业面（%）	
年份	2000	2005	2000	2005	2000	2005
城区	1.20	1.37	0.48	0.53	0.33	0.48
郊区	1.06	1.13	0.43	0.46	0.25	0.31
都市区平均	1.13	1.21	0.46	0.51	0.30	0.40

这也许是由于居民在城市中生活成本增加，需要增加就业岗位从而来提高家庭收入，相应地改善生活质量。总之，家庭从业人口的增加是为了适应外部环境的变化，同时也增大了市场上的劳动力供应数量，推动了就业空间格局的演化。

2）家庭职住观念的变化

家庭生活观念的变化对就业空间格局的演化起到了助推作用，这一项变化主要与社会中产阶层的增长有关。

根据相关研究成果，包括南京在内，长三角的城市存在一定的居住空间分异现象，富人相对穷人有了更多的居住选择，从而增加了职住关系的不确定性。改革开放以后，中国中产阶层或者中等收入阶层①的成长已经成为一种无法忽视的现象（周晓虹，2006）。这些阶层拥有了一定的财富并且随着郊区化的推进开始进行居住郊迁化以提高居住质量。与中产阶层郊迁观念相印证的是，市民中高收入阶层拥有两套及以上住房的比重也在随之提高。根据2007年南京市城镇居民住房调查的资料显示，当年江南八区的城镇家庭中拥有其他处住房的比率为13.4%，其中高收入家庭拥有其他住房的比率达到20.5%，远高于低收入家庭的5.2%（表8-22）。这也印证了富裕起来的中产阶层购置两套房的趋向。

表8-22　南京市江南八区不同收入居民拥有他处住房的比重统计表

	低收入	中低收入	中高收入	高收入
拥有他处住房率(%)	5.2	9.6	17.2	20.5

注：江南八区包括玄武区、白下区、秦淮区、建邺区、鼓楼区、下关区、栖霞区和雨花台区。

虽然有些人目前在郊区买房投资的目的更大于居住，以2007年白下区居民他处住房用途的统计结果，其中仅有32.39%的住房用来家庭常住（表8-23）。但在郊区的配套设施改善以后，住房的空置率会逐渐降低，居住者可驾驶小汽车在郊区别墅和工作地点之间通勤。据统计，南京城镇居民家庭居民的汽车拥有率越来越高，2009年已经达到每百户13.5辆的水平（表8-24）。

表8-23　南京市白下区他处住房用途统计表

他处住房用途	家庭常住	偶尔居住	闲置	出租	其他
所占比例	32.39	24.75	14.95	17.61	10.3

表8-24　2002—2009年南京城镇居民家庭平均每百户年末汽车拥有量统计表

指标	2002年	2003年	2004年	2005年	2006年	2007年	2008年	2009年
汽车(辆)	0.3	1.6	2	4.88	6.38	6.63	12.5	13.5

另外，家庭对子女教育的重视也是加剧职住失衡的影响因素之一。因为城市优质教育资源的分布存在不均衡性，常住地不在优质学校所在学区的家长会根据孩子学校的位置重新选择居住地，即为陪读而不停更换居住地点，并且这一部分人所占的比重并不在少数。据《南京日报》调查，2009年南京小升初择校时，一些知名小学填报择校志愿的学

① 中国社会科学院城市发展与环境研究所和社会科学文献出版社联合发布的《2011中国城市发展报告》指出，到2009年我国城市中等收入阶层规模已达2.3亿人，占城市人口的37%左右。

生占 2/3 以上①。

8.5 小结

近年来就业空间格局演化的机制除受行政机制、市场机制和社会机制的影响之外，还与其都市区地理格局和历史因素积淀的影响有关。就业空间格局的最终形成是以上多项因素长期积累和综合作用的结果。

(1) 行政机制在就业空间格局演化中发挥导引作用，这与我国当前的国情是相匹配的。政府的行为不仅直接推行了就业空间的郊区扩散和中心区的升级集聚，还通过对市场经济的调控间接干涉就业空间格局的形成。这其中主要包括地方分权体制的影响、城市规划体制的推行、产业政策的调整落实和交通设施的建设完善等四个方面。各级地方政府之间的发展竞争是行政机制"自下而上"作用于就业空间的机制，而城市规划体制和产业政策的调整落实是行政机制"自上而下"作用于就业空间的机制，对于交通设施的建设则是市级政府和区县政府"共同努力"的方向。

(2) 市场经济是都市区形成的基础条件之一，也是就业空间产生集聚和扩散的内部作用机制，正是劳动力市场、住房市场和土地市场的运作使得行政机制预设的就业空间格局才能充实起来。更大、更统一的劳动力市场为都市区不同区位的就业集聚提供了劳动力资源，健全的劳动保障体制为劳动力在都市区内的流动提供了保障。土地市场产生差异性的土地价格使得中心区的传统工业就业空间向更高端的服务型就业空间转变，而工业型的就业空间向郊区转移。住房市场的运作使得郊区快速集聚了大量的居住人口规模，由此滋生了对服务业的巨大需求，从而推动了郊区生活服务业的发展。

(3) 社会机制对就业空间的作用是侧面性的，因此其影响较为不明显，但是其就业空间与生活空间的组织机制变化却是对就业空间的职住平衡产生了巨大影响。中国城市传统的单位大院空间组织体制的解体使得城市居民由职住平衡转向职住分离。社会空间的组织主体已由计划经济下的"单位"为主转向市场环境下"企业"和"社区"各司其职。受到当前民间组织发展的阶段性限制，目前产生了明确组织主体失位的现状，与此相应的是，家庭在社会组织中的作用越来越明显。家庭规模的减小、就业比重的增加、女性就业率的上升都影响了就业空间的变化。并且，都市区中产阶层郊区生活理念的深入也对职住平衡解体起到了促进作用。

① 周云. 2009. 南京小升初择校热，知名小学择校志愿学生逾 2/3[N]. 南京日报，2009-05-25(A6).

9 结论与展望

考虑到全国第二次经济普查数据的公布为当前研究提供了难得的机遇，都市区就业空间演化研究必将成为中国城市地理学、城乡规划学等学科研究的重点。本书以南京都市区为实证区域，对近10年来其就业空间演化机制和模式进行研究，并归纳出主要结论。但是都市区就业空间的研究是一个复杂的命题，本书只是从近年来中国都市区就业空间演化出发对此命题进行有限的研究，受限于数据资料和文章篇幅，势必不能做到面面俱到。在此，本章会对未来都市区就业空间研究的方向提出建议，为今后的研究提供浅显的思路。

9.1 主要结论

通过本书对中国大都市区就业空间演化的研究，其主要结论可分为理论研究的结论和实证研究的结论两个方面。

9.1.1 理论研究的结论

1）都市区就业空间的构成和演化模式

本书借鉴国外先进城市就业空间的研究成果，从国内都市区研究的现实情况出发，将都市区就业空间演化研究的着力点集中在各分区就业要素的变化、就业中心的变化和主要就业空间通勤的变化三个要素上面。同时，参考相关的空间演化理论，本书提出将都市区就业空间演化的过程分为前期阶段、起步阶段、成长阶段及成熟阶段，表现出从均衡至非均衡，再到更高层次均衡的演化规律。其中，在前期阶段，都市区就业空间以分散为主，各城镇就业组团之间缺乏联系，非农就业要素增长缓慢。就业居住组织跨区通勤流量较少，整个城市基本处在职住平衡状态。在起步阶段，都市区产生大量的就业岗位，此时，大量的就业要素继续向传统的就业中心集聚，就业单中心主导的局面开始形成。同时，远离城市的开发区开始成为吸引就业的增长点，跨区之间的通勤开始增加，向心通勤成为主流。在成长阶段，都市区城区、郊区等功能圈层已经初步形成，并且各个圈层之间的联系也在逐步增强，就业要素在郊区进一步增长，城区的就业比重在与郊区达到平衡后开始下降。这个时候，就业单中心主导的局面逐渐弱化，近郊区的次中心开始发挥作用。郊区与郊区间的跨区通勤开始兴起。在成熟阶段，都市区各功能组团之间已经形成了均衡的网络体系，各组团之间通过发达、便利的交通网络进行联系。就业多中心的格局已经形成，郊区与中心、郊区与郊区之间的通勤呈现均衡发展的格局。

2）中国都市区就业空间演化的机制和特征

中国都市区的空间演化动力是从单系统主导向多系统耦合转变。本书引入了物理学中"系统耦合"的理论对中国都市区就业空间演化的动力机制进行解析。其中，参与耦合的子系统共有三个，分别是企业—空间选择系统、政府—空间选择系统和就业者—空间选择系统。在三个子系统两两相互耦合的过程中，主要发挥作用的机制可以归纳为市场和行政两种。此外，随着社会民主的发展，社会机制也开始发挥作用。当前的就业空间格局正是这三个子系统通过三种机制交互作用的结果。三个子系统进行两两耦合，其产生的结果也分为正效应、负效应两种。经过耦合，郊区空间在三个子系统的耦合中较易实现正效应结果，它是当前实现政府、企业和就业者三者空间诉求的理想空间。因此，就多空间系统耦合的角度而言，郊区必然成为都市区就业要素增长的重点区域，从而带来就业要素的快速增长和就业次中心的生长。

由此，再参照相关案例的实际情况，中国都市区就业空间的演化表现出以下三个特征：就业空间的增长点开始从中心区向郊区扩散，就业中心的分布逐渐从单中心向多中心转变，职住关系开始由职住平衡走向职住分离。

9.1.2 实证研究的结论

本书以南京都市区为主要的实证区域，通过对其就业空间演化的分析，得出以下主要结论。

1）南京都市区就业空间分区演化呈现出"非均衡"的态势

本书主要从就业岗位空间演化、用地空间演化和职住组织演化三个方面出发对南京都市区就业空间分区格局演化进行研究，其表现出非均衡发展的态势。

第一，就业岗位在都市区不同的空间圈层上并不是等幅度变化，而是呈现出波浪线起伏的空间特征。从数量上来看，城区和郊区的就业岗位趋近平衡，虽然就业岗位在都市区各圈层都呈现出增长趋势，但是幅度并不相同，其中中心区和中远郊区两端地带的增长率要大于近郊区和内城外缘的中间地带。但是，从就业者行业类型的比重来看，中心区主要表现为以第三产业服务业和第二产业建筑业为主，而郊区则以第二产业制造业工人为主。

第二，主要就业用地的演化表现出工业和服务业差异增长的特征，其中服务业就业型空间是在中心和郊区同时发展，而工业型就业空间则是中心区衰退、郊区兴旺。本书通过对 2000 年来南京都市区工业用地、商业金融用地和教育科研设计用地三种主要就业用地的发展进行分析发现，中心区的服务业用地不断增加，且开发强度提高，行业业态也趋向多元；郊区的用地发展也开始由单纯工业开发的情形向工业、服务业综合开发的趋势转变。

第三，都市区居民出行时间增加，通勤距离增强，并且中心区与郊区之间的过渡地带职住匹配性下降。以都市区 11 个区的就业岗位数和常住人口数为基础，通过职住偏离指数的计算，可以得出南京都市区整体就业—居住偏离指数降低，但是四个圈层变化的态势并不一致，中心区和中远郊区向着职住平衡方向发展，而内城外缘和近郊区则向着职住偏离演化。

2）南京都市区就业多中心的格局尚未形成

南京都市区目前仍然是以单中心为主的就业空间结构，就业多中心的空间格局尚未形成。

从南京都市区各街道就业岗位的数据情况出发，利用"综合判定"法对都市区内的就业中心及候选次中心进行识别和验证。最终通过验证，南京都市区还是一个以单中心为主的就业空间格局，其就业密度最高，影响力最大的街道是位于南京 CBD 新街口附近的五老村街道，其就业密度值远高于其他周边街道，并以其为中心对都市区内的街道进行密度值和空间距离进行单中心的函数验证，发现具有极高的契合度。而对按照一定门槛值选出的候选就业次中心进行验证之后，仅能发现其对周边街道的部分影响力，而对整个都市区就业格局产生不了显著影响，在多中心的曲线验证中，其结果无法产生拟合。也就是说，近年来南京都市区内城市型就业空间虽然呈现向郊区扩散的趋势，在郊区的个别点上会出现小范围的就业突出区域，但是中心区的优势并没有丧失，其中心性也在同步增强，在变化的情况下，它仍然具有主导整个都市区就业空间格局的影响力。

在当前阶段，南京都市区就业空间已经出现了由单中心向多中心转变的倾向，然而目前多中心的格局尚不明朗，还无法确认哪一个突出点将会成为未来的就业次中心。

3）南京都市区就业中心内部就业构成的混合性

有关西方都市区就业中心的研究成果表明，就业中心的就业构成应以服务业为主，就业次中心的就业类型构成应该向服务业方向转变，特别是现代服务业在都市区中的比重越来越大。而从南京都市区实证区域的情况来看，其就业中心区呈现出服务业和建筑业双行业驱动的特征，在服务业中占据主导的就业行业也是批发零售和住宿餐饮这些传统的服务行业。郊区具有就业影响力的几个街道中主导型的就业类型均为制造业。

对于就业主中心的街道而言，其服务业主导型的就业行业类型是其产业调整的结果，也是政府推行“退二进三”等产业政策实施的结果。在今后的发展中，政府还要进一步加大对现代服务业的扶植力度，在继续提升服务业从业人员总量的基础上，还需要实现服务业的转型和升级，加大现代服务业从业人员的比重。建筑业从业人员在中心区的增加只是阶段性的特征，这与当前阶段中心大规模的建设实际相匹配。随着开发建设项目的竣工完成，建筑业从业人员会大幅降低，而相应的服务业从业人员会继续上升。

4）南京都市区郊区就业空间的职住平衡度优于中心区

就业空间的职住平衡性是表明其与居住功能空间组织联系程度的指标。就业空间的职住平衡度越好，则该空间内的通勤程度越低，跨区交通的通勤量就越少，从而不必要的交通出行也就越少。而从另一个角度而言，就业空间的职住平衡度越低，说明其就业影响力越大，越能吸引远距离的就业者通勤至此就业，更能体现出其就业中心性。

本书对南京都市区就业空间的职住平衡度进行了测度，首先对南京都市区的整体职住平衡进行测度，可以发现其整体上呈现“圈层＋带状”分布的格局。中心区及沿江区域属于就业功能的优势区域，其外围为居住优势区，再外围会有零散的就业功能优势区存在，向外又是居住优势区。其次本书提出了指定空间职住平衡质量型评价的梯度类型及门槛值，将其划分为理想型职住平衡度、现实型职住平衡度、接受型职住平衡度和忍受型职住平衡度四个梯度。通过对中心区和郊区两种类型就业空间的问卷进行数据统计，可以发现中心区就业空间的职住平衡度低于郊区就业空间。

根据相关资料的分析，其原因归纳如下。第一，就业空间的服务配套优劣度与职住平衡度差异并不存在正向关联关系，中心区便捷的公共交通体系反而加剧了就业者远距离通勤的可能。第二，从就业者的户籍情况来看，郊区就业空间内的本地就业者比重更大，这说明郊区居民本地就业的比重更大。而中心区就业空间内有众多的就业者远距离通勤至此就业，也从侧面反映了就业单中心的影响力。第三，二者职住平衡的差异还与中心区与郊区的住房价格有着一定的关联。与中心区比起来，郊区的住房价格更低，而中心区和郊区的工资差异并不太大，所以郊区的就业者更容易在郊区实现就近居住，从而实现职住平衡。

此外，从就业者的生物属性、职业属性和居住属性三个角度出发，对两个区域的职住差异度现象进行统计分析，从中可以发现，就业者性别、职位、居住形式和是否拥有产权四个因素在中心区和郊区不同的就业空间产生的职住平衡影响相同。

5）行政机制在南京都市区就业空间演化中发挥了导引作用

本书通过对都市区就业空间结构演化模式的归纳，判断了南京都市区所属的演化阶段，分析了近10年来就业要素在空间层面上的集聚与扩散态势。由此出发，将行政机制、市场机制和社会机制与空间态势相对应，仔细归纳了其演化影响机制的内容。

就行政机制、市场机制和社会机制的影响效果和关系而言，行政机制在推动都市区就业空间格局演化中起到了导引作用。行政机制直接影响都市区就业空间的布局，并通过相关政策的设定助推都市区就业空间格局的形成。市场机制则在行政机制的引导下对就业空间进行完善，通过劳动力、土地等资源要素的分配，间接地对就业空间进行填充和完善。社会机制是在侧面对就业空间格局进行作用，其影响效果并不在短时间内突现出来，而表现在长期时间内潜移默化的作用。

行政机制的影响又可以从分权体制的作用、城市规划的推动、产业政策的调整和交通设施的建设四个方面进行阐述。分权体制的作用属于"自下而上"产生作用的形式，通过区县、街道政府的自行开发对就业空间格局产生影响。城市规划和产业政策同属于公共政策的范畴，这两项内容的推行是政府"自上而下"产生作用的形式，会将分权体制作用后产生的就业空间格局进行进一步的引导，从而达到就业多中心的目的。交通设施的建设属于上级政府和下级政府共同作用的内容，因为二者对交通设施改善的目的是一致的，正是通过交通设施的建设为都市区内就业空间的形成提供支撑。市场机制的推动主要包括劳动力市场、土地市场和住房市场的运作三个方面内容。社会机制的变化分析则涉及了单位大院组织模式和家庭结构模式的变化。

9.1.3 中西方都市区就业空间演化特征存在差异

经过分析，中西方都市区就业空间研究的结论存在一些差异，这主要表现在以下两个方面。

在空间演化模式上，中国都市区就业空间演化状态明显滞后于西方都市区，同时，在中国都市区之间也存在一定的差异性。美国芝加哥、洛杉矶等都市区的就业空间发展阶段超过中国都市区，其就业向郊区蔓延，就业多中心和郊区间通勤的态势非常明显。北京、上海、广州等国内一线城市处在第二个阶段向第三个阶段转化的过程之中，就业多中心的格局也初见端倪，城郊间向心型通勤特征突出。南京等二线城市的就业空间还处在演化的第二个阶段，虽然郊区就业空间增长迅速，但中心区的就业增长态势依然不减，就业"单中心"主导的格局并没有发生改变。

在演化机制上面，西方都市区就业空间格局的演化主要受到市场机制和社会机制共同作用的结果，其中以市场机制为主。如二战后美国中产阶级将"郊区生活"作为一种价值观念进行追求，房地产开发商纷纷在郊区开发房子吸引中产阶级入住，随着人口规模的增加，就业岗位在郊区的蔓延成为一种不可逆转的趋势。而通过对南京都市区就业空间实证分析来看，行政机制和市场机制在中国都市区就业空间演化中发挥着重要作用，而社会机制的效应较弱，特别是行政机制在其中发挥着导引作用。因此，在未来的发展中，中国都市区就业空间的演化格局必然会受到一定的行政调控和引导，其发展格局也会与西方大都市区的就业空间演化历程产生差异，与西方大都市区就业空间在郊区无序蔓延相比，中国大都市区就业空间的演化倾向于一种在中心区和郊区之间更加均衡和集约的分布状态。

9.2 都市区就业空间发展引导建议

从都市区就业空间的演化规律来看，中国都市区就业空间逐渐进入剧烈变革的时期。在这一阶段内，同时受到外部综合环境的影响，造成了都市区日常功能组织效率下降、居民的生活质量下降等问题。考虑到未来城市化发展的态势，城市就业空间的组织在大城市及大都市区合理功能体系的构架中仍然担负着重要作用。因此从就业空间演化的三大机制协调的角度入手，以就业空间的引导出发去组织大都市区空间结构有着一定积极性，同时对预防和疏导现有的种种不良城市病也有着正面作用。

9.2.1 发挥规划机制，理性构架就业“多中心”的空间结构

都市区空间结构的特征之一就是“多中心”。而与国内城市规划中强调的服务多中心空间结构有所不同，西方大都市区的“多中心”侧重于就业多中心。这是由于国情的差异造成的，国内的政府以服务中心作为落实发展任务、提升市民生活质量、展示发展成绩的有效抓手。如果在实际操作中处理不好，则会引起公共服务中心与城市就业中心的不重合，从而造成就业与服务和居住功能的错位问题。在当前阶段，中国的都市区就业空间的增长点处于开始从中心区向郊区扩散的态势，应该因势利导组织郊区的就业中心体系构架，同时还要预防就业主中心的衰退，通过空间规划合理地引导就业在都市区范围内有序的空间集聚，形成均衡分布的空间体系格局。

落实到城市规划的层次中来，这一策略应该在城市总体规划中通过增加分片区就业岗位规模测算等技术手段，积极顺应市场机制的推动作用，为在整个城市范围内形成布局合理的城市就业“多中心”空间格局打下良好的基础。

9.2.2 顺应市场机制，推行职住通廊引导的空间组织模式

由于市场经济机制的作用，传统简单而机械地将就业岗位和居住空间捆绑在一起的空间组织模式已经逐渐失去了活力。在都市区的空间组织中，首先要尊重市场机制的作用，然后可以考虑在大尺度空间内进行有效的职住组织模式，围绕城市的快速交通通道组织职住通廊的空间组织模式也许会是一个不错的选择（图 9－1）。这种模式将城市的主要就业和居住功能区沿快速交通通道布局，在重要的交通站点附近进行重要居住、服务或者就业功能节点的组织。在这种模式下，虽然就业者未必在附近居住，或者居住者未必在附近就业，但是二者之间可以通过交通通道进行快速联系，在时间上缩短了职住之间分离的空间距离。也有学者将这种空间模式归纳为“指状模式”（韦亚平，2004）或者“串珠式模式”（林启行等，2010）。

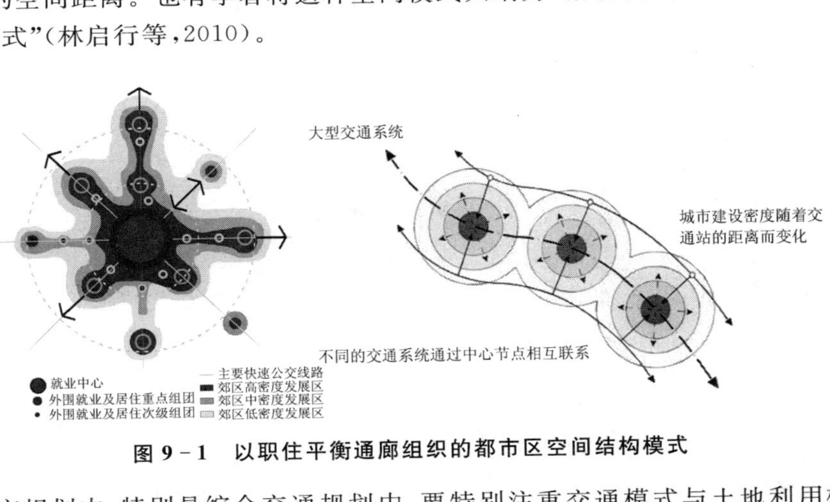

图 9－1 以职住平衡通廊组织的都市区空间结构模式

在城市规划中，特别是综合交通规划中，要特别注重交通模式与土地利用模式的结合，以交通节点进行混合型的土地利用规划改善交通节点的换乘功能，加大多种交通方

式的协调。TOD的空间开发模式近年来受到规划师的大力推崇，它以交通节点有序地组织商业、居住功能，有效地提升了居民的生活质量，也许在大都市区空间尺度内，通过系统性地运用TOD模式进行空间组织，将对形成职住便捷联系更具实用价值。

9.2.3 关心社会机制，积极培育职住平衡的社区体系

虽然在市场经济体制下，产生类似于改革开放前的职住合一似的"单位"组织模式已经不太现实，但是在以居住功能为主的社区推动适当就业配套，或者在就业功能集中的集聚区推动适当居住配套，还是一条值得提倡的规划策略。这样做有利于社会公平的推进，有利于城市各阶层和谐关系的构建。因为在城市中始终存在一定的弱势群体，他们是市场化选择职住空间浪潮中的底层阶层，无论是在居住空间，还是在就业岗位的选择上，都具有相对较低的自主性。所以，积极培育职住平衡的社区体系，不仅能为这些人提供相应的就业或者居住配套，还有利于维持社会的稳定。

在城市规划中，首先应该保障规划区域在职住数量上的适当配比，形成职住平衡的良好环境基础。特别是在大型保障房社区的建设中，一定要考虑到入住者的实际情况，适当配套一定的就业岗位和公共交通设施，为他们的就业提供便利。虽然在实际的开发操作中，经过一段时间的市场选择过程，也会产生职住空间的错位现象，但是城市规划负担起了应有的责任，如果要达到预想的效果，后期的实施机制也同样重要。

9.2.4 强调调控机制，形成长效规范的政府监控体系

与西方国家过度推崇自由化的市场经济不同，我们国家实行的是社会主义市场经济体制。这种体制尊重市场的大发展环境和正常的选择结果，同时也会在适当时机推出调控机制，来预防和纠正市场的过激化表现。在这种经济运行模式中，政府在其中发挥着相当重要的作用，前文提到了在都市区就业空间的引导中，首先要尊重市场机制的选择，然后因势利导，发挥政府的作用，进行适当的调控，这一调控的目标就是实现经济、社会和环境效益的最大化。而实现这一调控操作的基础就是政府能够掌握整个城市及不同层次城市空间职住功能的发育状态，但从目前城市普查的数据体系来看，现有的数据基础还是难以满足调控的需求。在就业岗位的统计方面，由于现有经济普查活动对非正规就业岗位统计的忽视，而使得就业普查人口数据无法正确反映现实情况。同时，在住房调查、交通调查方面也存在一些问题。并且这些普查数据在年限上并不一致，如经济普查年限是四年一次，人口普查是十年一次，等等，也由此造成了分析的不便和不能准确反映城市的职住状态。政府应该定期组织相关的普查活动，将就业与交通和居住数据调查有效结合起来，定期发布与西方类似的职住平衡报告，形成长效规范的监控体系，从而为空间的调控提供坚实的基础。

9.3 主要创新点及未来展望

9.3.1 主要创新点

（1）本书构建了都市区就业空间演化的研究框架，提炼了都市区就业空间的构成要素，并对其演化规律进行了初步推导和归纳，这为都市区就业空间研究提供了理论依据。与其他研究相比较，该文将就业空间演化的研究集中在三个要素和两个层面上面。就业空间研究在都市区范围可以分为整体空间和典型空间两个层面，其内容体现在都市区各

分区就业要素的变化、就业中心的变化和主要就业空间通勤的变化三个要素上面。同时，本书提出都市区就业空间演化模式的四个阶段，归纳了每个阶段就业空间的表现特征，并运用系统耦合理论对中国都市区就业空间演化的动力进行了分析。

（2）本书对都市区就业空间的通勤和职住平衡问题进行了系统研究，对当前阶段清晰认识中国都市区就业空间的中心性及通勤特征具有重要价值。与其他研究相比，首先，本书突出了就业者这一群体的通勤特征，这有别于以往研究以居住地居民为出发点的通勤特征研究；其次，本书提出了指定空间职住平衡质量型评价的梯度类型及门槛值，将其划分为理想型职住平衡度、现实型职住平衡度、接受型职住平衡度和忍受型职住平衡度四个梯度。经过研究，本书得到南京都市区中心区的就业空间的理想型职住平衡度要弱于郊区就业空间，这为识别当前都市区就业空间的中心性和通勤特征提供了现实依据。

（3）本书总结了都市区就业空间演化的主要影响机制，这为制定都市区就业空间的优化和整合发展策略提供了依据。与其他研究相比，本书将演化机制的问题转化为耦合作用如何通过行政、市场和社会三种机制产生集聚和扩散两种空间变化的对接的问题，跳出了以往研究单纯强调郊区化的主线，在地方分权体制影响（行政机制）、劳动力市场推动（市场机制）和家庭职住组织变化（社会机制）等方面进行了侧重分析。反过来讲，如果能对演化机制的内容清晰认识，对其中的影响要素加以适度调控，势必能对中国都市区就业空间未来的优化和整合发展提供指导思路。

9.3.2 未来展望

由于都市区化时期长三角中心城市就业空间演化研究涉及面广泛，尽管笔者力争构建一个合理的研究框架体系，但是由于时间、资料和个人能力的限制，在许多方面仍存在不足之处，有待进一步的研究。

1）都市区就业空间的可达性测度研究

就业空间的可达性越高则越容易产生就业岗位的集聚，对其进行量化的测度不仅能对就业中心的影响能力大小予以解释，更能对都市区不同就业空间的职住平衡差异现象予以支撑。但是，这其中涉及诸多数据的搜集和相关量化模型的构建，暂留待下一步的研究。

2）都市区就业中心之间的关联性研究

随着就业多中心就业空间结构的形成，就业中心之间的关联值得关注。就业中心之间可能存在一定的附属关系，次中心对主中心具有强烈的依赖性。从公司地理学的角度出发，主中心与次中心的企业之间是否具有职能分工和等级关系，再者，一个中心点的兴起是否会伴随着另一个中心点的衰落，这些问题都需要在未来的研究中加以关注。

3）都市区就业空间的微观物质形态研究

本书从获取数据的支撑性出发，仅能以街道为单元对都市区的就业空间格局进行研究分析，其研究内容多属于宏观和中观层面，而对就业空间内部的更加细致的物质形态缺乏深化研究。开发区、商业区和科学城等不同类型就业空间的物质形态和组织模式肯定存在差异性，这也是笔者未来需要加强研究的重点之一。

4）都市区就业空间的规划应对策略研究

科学研究的结果是为了发现规律，从而在今后的发展中能利用规律做到“趋利避害”。本书对都市区就业空间的研究只是对其现象进行了阐述和分析，虽然提出了些许建议，但并未系统地提出相应的规划应对策略。随着各级政府对就业空间的重视，城市规划作为一项公共政策更应该有所体现，来纠正和预防当前就业空间存在的不足和问题。

附录

附录 1　五老村街道从业人员调研问卷

1. 您的职业是(A. 政府公务员　B. 文教卫人员　C. 个私业主　D. 公司职员　E. 军人/警察　F. 农民工　G. 自由职业者　H. 其他________)，(A. 是　B. 否)属于管理人员。

2. 性别是(A. 男　B. 女)，年龄是________。

A. ＜22 岁　B. 22—30 岁　C. 30—40 岁　D. 40—50 岁　E. ＞50 岁

3. 学历为________。

A. 大学本科及以上　B. 大专　C. 中专或高中　D. 初中及以下

4. 月收入为________。

A. ＜1 000 元　B. 1 000—3 000 元　C. 3 000—5 000 元　D. 5 000—1 万元　E. ＞1 万元

5. 您在此岗位工作时间为________。

A. ＜1 年　B. 1—3 年　C. 3—5 年　D. ＞5 年

6. 您的户籍所在地为(A. 五老村街道　B. 南京市其他街道　C. 江苏其他地市　D. 外省　E. 外籍)，(A. 是　B. 否)结婚。

7. 您现在的住址属于________街道。

A. 五老村街道　B. 白下区其他街道　C. 市区其他街道　D. 浦口、江宁　E. 六合、溧水和高淳

8. 您目前的住房类型为(A. 单位宿舍　B. 自己租房　C. 买房　D. 其他________)，(A. 是　B. 否)拥有产权，住房面积为________。

9. 若租房，(A. 是　B. 否)与人合租，月租金为________。

A. ＜500 元　B. 500—1 000 元　C. 1 000—2 000 元　D. ＞2 000 元

10. 选择现有住房的原因是________。

A. 价格便宜　B. 工作方便　C. 生活方便　D. 家传　E. 孩子上学　F. 其他________

11. 您一般选择(A. 步行或自行车　B. 电动车　C. 公交车　D. 单位班车　E. 私家车　F. 地铁)来上下班，(A. 是　B. 否)需要中途转车，一般路上需要(A. ＜10 分钟　B. 10—20 分钟　C. 20—30 分钟　D. 30—40 分钟　E. 40—50 分钟　F. ＞50 分钟)。请估算一下路程约为________km。

12. 您对每天上下班的出行情况是否满意(A. 满意　B. 不满意　C. 无所谓)，如不满意，原因是________________。

13. 您工作日中午就餐地点(方式)是________。

A. 公共食堂　B. 外卖订餐　C. 路边摊点　D. 专业餐饮店　E. 回家吃饭　F. 自己带饭　G. 其他________

14. 您工作日(8:00—18:00)除工作地点外常去的场所是(选三项)________。

A. 购物　B. 餐饮　C. 仓库配套　D. 银行服务　E. 医院(药店)　F. 维修店　G. 其他________

15. 到仓库等工作配套设施的时间为(A. ＜10 分钟　B. 10—20 分钟　C. 20—30 分钟　D. 30—40 分钟　E. 40—50 分钟　F. ＞50 分钟)，交通工具是(A. 小拖车　B. 公交车　C. 小汽车　D. 专用货车　E. 其他________)，(A. 是　B. 否)满意。

16. 您对工作地点附近的餐饮、购物、医疗等生活配套是否满意(A. 满意　B. 不满意　C. 无所谓)，您认为其中________________最需要改善。

17. 您(A. 是　B. 否)想在就业地点附近居住，原因是________________________。

18. 在此工作的主要原因是________。

A. 有前途 B. 收入丰厚 C. 工作稳定 D. 家庭因素 E. 工作不好找，暂时安排 F. 其他________

附录 2 新街口街道从业人员调研问卷

1. 您的职业是（A. 政府公务员 B. 文教卫人员 C. 个私业主 D. 公司职员 E. 军人/警察 F. 农民工 G. 自由职业者 H. 其他________），（A. 是 B. 否）属于管理人员。

2. 性别是（A. 男 B. 女），年龄是________。

A. <22 岁 B. 22—30 岁 C. 30—40 岁 D. 40—50 岁 E. >50 岁

3. 学历为________。

A. 大学本科及以上 B. 大专 C. 中专或高中 D. 初中及以下

4. 月收入为________。

A. <1 000 元 B. 1 000—3 000 元 C. 3 000—5 000 元 D. 5 000—1 万元 E. >1 万元

5. 您在此岗位工作时间为________。

A. <1 年 B. 1—3 年 C. 3—5 年 D. >5 年

6. 您的户籍所在地为（A. 新街口街道 B. 南京市其他街道 C. 江苏其他地市 D. 外省 E. 外籍），（A. 是 B. 否）结婚。

7. 您现在的住址属于________街道。

A. 新街口街道 B. 玄武区其他街道 C. 市区其他街道 D. 浦口、江宁 E. 六合、溧水和高淳

8. 您目前的住房类型为（A. 单位宿舍 B. 自己租房 C. 买房 D. 其他________），（A. 是 B. 否）拥有产权，住房面积为________。

9. 若租房，（A. 是 B. 否）与人合租，月租金为________。

A. <500 元 B. 500—1 000 元 C. 1 000—2 000 元 D. >2 000 元

10. 选择现有住房的原因是________。

A. 价格便宜 B. 工作方便 C. 生活方便 D. 家传 E. 孩子上学 F. 其他________

11. 您一般选择（A. 步行或自行车 B. 电动车 C. 公交车 D. 单位班车 E. 私家车 F. 地铁）来上下班，（A. 是 B. 否）需要中途转车，一般路上需要（A. <10 分钟 B. 10—20 分钟 C. 20—30 分钟 D. 30—40 分钟 E. 40—50 分钟 F. >50 分钟）。请估算一下路程约为________km。

12. 您对每天上下班的出行情况是否满意（A. 满意 B. 不满意 C. 无所谓），如不满意，原因是________________。

13. 您工作日中午就餐地点（方式）是________。

A. 公共食堂 B. 外卖订餐 C. 路边摊点 D. 专业餐饮店 E. 回家吃饭 F. 自己带饭 G. 其他________

14. 您工作日（8:00—18:00）除工作地点外常去的场所是（选三项）________。

A. 购物 B. 餐饮 C. 仓库配套 D. 银行服务 E. 医院（药店） F. 维修店 G. 其他________

15. 到仓库等工作配套设施的时间为（A. <10 分钟 B. 10—20 分钟 C. 20—30 分钟 D. 30—40 分钟 E. 40—50 分钟 F. >50 分钟），交通工具是（A. 小拖车 B. 公交车 C. 小汽车 D. 专用货车 E. 其他），（A. 是 B. 否）满意。

16. 您对工作地点附近的餐饮、购物、医疗等生活配套是否满意（A. 满意 B. 不满意 C. 无所谓），您认为其中__________最需要改善。

17. 您（A. 是 B. 否）想在就业地点附近居住，原因是________________________________。

18. 在此工作的主要原因是________。

A. 有前途 B. 收入丰厚 C. 工作稳定 D. 家庭因素 E. 工作不好找，暂时安排 F. 其

他________

再次感谢您的合作！

附录3　南京沿江、泰山街道从业人员调研问卷

1. 您的职业是(A. 政府公务员　B. 文教卫人员　C. 个私业主　D. 公司职员　E. 军人/警察　F. 农民工　G. 自由职业者　H. 其他________)，(A. 是　B. 否)属于管理人员。

2. 性别是(A. 男　B. 女)，年龄是________。

A. <22岁　B. 22—30岁　C. 30—40岁　D. 40—50岁　E. >50岁

3. 学历为________。

A. 大学本科及以上　B. 大专　C. 中专或高中　D. 初中及以下

4. 月收入为________。

A. <1 000元　B. 1 000—3 000元　C. 3 000—5 000元　D. 5 000—1万元　E. >1万元

5. 您在此岗位工作时间为________。

A. <1年　B. 1—3年　C. 3—5年　D. >5年

6. 您的户籍所在地为(A. 沿江　B. 泰山　C. 浦口其他街道　D. 六合　E. 其他________)，(A. 是　B. 否)结婚。

7. 您现在的住址属于________街道。

A. 沿江　B. 泰山　C. 浦口其他街道　D. 六合　E. 其他________

8. 您目前的住房类型为(A. 单位宿舍　B. 自己租房　C. 买房　D. 其他________)，(A. 是　B. 否)拥有产权，住房面积为________。

9. 若租房，(A. 是　B. 否)与人合租，月租金为________。

A. <500元　B. 500—1 000元　C. 1 000—2 000元　D. >2 000元

10. 选择现有住房的原因是________。

A. 价格便宜　B. 工作方便　C. 生活方便　D. 继承　E. 孩子上学　F. 其他________

11. 您一般选择(A. 步行　B. 自行车　C. 电动车　D. 公交车　E. 单位班车　F. 私家车　G. 地铁)来上下班，(A. 是　B. 否)需要中途转车，一般路上需要(A. <10分钟　B. 10—20分钟　C. 20—30分钟　D. 30—40分钟　E. 40—50分钟　F. >50分钟)。请估算一下路程约为________km。

12. 您对每天上下班的出行情况是否满意(A. 满意　B. 不满意　C. 无所谓)，如不满意，原因是________________________。

13. 您工作日中午就餐地点(方式)是________。

A. 公共食堂　B. 外卖订餐　C. 路边摊点　D. 专业餐饮店　E. 回家吃饭　F. 自己带饭　G. 其他________

14. 您工作日(8:00—18:00)除工作地点外常去的场所是(选三项)________。

A. 购物　B. 餐饮　C. 仓库配套　D. 银行服务　E. 医院(药店)　F. 维修店　G. 其他________

15. 您对工作地点附近的餐饮、购物、医疗等生活配套是否满意(A. 满意　B. 不满意　C. 无所谓)，您认为其中__________________________最需要改善。

16. 您(A. 是　B. 否)想在就业地点附近居住，原因是__________________________。

17. 在此工作的主要原因是________。

A. 有前途　B. 收入丰厚　C. 工作稳定　D. 家庭因素　E. 工作不好找，暂时安排　F. 其他________

再次感谢您的合作！

参考文献

中文文献

[1] 阿朗索.1964.区位和土地利用:地租的一般理论[M].梁进社,李平,王大伟,译.北京:商务印书馆

[2] 阿瑟·奥沙利文.2008.城市经济学[M].周京奎,译.北京:北京大学出版社

[3] 白冰冰.2004.上海市非正规就业的发展及其城市空间形态研究[D]:[博士学位论文].上海:华东师范大学

[4] 曹旭华,田霄燕.2003.我国房地产业就业区域的不平衡现象分析[J].中国城市经济,(7):34-37

[5] 柴彦威,刘志林,李峥嵘,等.2002.中国城市时空间结构[M].北京:北京大学出版社

[6] 柴彦威,张纯.2009.地理学视角下的城市单位:解读中国城市转型的钥匙[J].国际城市规划,(5):2-6

[7] 柴彦威,张艳,刘志林.2011.职住分离的空间差异性及其影响因素研究[J].地理学报,(2):157-166

[8] 柴彦威.1996.以单位为基础的中国城市内部生活空间结构[J].地理研究,(1):30-38

[9] 柴彦威.2000.城市空间[M].北京:科学出版社

[10] 柴彦威.2009.应对全球气候变化,重新审视中国城市单位社区[C].跨界与融合:城市规划的时代转型会议论文集:106-114

[11] 陈伟明.1987.城市形态与居民出行[J].城市规划汇刊,(48):21-26

[12] 崔功豪,魏清泉,陈宗兴.1999.区域分析与规划[M].北京:高等教育出版社

[13] 丁成日,宋彦,等.2009.城市规划与市场机制[M].北京:中国建筑工业出版社

[14] 丁成日,宋彦,黄艳,等.2005.城市规划与空间结构[M].北京:中国建筑工业出版社

[15] 丁成日.2004.中国城市的人口密度高吗[J].城市人口,(8):43-48

[16] 丁成日.2007.城市空间规划:理论方法与实践[M].北京:高等教育出版社

[17] 丁成日.2009.城市增长与对策:国际视角与中国发展[M].北京:高等教育出版社

[18] 丁甲宇.2009.转型期深圳市居住空间分异现象研究[D]:[硕士学位论文].哈尔滨:哈尔滨工业大学

[19] 丁万钧.2004.大都市区土地利用空间演化机理与可持续发展研究[D]:[博士学位论文].长春:东北师范大学

[20] 董晓丹.2010.知识密集型服务业就业效应的测度研究:以江苏省为例[J].北方经济,(3):62-64

[21] 董孝斌,高旺盛.2005.关于系统耦合理论的探讨[J].中国农学通报,(1):290-292,339

[22] 杜宁.2010.汽车使用税费与城市空间发展的关联性研究:基于城市土地租金竞价函数的分析方法[J].城市规划,(12):64-70

[23] 樊纲.2003.转轨经济理论与国有企业改革[J].云南大学学报(社会科学版),(5):64-69

[24] 范伟.2008.我国产业结构和就业结构的现状趋势分析以及国际比较[J].财政界,(2):176-177

[25] 菲利普·麦卡恩(Philip McCann).2010.城市与区域经济学[M].李寿德,蒋录全,译.上海:格致出版社

[26] 冯健,周一星.2003.北京都市区社会空间结构及其演化[J].地理研究,(4):465-483

[27] 冯健.2005.转型期中国城市内部空间重构[M].北京:科学出版社

[28] 高军军,吴晓.2010.苏南开发区制造业外来务工人员的居住空间类型及特征研究[C].规划创新:2010 中国城市规划年会论文集:61-75

[29] 谷一桢.2009.北京市就业中心的识别:实证方法及应用[J].城市发展研究,(10):118-124

[30] 顾朝林,甄峰,张京祥.2000.集聚与扩散:城市空间结构新论[M].南京:东南大学出版社

[31] 顾凤霞,刘文宝.2010.都市区空间范围划界方法探讨[J].城市发展研究,(6):92-96

[32] 郭永昌.2007.上海社会阶层空间错位研究[D]:[博士学位论文].上海:华东师范大学

[33] 何流,黄春晓.2008.城市女性就业的空间分布:以南京为例[J].经济地理,(1):105-109

[34] 何琼.2010.北京地区软件产业郊区化的趋势、机遇及对策研究[J].北京社会科学,(4):109-109

[35] 何欣荣,叶锋.2011.发展改革委秘书长:防止特大城市面积过度扩张提高建成区人口密度[N].广西日报,2011-3-27(5)

[36] 胡道生,宗跃光.2010.大城市都市区化与规划调控思路的转型[J].城市规划,(5):18-22

[37] 胡谋.2010.深圳官方调查组进驻富士康调查"九连跳"事件[N].人民日报,2010-05-21(6)

[38] 胡序威,周一星,顾朝林,等.2000.中国沿海城镇密集地区空间集聚与扩散研究[M].北京:科学出版社

[39] 江苏省国土资源厅.2007.江苏省建设用地指标(2006 年版)[Z].南京:江苏省国土资源厅

[40] 蒋丽,吴缚龙.2009.广州市就业次中心和多中心城市研究[J].城市规划学刊,(3):75-81

[41] 揭爱花.2000.单位:一种特殊的社会生活空间[J].浙江大学学报(人文社会科学版),(5):76-83

[42] 李纯斌,吴静.2006."空间失配"假设及对中国城市问题研究的启示[J].城市问题,(2):16-21

[43] 李德华.2001.城市规划原理[M].北京:中国建筑工业出版社

[44] 李汩.1994.劳动力市场问答[J].山东劳动,(8):44

[45] 李汉林.1993.中国单位现象与城市社区的整合机制[J].社会学研究,(5):23-32

[46] 李小建.1999.经济地理学[M].北京:高等教育出版社

[47] 李秀彬.2002.土地利用变化的解释[J].地理科学进展,(6):195-203

[48] 李秀敏,刘冰,黄雄.2007.中国城市集聚与扩散的转换规模及最优规模研究[J].城市发展研究,(2):76-87

[49] 林启行,刘军,龙志勇.2010.中山轻轨站周边地区用地紧凑发展探索[J].城市建设,(4):177-179

[50] 林毅夫,李周.1998.竞争、政策性负担和国有企业改革[J].经济社会体制比较,(5):1-5

[51] 刘长岐,王凯.2004.影响北京市居住空间分异的微观因素分析[J].西安建筑科技大学学报(自然科学版),(4):403-407

[52] 刘剑锋.2007.从开发区向综合新城转型的职住平衡瓶颈:广州开发区案例的反思与启示[J].北京规划建设,(1):85-88

[53] 刘君德,马祖琦.2003.都市区概念辨析与行政地域都市区类型的划分[J].中国方域,(4):2-4

[54] 刘志林,张艳,柴彦威.2009.中国大城市职住分离现象及其特征:以北京市为例[J].城市发展研究,(9):225-243

[55] 路风.1989.单位:一种特殊的社会组织形式[J].中国社会科学,(1):71-88

[56] 罗海明,汤晋,胡伶倩,等.2005.美国大都市区界定指标体系新进展[J].国外城市规划,(3):50-53

[57] 罗震东.2007.分权与碎化:中国都市区域发展的阶段与趋势[J].城市规划,(11):64-70

[58] 孟繁瑜,房文斌.2007.城市居住与就业的空间配合研究:以北京市为例[J].城市发展研究,(6):87-94

[59] 孟晓晨,马亮.2010.“都市区”概念辨析[J].城市发展研究,(9):36－40

[60] 孟晓晨,吴静,沈凡卜.2009.职住平衡的研究回顾及观点综述[J].城市发展研究,(6):23－28

[61] 南京市规划设计研究院.2009.南京城市总体规划纲要(2007—2020年)[Z].南京:南京市规划局

[62] 南京市劳动和社会保障局.2003.南京市劳动和社会保障工作总结(2003—2008年)[Z].南京:南京市劳动和社会保障局

[63] 宁越敏.2006.上海大都市区空间结构的重构[J].城市规划,(S1):44－45

[64] 牛文元,等.2010.中国新型城市化报告2010[M].北京:科学出版社

[65] 秦波,王新峰.2010.探索识别中心的新方法:以上海生产性服务业空间分布为例[J].城市发展研究,(6):43－48

[66] 沈青,张岩,张峰.2007.内城区的区位特征与低收入者的就业可达性[J].国际城市规划,(2):26－35

[67] 施倩.1997.上海大都市区的界定及其形成机制分析[J].现代城市研究,(3):75－78

[68] 束瑞和,陈冬生,等.1999.南京劳动志[M].北京:方志出版社

[69] 宋金平,王恩儒,张文新,等.2007.北京住宅郊区化与就业空间错位[J].地理学报,(4):387－396

[70] 孙斌栋,潘鑫宁,越敏.2008.上海市就业与居住空间均衡对交通出行的影响分析[J].城市规划学刊,(1):77－82

[71] 孙斌栋,吴雅菲.2008.上海居住空间分异的实证分析与城市规划应对策略[J].上海经济研究,(12):3－10

[72] 孙胤社.1992.大都市区的形成机制及其定界:以北京为例[J].地理学报,(6):552－560

[73] 藤田昌久,等.1988.集聚经济学[M].刘峰,等,译.2版.成都:西南财经大学出版社

[74] 田文祝,周一星.1991.中国城市体系的工业职能结果[J].地理研究,(10):12－23

[75] 王大立,刘政宏.1999.台湾地区工作—居住平衡之研究[C].1999年住宅学会第八届年会论文集:67－75

[76] 王桂新,魏星.2007.上海从业劳动力空间分布变动分析[J].地理学报,(2):200－210

[77] 王国霞,蔡建明.2008.都市区空间范围的划分方法[J].经济地理,(2):191－195

[78] 王宏伟.2003.大城市郊区化、居住空间分异与模式研究:以北京市为例[J].建筑学报,(9):11－13

[79] 王兴平,赵虎.2010.沪宁高速轨道交通走廊地区的职住区域化组合现象[J].城市规划学刊,(1):85－90

[80] 王兴平.2002.都市区化:中国城市化的新阶段[J].城市规划汇刊,(4):56－59

[81] 王兴平.2005.中国城市新产业空间:发展机制与空间组织[M].北京:科学出版社

[82] 王兴平.2008.中国开发区空间配置与使用的错位现象研究:以南京国家级开发区为例[J].城市发展研究,(2):85－91

[83] 王旭.2006.美国城市发展模式:从城市化到大都市区化[M].北京:清华大学出版社

[84] 王旭.2008.美国城市经纬[M].北京:清华大学出版社

[85] 王学锋.2003.都市圈规划的实践与思考[J].城市规划,(6):51－54

[86] 王振波,朱传耿,孙峰华.2007.山东省就业空间模式及机制研究[J].中国人口·资源与环境,(2):131－135

[87] 王振波,朱传耿.2007.中国就业的空间模式及区域划分[J].地理学报,(2):191－199

[88] 韦亚平,赵民.2006.都市区空间结构与绩效:多中心网络结构的解释与应用分析[J].城市规划,(4):9－16

[89] 韦亚平.2004.理想空间:城市空间发展战略研究[M].上海:同济大学出版社

[90] 魏星. 2005. 上海产业集聚及劳动力空间分布变动研究[D]:[博士学位论文]. 上海:复旦大学

[91] 魏运娟. 2010. 网络公共舆论催生决策民主化[J]. 网络财富,(3):136 - 137

[92] 吴钢. 1991. 杭州市民就业行为偏差及其矫正[J]. 浙江经济,(7):41 - 44

[93] 吴启焰. 1999. 城市社会空间分异的研究领域及其进展[J]. 城市规划汇刊,(3):23 - 26

[94] 谢晖. 2010. 公共产品视角的开发区空间整合研究[D]:[硕士学位论文]. 南京:东南大学

[95] 谢守红,苏振涛. 2004. 大都市区的概念及其对我国城市发展的启示[J]. 城市,(2):6 - 9

[96] 谢守红. 2008. 都市区、都市圈和都市带的概念界定与比较分析[J]. 城市问题,(6):19 - 23

[97] 谢政颖. 2004. 台中都会区地方生活圈通勤就业活动空间分布之研究[D]:[硕士学位论文]. 逢甲(台湾):逢甲大学

[98] 徐卞融,吴晓. 2010. 基于"居住—就业"视角的南京市流动人口职住空间分离量化[J]. 城市规划学刊,(5):113 - 120

[99] 徐波,赵春雨,杨修志,等. 2009. 农村劳动力流动就业空间行为研究 [J]. 云南地理环境研究,(5):16 - 21

[100] 徐昌强,郭垦,孙湛波. 2010. 中国城市发展报告(2009)[M]. 北京:中国城市出版社

[101] 许学强,周一星,宁越敏. 1999. 城市地理学[M]. 北京:高等教育出版社

[102] 阳建强. 1996. 英国内城政策的发展[J]. 新建筑,(3):49 - 52

[103] 杨俊宴,吴明伟. 2008. 中国城市 CBD 量化研究[M]. 南京:东南大学出版社

[104] 杨上广. 2004. 城市社会空间结构演变研究:以上海市为例[J]. 城市规划学刊,(4):17 - 22

[105] 姚秀利,王红扬. 2008. 近百年来大连居住空间分异特征及其形成机制[J]. 现代城市研究,(11):6 - 12

[106] 张京祥,崔功豪,朱喜钢. 2002. 大都市空间集散的景观、机制与规律:南京大都市的实证研究[J]. 地理学与国土研究,(8):48 - 51

[107] 张明龙. 2009. 我国就业政策的六十年变迁[J]. 经济理论与经济管理,(10):21 - 26

[108] 张庭伟. 2001. 1990 年代中国城市空间结构的变化及其动力机制[J]. 城市规划,(7):7 - 14

[109] 张小建. 2008. 中国就业的改革发展[M]. 北京:中国劳动社会保障出版社

[110] 张翼,吕斌,罗征. 2007. 济南市跨河发展与都市区空间整合研究[J]. 城市规划学刊,(5):92 - 96

[111] 张振龙,顾朝林,李少星. 2009. 1979 年以来南京都市区空间增长模式分析[J]. 地理研究,(3):817 - 828

[112] 章光日. 2003. 从大城市到都市区:全球化时代中国城市规划的挑战与机遇[J]. 城市规划,(5):33 - 37

[113] 赵虎. 2009. 职住平衡角度下的城乡空间结构统筹研究:以南京市江宁区为例[J]. 城市发展研究,(10):104 - 109

[114] 赵民,柏巍,韦亚平. 2008. 都市区化条件下的空间发展问题及规划对策[J]. 城市规划学刊,(1):37 - 43

[115] 赵民. 2008. 研究案例:大都市的空间组织绩效[R]. 上海:2008 年全国博士生学术会议专家报告

[116] 赵群毅,谢从朴,王茂军,等. 2009. 北京都市区生产者服务业地域结构[J]. 地理研究,(5):1401 - 1413

[117] 赵群毅,谢从朴. 2008. 都市区生产者服务业企业区位因子分析:以北京为例[J]. 经济地理,(1):38 - 43

[118] 赵群毅,周一星. 2007. 北京都市区生产者服务业的空间结构:兼与西方主流观点的比较[J]. 城市规划,(5):24 - 31

[119] 赵文琛. 2001. 广东省外来劳动力空间分布研究[J]. 中国人口科学,(5):52 - 58

[120] 郑国.开发区职住分离问题及解决措施:以北京经济技术开发区为例[J].城市问题,2007(3):12-15

[121] 郑思齐,曹洋.2009.居住与就业空间关系的决定机理和影响因素[J].城市发展研究,(6):29-35

[122] 郑思齐,龙奋杰,王轶军,等.2007.就业与居住的空间匹配:基于城市经济学角度的思考[J].城市问题,(6):56-62

[123] 周素红,闫小培.2005.广州城市空间结构与交通需求关系[J].地理学报,(1):131-142

[124] 周素红,闫小培.2006.广州城市居住—就业空间及对居民出行的影响[J].城市规划,(5):13-18,26

[125] 周晓虹.2006.中国中产阶级:现实抑或幻象[J].天津社会科学,(2):60-66

[126] 周一星,布雷特肖.1988.中国城市的工业职能分类:理论方法和结果[J].地理学报,(43):287-298

[127] 周云.2009.南京小升初择校热,知名小学择校志愿学生逾 2/3[N].南京日报,2009-05-25(A6)

[128] 朱传耿,王振波,于涛方.2006.省际边缘区的就业空间结构模式及动力机制:以淮海经济区为例[J].世界地理研究,(3):99-106

[129] 朱建成.2001.产业的资本、技术、劳动密集度与就业水平的关系[J].乡镇企业科学,(8):20-21

外文文献

[1] Abdel-Rahman H M, Masahisa F. 1993. Specialization and diversification in a system of cities[J]. Journal of Urban Economics,(33):189-222

[2] Abdel-Rahman H M. 2002. Does the structure of an urban system affect income disparities[J]. Journal of Regional Science,(42):389-410

[3] Ali M. 2003. Polycentricity and transit service[J]. Transportation Research Part A,(37):841-864

[4] Anas A, Arnott R A, Small K A. 1998. Urban spatial structure[J]. Journal of Economic Literature,(36):1426-1464

[5] Anas A, Xiong K. 2003. Intercity trade and the industrial diversification of cities[J]. Journal of Urban Economics,(54):258-271

[6] Anne A, Sandrine W, Laurent P. 2009. Employment suburbanisation, reverse commuting and travel behavior by residents of the central city in the Paris metropolitan area[J]. Transportation Research Part A,(43):685-691

[7] Ben-Akiva M, Lerman S R. 1985. Discrete Choice Analysis:Theory and Application to Travel Demand[M]. Cambridge, Ma:MIT Press

[8] Bertrand S, Mark S H. 2000. Size and growth of urban centers in French labor market areas: consequences for rural population and employment[J]. Regional Science and Urban Economics,(30):1-21

[9] Bogart W T, Ferry W C. 1999. Employment centres in Greater Cleveland:evidence of evolution in a formerly monocentric city[J]. Urban Studies,(36):2099-2110

[10] Cao X, Mokhtarian P L, Handy S L. 2009. Examining the impacts of residential self-selection on travel behavior:a focus on empirical findings[J]. Transport Reviews,(3):359-395

[11] Cervero R, Michael D. 2006. Which reduces vehicle travel more:jobs-housing balance or retail-housing mixing[J]. Journal of American Planning Association,(4):475-490

[12] Cervero R, Wu K. 1997. Polycentrism commuting and residential location in the San Francisco Bay Area[J]. Environment and Planning A,(29):865 - 886

[13] Cervero R, Wu K. 1998. Subcentering and commuting: evidence from the San Francisco Bay Area, 1980—1990[J]. Urban Studies,(35):1059 - 1076

[14] Cervero R. 1989. Jobs-housing balance and regional mobility[J]. Journal of the American Planning Association, 55(2):136 - 150

[15] Chen H-P. 1997. Models of urban population and employment density: the spatial structure of monocentric and polycentric functions in Greater Taipei and a comparison to Los Angeles[J]. Geographical and Environmental Modelling,(1):135 - 151

[16] Christian L R. 2007. The topography of metropolitan employment: identifying centers of employment in a polycentric urban area[J]. Journal of Urban Economics,(61):519 - 541

[17] Christian L R. 2009. Persistence in urban form: the long-run durability of employment centers in metropolitan areas[J]. Regional Science and Urban Economics,(39):224 - 232

[18] Coffey W J, Shearmur R G. 2001. Intrametropolitan employment distribution in Montreal, 1981—1996[J]. Urban Geography,(22):106 - 129

[19] Coffey W J, Shearmur R G. 2002. Agglomeration and dispersion of high-order service employment in the montreal metropolitan region[J]. Urban Geography,(3):1981 - 1996

[20] Craig S G, Ng P. 2001. Using quantile smoothing splines to identify employment subcenters in a multicentric urban area[J]. Journal of Urban Economics,(49):100 - 120

[21] Daniel P M, William T L. 2003. Evolving subcenters: employment and population densities in Chicago, 1970—2020[J]. Journal of housing Economics. (12):60 - 81

[22] Danziger S, Weinstein P L. 1976. Employment location and wage rate of poverty area residents[J]. Journal of Urban Economics,(3):127 - 145

[23] Deakin E. 1989. Landuse and transportation planning in response to congestion problems: a review and critique[J]. Transportation Research Record,(1237):77 - 86

[24] Dena B, et al. 2001. Transit-Oriented Development (TOD) and Employment [R]. American: CTOD

[25] Elizabeth K. 2009. Job Sprawl Revisited: the Changing Geography of Metropolitan Employment[M]. Washington DC: Brookings Institution

[26] Evelyn B, Paul O. 2001. Cars, buses, and jobs: welfare participants and employment accessing Los Angeles[J]. Journal of the Transportation Research Board, 1756:22 - 31

[27] Genevieve G, Kenneth A S. 1999. The determinants of growth of employment subcenters[J]. Journal of Transport Geography,(7):189 - 201

[28] Geurs K T, Bert V W. 2004. Accessibility evaluation of land-use and transport strategies: review and research directions[J]. Journal of Transport Geography,(12):127 - 140

[29] Giuliano G K, Small A. 1991. Subcenters in the Los Angeles region[J]. Regional Science and Urban Economics,(2):163 - 182

[30] Gordon P, Richardson H W, Wong H L. 1986. The distribution of population and employment in a polycentric city: the case of Los Angeles[J]. Environment and Planning A,(18):161 - 173

[31] Hall P H, Gracey R D, Thomas R. 1973. The Containment of Urban England[M]. London: Georg Allen and Unwin, Ltd

[32] Handy S L, Xinyu C, Patricia L M. 2006. Self selection in the relationship between the built environment and walking[J]. Journal of the American Planning Association,(1):55 - 74

[33] Harald F. 2000. Decentralization and multi-level governance in developing countries: some

thoughts on an analytical framework for new institutional arrangements[EB/OL]. (2000 - 02 - 18). http://www. uni-potsdam. de

[34] Harrison B. 1972. Education and unemployment in the urban ghetto[J]. American Economic Review,(62):796 - 812

[35] Henderson J V, Becker R. 2000. Political economy of city sizes and formation[J]. Journal of Urban Economics,(48):453 - 484

[36] Jan K B, Richard W M. 1997. Spatial mismatch:an equilibrium analysis[J]. Regional Science and Urban Economics,(27):693 - 714

[37] Jerry W. 2003. American Jobs-Housing Balance[R]. Chicago:APA's publications office

[38] John F M, Daniel P M. 2000. Employment subcenters and subsequent real estate development in suburban Chicago [J]. Journal of Urban Economics,(48):135 - 157

[39] Kain F J. 1968. Housing segregation, negro employment, and metropolitan decentralization [J]. Quarterly Journal of Economics,(82):175 - 197

[40] Kalachek E. 1968. Ghetto Dwellers Transportation and Employment[R]. Brookline, MA: Conference on Transportation and Poverty

[41] Kamhon K. 2002. Residential mobility with job location uncertainty[J]. Journal of Urban E-conomics,(52):501 - 523

[42] Kasarda, J D. 1985. Urban change and minority oortunities[M] // Peterson P E. The New Urban Reality. Washington DC:Brookings Institution

[43] Krizek K J. 2003. Residential relocation and changes in urban travel—does neighborhood scale urban from matter[J]. Journal of the American Planning Association,(69):265 - 281

[44] Kwon W. 2001. Globalization and sustain in Seoul [M] // Kwon W. Urban Management in Seoul:Policy Issues and Responses. Seoul:Seoul Development Institute

[45] Laurent G, Harris S, Yves Z. 2007. The mechanisms of spatial mismatch[J]. Urban Studies, (12):2401 - 2427

[46] Levingston B L. 1989. Using Jobs-Housing Balance Indicators for Air Pollution Control[D]. Berkeley:University of California

[47] Litvack J, Jessica S. 1999. Decentralization Briefing Notes[R]. [S. L.]:World Bank Institute Working Papers

[48] Ma K, David B. 2007. Urban spatial change and excess commuting[J]. Environment and Planning A,(39):630 - 646

[49] Martinnez F J, Araya C. 2000. A note on trip benefits in spatial interaction models[J]. Jour-nal of Regional Science,(4):789 - 796

[50] Masahisa F, Jacques-Franc O T, Yves Z. 1997. On the endogeneous formation of secondary employment centers in a city[J]. Journal of Urban Economics,(41):337 - 357

[51] Mccomick B. 1986. Employment opportunity, earning, and the journey to work of minority workers in Great Britain[J]. Economic Journal,(96):375 - 397

[52] McDonald J F, McMillen D P. 1990. Employment subcenters and land values in a polycentric urban area: the case of Chicago[J]. Environment and Planning A,(22):1561 - 1574

[53] McDonald J F. 1987. The identification of urban employment subcenters[J]. Journal of Urban Economics,(2):242 - 258

[54] McMillen D P, McDonald J F. 1998. Suburban subcenters and employment density in metro-politan Chicago[J]. Journal of Urban Economics,(43):157 - 180

[55] McMillen D P, Smith S C. 2003. The number of subcenters in large urban areas [J]. Journal

of Urban Economics,(53):321 - 338

[56] McMillen D P. 1996. One hundred fifty years of land values in Chicago:a nonparametric approach[J]. Journal of Urban Economics,40(1):100 - 124

[57] McMillen D P. 2001. Nonparametric employment subcenter identification[J]. Journal of Urban Economics,(3):448 - 473

[58] McMillen D P. 2003. Employment sub-centers in Chicago:ast, present, and future[J]. Economic Perspectives,(2Q):2 - 14

[59] McMillen D P. 2004. Employment densities, spatial autocorrelation and subcenters in large metropolitan areas[J]. Journal of Regional science,(2):225 - 243

[60] Miller H J. 1999. Measuring space-time accessibility benefits within transportation networks: basic theory and computational procedures[J]. Geographical Analysis,(2):187 - 212

[61] Mills E S. 1967. An aggregative model of resource allocation in a metropolitan area[J]. American Economic Review,(57):197 - 210

[62] Muth R F. 1969. Cities and Housing[M]. Chicago:The University of Chicago Press

[63] Myers S L, et al. 1979. Phillips, housing segregation and black employment:another look at the ghetto dispersal strategy[J]. American Economic Review,(69):298 - 302

[64] Nathan B A, William T B. 2001. The structure of sprawl:identifying and characterizing employment centers in polycentric metropolitan areas[J]. American Journal of Economics and Sociology,(60):147 - 169

[65] Nunn S, Warren R. 2000. The intrametropolitan distribution of computer services employment,1982 and 1993[J]. Urban Geography,(21):406 - 427

[66] Pelin A, Charles C, John B, et al. 2008. Dynamics of clustered employment growth and its impacts on commuting patterns in rapidly developing cities[J]. Transportation Research Part A,(42): 427 - 444

[67] Peng Z. 1997. The jobs-housing balance and urban commuting[J]. Urban Studies,(8):1215 - 1235

[68] Rena S. 1996. Do office commercial firms value access to service employment centers[J]. Journal of Urban Economics,(40):125 - 149

[69] Richard W M. 2004. Spatial mismatch and the structure of American metropolitan areas, 1970—2000[J]. Journal of Regional Science,(3):467 - 488

[70] Riguelle F, et al. 2007. Measuring urban polycentrism:a European case study and its implications[J]. Journal of Economic Geography,(7):193 - 215

[71] Robert C, Jennifer D. 2008. Suburbanization and transit-oriented development in China[J]. Transport policy,(15):315 - 323

[72] Shearmur R G, Coffey W J A. 2002. Urban employment subcenters and sectoral clustering: complementary approaches to the study of urban form[J]. Urban Geography,(2):103 - 130

[73] Small K A, Song S. F. 1994. Population and employment densities: structure and change[J]. Journal of Urban Economics,(3):292 - 313

[74] Stanback T M J. 1991. The New Suburbanization:Challenge to the Central City[M]. CO: Westview Press

[75] The Newberry Library. 2004. Encyclopedia of Chicago: commuting[EB/OL]. (2004 - 12 - 28). http://encyclopedia. chicagohistory. org/pages/323. html

[76] Wachter M, Kim C. 1982. The time series changes in youth joblessness[M]. Freeman R B, Wise D A. The Youth Labor Market Problem:It's Nature, Causes and Consequences. Chicago and Lon-

don:University of Chicago Press:155 - 185

[77] Wu F. 1998. Polycentric urban development and land-use change in a transitional economy:the case of Guangzhou[J]. Environment and Planning A,(30):1077 - 1100

[78] Yang J, Joseph F. 2008. Choices versus choice sets:a commuting spectrum method for representing job housing possibilities[J]. Environment and Planning B:Lanning and Design,(35):364 - 378

图片来源

图 1－1、图 1－2 源自：笔者根据《中国统计年鉴》(2010 年)相关成果绘制

图 1－3 源自：笔者根据《中国互联网络发展状况统计报告》(2011 年)相关成果绘制

图 1－4 源自：笔者绘制

图 1－5、图 1－6 源自：笔者根据国研网相关成果绘制

图 1－7 源自：笔者绘制

图 1－8 源自：笔者根据中国地图出版社. 2008. 江苏省地图册[M]. 北京：中国地图出版社相关图纸改绘

图 1－9 源自：笔者绘制

图 1－10、图 1－11 源自：笔者根据冯健. 2005. 转型期中国城市内部空间重构[M]. 北京：科学出版社相关图纸改绘

图 1－12 源自：笔者绘制

图 2－1、图 2－2 源自：丁成日. 2009. 城市增长与对策：国际视角与中国发展[M]. 北京：高等教育出版社

图 2－3 源自：韦亚平. 2004. 理想空间：城市空间发展战略研究[M]. 上海：同济大学出版社；韦亚平，赵民. 2006. 都市区空间结构与绩效：多中心网络结构的解释与应用分析[J]. 城市规划，(4)：9－16

图 2－4 源自：丁万钧. 2004. 大都市区土地利用空间演化机理与可持续发展研究[D]：[博士学位论文]. 长春：东北师范大学

图 2－5 源自：丁甲宇. 2009. 转型期深圳市居住空间分异现象研究[D]：[硕士学位论文]. 哈尔滨：哈尔滨工业大学

图 2－6、图 2－7 源自：许学强，周一星，宁越敏. 1999. 城市地理学[M]. 北京：高等教育出版社

图 2－8 源自：冯健. 2005. 转型期中国城市内部空间重构[M]. 北京：科学出版社

图 2－9 源自：阿瑟·奥沙利文. 2008. 城市经济学[M]. 周京奎，译. 北京：北京大学出版社

图 2－10 至图 2－13 源自：笔者绘制

图 2－14 源自：笔者根据 US Census Bureau. 2000. Journey To Work[Z]. [S. L.]：US Census Bureau 相关成果绘制

图 2－15 源自：笔者根据 Peter G，Harry W R，Gang Y. 1998. Metropolitan and Non-metropolitan Employment Trends in the US：Recent Evidence and Implications[R]. [S. L.]：SAGE 相关成果绘制

图 2－16 源自：笔者根据郭永昌. 2007. 上海社会阶层空间错位研究[D]：[博士学位论文]. 上海：华东师范大学相关成果绘制

图 2－17 源自：笔者根据蒋丽，吴缚龙. 2009. 广州市就业次中心和多中心城市研究[J]. 城市规划学刊，(3)：75－81 相关成果绘制

图 2－18 源自：笔者根据 McDonald J F，McMillen D P. 1990. Employment subcenters and land values in a polycentric urban area：the case of Chicago[J]. Environment and Planning A，(22)：1561－1574 相关成果绘制

图 2－19 源自：笔者根据 Nathan B A，William T B. 2001. The structure of sprawl：identifying and characterizing employment centers in polycentric metropolitan areas[J]. American Journal of Economics and Sociology，(60)：147－169 相关成果绘制

图 2－20 源自：笔者根据上海第二次综合交通调查成果、上海第三次综合交通调查成果和上海第四次综合交通调查成果绘制

图 2－21 源自：笔者根据上海第四次综合交通调查成果绘制

图 2－22 源自：笔者根据 Pisarski A E. 2006. Commuting in America Ⅲ[R]. Washington DC: Transportation Research Board 相关成果绘制

图 2－23 源自：笔者根据 Nancy A M. 2003. Travel behavior analyst[Z]// Nanda S. Journey to Work Trends in the United States and its Major Metropolitan Areas. [S. L.]: US Census Bureau 1960－2000 相关成果绘制

图 3－1 至图 3－11 源自：笔者绘制

图 3－12 源自：笔者根据《南京市统计年鉴》(1996—2010 年)相关成果绘制

图 4－1 源自：笔者根据 American Public Transportation Association. 2007 Public Transportation: Benefits for the 21st Centary[R]. Washington DC: Transit-Oriented Development 相关成果绘制

图 4－2 源自：笔者根据 Pisarski A E. 2006. Commuting in America Ⅲ[R]. Washington DC: Transportation Research Board 相关成果绘制

图 4－3 源自：笔者根据中国地图出版社. 2008. 江苏省地图册[M]. 北京：中国地图出版社相关图纸绘制

图 4－4 源自：笔者根据南京市规划设计研究院. 2009. 南京市城市总体规划纲要(2007—2020 年)[Z]. 南京：南京市规划局；南京市交通规划研究院. 2010. 2010 年南京交通发展年度报告[Z]. 南京：南京交通规划研究院相关成果绘制

图 4－5 源自：笔者根据南京市交通规划研究院. 2010. 2010 年南京交通发展年度报告[Z]. 南京：南京交通规划研究院；王旭. 2006. 美国城市发展模式：从城市化到大都市区化[M]. 北京：清华大学出版社相关成果绘制

图 4－6 源自：笔者根据南京市规划设计研究院. 2001. 南京市总体规划(1991—2010 年)[Z]. 南京：南京市规划局相关成果绘制

图 4－7、图 4－8 源自：笔者绘制

图 5－1 源自：笔者根据《江苏省第二次基本单位普查资料汇编》、《江苏经济普查年鉴 2004》和《江苏经济普查年鉴 2008》相关成果绘制

图 5－2 源自：笔者绘制

图 5－3 源自：笔者根据《江苏省第二次基本单位普查资料汇编》、《江苏经济普查年鉴 2004》和《江苏经济普查年鉴 2008》相关成果绘制

图 5－4、图 5－5 源自：笔者绘制

图 5－6 源自：笔者根据南京市规划设计研究院. 2009. 南京市城市总体规划纲要(2007—2020 年)[Z]. 南京：南京市规划局相关成果绘制

图 5－7、图 5－8 源自：东南大学建筑学院. 2010. 南京老工业基地更新研究报告[R]. 南京：东南大学建筑学院

图 5－9 源自：笔者根据南京市规划设计研究院. 2009. 南京市城市总体规划纲要(2007—2020 年)[Z]. 南京：南京市规划局；南京市规划设计研究院. 2001. 南京市总体规划(1991—2010 年)[Z]. 南京：南京市规划局相关成果绘制

图 5－10 源自：笔者根据南京市规划设计研究院. 2009. 南京市城市总体规划纲要(2007—2020 年)[Z]. 南京：南京市规划局相关成果绘制

图 5－11 源自：笔者根据南京市规划设计研究院. 2009. 南京市城市总体规划纲要(2007—2020 年)[Z]. 南京：南京市规划局；南京市规划设计研究院. 2001. 南京市总体规划(1991—2010 年)[Z]. 南京：南京市规划局相关成果绘制

图 5－12 源自：笔者根据南京市规划设计研究院. 2009. 南京市城市总体规划纲要(2007—2020 年)[Z]. 南京：南京市规划局相关成果绘制

图 5－13 源自：笔者根据南京市规划设计研究院. 2009. 南京市城市总体规划纲要(2007—2020 年)

[Z]. 南京：南京市规划局；南京市规划设计研究院. 2001. 南京市总体规划（1991—2010 年）[Z]. 南京：南京市规划局相关成果绘制

图 5 - 14 源自：笔者根据南京市规划设计研究院. 2009. 南京市城市总体规划纲要（2007—2020 年）[Z]. 南京：南京市规划局相关成果绘制

图 5 - 15、图 5 - 16 源自：笔者绘制

图 5 - 17 源自：笔者根据南京交通规划研究院. 2010. 2010 年南京交通发展年度报告[Z]. 南京：南京交通规划研究院相关成果绘制

图 6 - 1 源自：Christian L R. 2007. The topography of metropolitan employment：identifying centers of employment in a polycentric urban area[J]. Journal of Urban Economics，(61)：519 - 614

图 6 - 2 源自：Pelin A，Charles C，John B，et al. 2008. Dynamics of clustered employment growth and its impacts on commuting patterns in rapidly developing cities[J]. Transportation Research Part A，(42)：427 - 444

图 6 - 3 至图 6 - 8 源自：笔者绘制

图 6 - 9 源自：笔者根据南京市规划设计研究院. 2009. 南京市城市总体规划纲要（2007—2020 年）[Z]. 南京：南京市规划局相关成果绘制

图 6 - 10 源自：http://www.laonanjing.org/bbs/viewthread.php? tid＝3220

图 6 - 11 源自：http://tupian.hudong.com/s/%E5%8D%97%E4%BA%AC%E6%96%B0%E8%A1%97%E5%8F%A3/xgtupian/1/4＃

图 7 - 1 至图 7 - 13 源自：笔者绘制

图 8 - 1 源自：笔者绘制

图 8 - 2 源自：罗震东. 2007. 分权与碎化：中国都市区域发展的阶段与趋势[J]. 城市规划，(11)：64 - 70

图 8 - 3 源自：笔者根据江宁区规划局. 1996. 东山城市总体规划（1992—2010 年）[Z]. 南京：江宁区规划局；江宁区规划局. 2003. 南京东山新市区总体规划调整（2003—2010 年）南京：江宁区规划局相关成果绘制

图 8 - 4 源自：东南大学建筑学院. 2010. 南京老工业基地更新研究报告[R]. 南京：东南大学建筑学院

图 8 - 5 源自：笔者根据南京市规划设计研究院. 2009. 南京市城市总体规划纲要（2007—2020 年）[Z]. 南京：南京市规划局相关成果绘制

图 8 - 6 源自：笔者根据《南京市流动人口研究报告 2003 年》和《2009 年江苏人口发展研究报告》相关成果绘制

图 8 - 7 源自：笔者拍摄

图 8 - 8 源自：笔者绘制

图 8 - 9 源自：东南大学建筑学院. 2010. 南京老工业基地更新研究报告[R]. 南京：东南大学建筑学院

图 8 - 10 至图 8 - 13 源自：笔者绘制

图 9 - 1 源自：笔者根据韦亚平. 2004. 理想空间：城市空间发展战略研究[M]. 上海：同济大学出版社；林启行，刘军，龙志勇. 2010. 中山轻轨站周边地区用地紧凑发展探索[J]. 城市建设，(4)：177—179 相关成果绘制

表格来源

表 1-1 源自:笔者根据相关省的城镇体系规划、市的城市总体规划资料整理绘制

表 1-2 源自:笔者根据相关统计资料整理绘制

表 2-1 源自:笔者绘制

表 2-2 源自:笔者根据《上海市第二次基本单位普查公报》、《上海市第一次经济普查主要数据公报》和《上海市第二次经济普查主要数据公报》资料整理绘制

表 2-3 源自:笔者根据《北京市第一次基本单位普查公报》、《北京市第二次基本单位普查公报》、《北京市第一次经济普查主要数据公报》和《北京市第二次经济普查主要数据公报》资料整理绘制

表 2-4 源自:笔者根据 Elizabeth K. 2009. Job Sprawl Revisited:the Changing Geography of Metropolitan Employment[M]. Washington DC:Brookings Institution 整理绘制

表 2-5 源自:笔者根据松江区、闸北区、宝山区、嘉定区、长宁区、虹口区、黄浦区、浦东新区、静安区、普陀区、闵行区、徐汇区、杨浦区第一次全国经济普查和第二次全国经济普查主要数据公报资料整理绘制

表 2-6 源自:笔者根据上海第二次综合交通调查资料、上海第三次综合交通调查资料和上海第四次综合交通调查资料整理绘制

表 2-7、表 2-8 源自:笔者根据 Pisarski A E. 2006. Commuting in America Ⅲ[R]. Washington DC:Transportation Research Board 整理绘制

表 2-9 源自:笔者根据 Kwon W. 2001. Globalization and sustain in Seoul [M]// Kwon W. Urban Management in Seoul: Policy Issues and Responses. Seoul:Seoul Development Institute 整理绘制

表 3-1 源自:根据全国经济普查数据公报(2004 年、2008 年)资料整理绘制

表 3-2 至表 3-6 源自:笔者绘制

表 3-7 源自:笔者根据《江苏经济普查年鉴 2008》、《上海市第二次经济普查主要数据公报》、《上海市静安区第二次经济普查主要数据公报》、《上海市黄浦区第二次经济普查主要数据公报》、《杭州市第二次经济普查主要数据公报》、《宁波市第二次经济普查主要数据公报》、《宁波市海曙区第二次经济普查主要数据公报》、《北京市第二次经济普查主要数据公报》、《北京市西城区第二次经济普查主要数据公报》资料整理绘制

表 3-8 至表 3-10 源自:笔者根据《江苏经济普查年鉴 2008》、《上海市第二次经济普查主要数据公报》、《上海市静安区第二次经济普查主要数据公报》、《上海市黄浦区第二次经济普查主要数据公报》、《宁波市第二次经济普查主要数据公报》、《宁波市海曙区第二次经济普查主要数据公报》、《北京市第二次经济普查主要数据公报》、《北京市西城区第二次经济普查主要数据公报》资料整理绘制

表 3-11 源自:笔者根据《江苏经济普查年鉴 2008》、《江苏经济普查年鉴 2004》、《上海市静安区第一次经济普查基本概况》、《上海市静安区第二次经济普查主要数据公报》、《上海市黄浦区第一次经济普查主要数据公报》、《上海市黄浦区第二次经济普查主要数据公报》、《宁波市海曙区第一次经济普查主要数据公报》、《宁波市海曙区第二次经济普查主要数据公报》、《北京市西城区第一次经济普查主要数据公报》、《北京市西城区第二次经济普查主要数据公报》资料整理绘制

表 4-1 源自:笔者根据王旭. 2008. 美国城市经纬[M]. 北京:清华大学出版社整理绘制

表 4-2 源自:笔者根据 http://www.census.gov/相关资料整理绘制

表 4-3 源自:笔者根据 http://www.census.gov/相关资料和中国各城市统计年鉴整理绘制

表 4-4 源自:笔者根据《南京市统计年鉴》(2001 年、2008—2010 年)相关资料整理绘制

表 4-5 源自:笔者根据《南京市统计年鉴》(2009 年)相关资料整理绘制

表 4－6 源自：笔者根据江苏省劳动保障厅. 2007. 2007 年“春风行动”[EB/OL].（2007－01－31）. http://www.jshrss.gov.cn 相关资料整理绘制

表 4－7 源自：笔者根据牛文元，等. 2010. 中国新型城市化报告 2010[M]. 北京：科学出版社相关资料整理绘制

表 4－8 源自：笔者根据南京市规划设计研究院. 2009. 南京市城市总体规划纲要（2007—2020 年）[Z]. 南京：南京市规划局；南京市规划设计研究院. 2001. 南京市总体规划（1991—2010 年）[Z]. 南京：南京市规划局相关资料整理绘制

表 4－9 源自：笔者根据《南京市统计年鉴》相关资料整理绘制

表 4－10 源自：笔者根据《南京市统计年鉴》（1979—2010 年）相关资料整理绘制

表 4－11 源自：笔者绘制

表 5－1 至表 5－8 源自：笔者根据《江苏省第二次基本单位普查资料汇编》、《江苏经济普查年鉴 2004》和《江苏经济普查年鉴 2008》相关资料整理绘制

表 5－9、表 5－10 源自：笔者根据《江苏省第二次基本单位普查资料汇编》、《江苏经济普查年鉴 2004》相关资料整理绘制

表 5－11、表 5－12 源自：笔者根据《江苏省第二次基本单位普查资料汇编》、《江苏经济普查年鉴 2004》和《江苏经济普查年鉴 2008》相关资料整理绘制

表 5－13 源自：笔者根据《江苏经济普查年鉴 2004》和《江苏经济普查年鉴 2008》相关资料整理绘制

表 5－14 源自：笔者根据《江苏省第二次基本单位普查资料汇编》、《江苏经济普查年鉴 2004》和《江苏经济普查年鉴 2008》相关资料整理绘制

表 5－15 源自：笔者绘制

表 5－16、表 5－17 源自：笔者根据南京各区总体规划（2010—2030 年）相关资料整理绘制

表 5－18 源自：笔者绘制

表 5－19 至表 5－25 源自：笔者根据南京市交通规划研究院. 2010. 2010 年南京交通发展年度报告相关资料整理绘制

表 6－1、表 6－2 源自：笔者根据冯健. 2005. 转型期中国城市内部空间重构[M]. 北京：科学出版社相关资料整理绘制

表 6－3 源自：笔者根据南京市各区全国第二次经济普查资料相关资料整理绘制

表 6－4、表 6－5 源自：笔者绘制

表 6－6 源自：笔者根据南京市各区全国第二次经济普查资料相关资料整理绘制

表 6－7、表 6－8 源自：笔者绘制

表 6－9、表 6－10 源自：笔者根据南京市各区全国第二次经济普查资料相关资料整理绘制

表 6－11 源自：笔者根据《南京市统计年鉴》（2010 年）相关资料整理绘制

表 6－12、表 6－13 源自：笔者根据南京市各区全国第二次经济普查资料相关资料整理绘制

表 6－14 源自：笔者根据 2009 年南京市江宁区、六合区统计年鉴相关资料整理绘制

表 6－15 源自：笔者根据 1933 年《申报年鉴》相关资料整理绘制

表 6－16 源自：笔者根据南京市 1948 年 1—4 月份户口统计相关资料整理绘制

表 6－17 源自：笔者根据《南京市统计年鉴》（1979 年）相关资料整理绘制

表 6－18、表 6－19 源自：笔者绘制

表 7－1 源自：笔者根据王兴平，赵虎. 2010. 沪宁高速轨道交通走廊地区的职住区域化组合现象[J]. 城市规划学刊，（1）：85－90 整理绘制

表 7－2 源自：谢晖. 2010. 开发区与城市空间整合研究[D]：[硕士学论论文]. 南京：东南大学

表 7－3 至表 7－18 源自：笔者绘制

表 8－1 源自：笔者根据南京市规划设计研究院. 2009. 南京市城市总体规划纲要（2007—2020 年）[Z]. 南京：南京市规划局；南京市规划设计研究院. 2001. 南京市总体规划（1991—2010 年）[Z]. 南京：南

京市规划局;南京市规划设计研究院.1992.南京市总体规划(1991—2010年)[Z].南京市规划局相关资料整理绘制

表8-2、表8-3源自:东南大学建筑学院.2010.南京老工业基地更新研究报告[R].南京:东南大学建筑学院

表8-4源自:笔者根据南京"十五"计划、"十一五"计划和"十二五"规划相关资料整理绘制

表8-5源自:笔者根据《江苏经济普查年鉴2004》和《江苏经济普查年鉴2008》相关资料整理绘制

表8-6、表8-7源自:笔者根据南京市交通规划研究院.2010.2010年南京交通发展年度报告[Z].南京:南京市交通规划研究院相关资料整理绘制

表8-8源自:笔者根据《南京市统计年鉴》(2010—2011年)相关资料整理绘制

表8-9源自:笔者根据中国劳动力市场网监测中心相关资料整理绘制

表8-10源自:笔者根据江苏省劳动保障厅.2007.2007年"春风行动"[EB/OL].(2007-01-31).http://www.jshrss.gov.cn相关资料整理绘制

表8-11源自:笔者根据2001—2010年度南京市社会经济发展公报公布数据整理绘制

表8-12源自:笔者根据《南京市统计年鉴》(2002—2009年)及南京市公安局公布数据整理绘制

表8-13源自:笔者根据2009年12月8日《扬子晚报》A8版相关资料整理绘制

表8-14源自:笔者根据国土资发〔2004〕232号《工业项目建设用地控制指标(试行)》相关资料整理绘制

表8-15源自:笔者根据《南京市统计年鉴》(2010年)相关资料整理绘制

表8-16源自:笔者根据《江苏经济普查年鉴2004》和《江苏经济普查年鉴2008》相关资料整理绘制

表8-17源自:笔者根据《南京市统计年鉴》(2010年)相关资料整理绘制

表8-18源自:笔者根据南京市第五次(2000年)、第六次(2001年)全国人口普查主要数据公报资料整理绘制

表8-19源自:笔者根据《江苏经济普查年鉴2004》和《江苏经济普查年鉴2008》相关资料整理绘制

表8-20源自:笔者根据《南京市统计年鉴》(2001—2010年)相关资料整理绘制

表8-21至表8-23源自:笔者根据《南京市城镇居民住房调查资料汇编》(2008年)相关资料整理绘制

表8-24源自:笔者根据《南京市统计年鉴》(2001—2010年)相关资料整理绘制

后记

本书是在我博士毕业论文的基础上修改而来的。回想起来，我在2008年拜入王兴平教授门下攻读博士的那年，正赶上5·12汶川大地震发生，王老师带我参加灾后重建规划的编制工作，为了赶任务，我们同吃同住，一起经历过震后的多次余震。做完项目，我感觉王老师是一位为人慷慨而且待人诚恳的老师。入学之后，王老师指导我完成了第一篇有关就业空间研究的文章，后来不仅发表在核心期刊上面，还有幸荣获了中国城市科学研究会颁发的优秀论文奖。这个时候，我更加佩服王老师在学术研究上的远见卓识。等到进入博士论文正式写作阶段，由于前期资料和个人学术能力的不足，论文进行得异常痛苦。这时王老师不仅会帮我解决困难，还会提出新的问题让我自己思考。就这样，论文就在近两年不断地"一问一答"中完成了。现在回想起来，只有对王老师的感激。没有他的严格要求，我也不会如此顺利地完成博士论文。

王老师不仅为我的论文花费了大量的时间和精力，更是积极为我创造向国内外知名专家进行请教的机会。在开题阶段，东南大学建筑学院的段进教授、孔令龙教授、阳建强教授和吴晓教授为论文的写作思路提供了不少真知灼见。在写作过程中，我还得到了美国麻省理工学院约瑟夫·费雷拉(Joseph Ferreira)教授、北京大学柴彦威教授和清华大学龙奋杰教授的热情指导。论文初稿写完之后，南京大学的崔功豪教授不辞辛苦，在百忙之中抽出时间认真审阅了初稿，并提出了宝贵的修改建议，让我无比感动！在论文答辩阶段，崔老先生更是担任答辩组长，与同济大学的王德教授，东南大学的董卫教授、孔令龙教授和李百浩教授一同参加了我的博士论文答辩。他们在认可我的论文是一篇优秀博士论文的同时，也提出意见并鼓励我抓紧修改，争取早日出版。

在王老师门下学习四年，师门内部团结互助、积极向上的精神始终鼓励着我。涂志华、黎智辉、金华、刘伟奇、章建豪、谢晖、许景、胡畔、袁新国、戎一翎、朱凯、吕冬敏、蒋瑞明、李蔚然、丹尔、丛喜静、张译丹、金亦晨、比诺、李迎成、张一凡、朱秋诗、沈思思、胡亮和国子健等同门在论文完成过程中为我提供过各种各样的帮助，在此一并感谢；感谢东南大学建筑学院的罗超博士、汤晋博士、关于博士、郑国博士、顾大治博士、曹滢博士，与他们的交流开阔了我的研究思路；感谢中国城市规划设计研究院的陈明博士、陈宇硕士，住建部规划管理处的臧华硕士，南京市统计局及各分局等部门的工作人员为我的论文提供了相关的资料。

此外，感谢南京大学的张京祥教授为本书撰写了精彩的序言，感谢王兴平教授主持的国家自然基金项目在本书完成过程中所提供的研究资助。还值得一提的是，2013年，我本人成功获得了新一轮的国家自然科学基金项目资助，因此有关就业空间的研究也将会更好地持续下去。

最后，还要特别感谢我的家人，他们的巨大付出是我顺利完成博士论文的根本动力。

我的妻子郑敏女士用她柔弱的双肩撑起了家庭生活的重担，更在我写作焦灼时给我不断鼓励和安慰。我们的父母虽渐近花甲，但是为了儿女实现理想仍然在每天辛苦劳作。在书稿即将付梓之际，我们的儿子也来到这个世界。在此，希望本书能作为最好的礼物，献给这新生的生命，献给我亲爱的家人！

赵虎

2013 年 12 月 24 日夜于南京蓁巷寓所